# 工业机器人实用技术教程

黄　风　编著

机械工业出版社
CHINA MACHINE PRESS

本书主要介绍了工业机器人的基本构成、硬件配置和配线、手持单元的程序编辑示教操作功能、编程指令、状态变量、参数功能及设置等，并提供了工业机器人实际应用的案例。

本书最重要的特色是配置了容量约11GB的43个视频，是作者在高校讲课和实际在现场做项目的精心总结。视频中对工业机器人实际应用中的难点与要点、基本概念、操作方法和编程方法做了详细的讲解，有利于帮助读者掌握工业机器人技术。

本书内容深入浅出，强调对基本概念的解释，并在每一章后设置了相应的思考题。本书可为从事自动化和工业机器人设计、集成、编程、调试等人员提供参考，也可为高职、高专自动化、工业机器人专业的教师和学生提供参考。

## 图书在版编目（CIP）数据

工业机器人实用技术教程 / 黄风编著. -- 北京：机械工业出版社，2025. 6. --（工业控制与智能制造产教融合丛书）. -- ISBN 978-7-111-78182-0

Ⅰ. TP242.2

中国国家版本馆 CIP 数据核字第 2025EG5699 号

机械工业出版社（北京市百万庄大街 22 号　邮政编码 100037）
策划编辑：杨　琼　　　　　责任编辑：杨　琼
责任校对：曹若菲　李　杉　　封面设计：马精明
责任印制：张　博
北京建宏印刷有限公司印刷
2025 年 7 月第 1 版第 1 次印刷
184mm×260mm · 21.5 印张 · 545 千字
标准书号：ISBN 978-7-111-78182-0
定价：99.00 元

电话服务　　　　　　　　　网络服务
客服电话：010-88361066　　机　工　官　网：www.cmpbook.com
　　　　　010-88379833　　机　工　官　博：weibo.com/cmp1952
　　　　　010-68326294　　金　书　网：www.golden-book.com
封底无防伪标均为盗版　　　机工教育服务网：www.cmpedu.com

# 前　言

近年来，工业机器人在制造业领域的应用如火如荼，工业机器人技术是自动化领域的三大技术之一，也是智能制造的核心技术。

本书从实用的角度出发，对工业机器人的基本构成、硬件配置和配线、手持单元的程序编辑示教操作功能、编程指令、状态变量、参数功能及设置等做了深入浅出的介绍，并提供了大量的程序指令解说案例，而且每章都安排了思考题。本书最重要的特色是配置了容量约11GB的43个视频，对工业机器人实际应用中的难点与要点、基本概念、操作方法和编程方法做了详细的讲解，有利于帮助读者掌握工业机器人技术。

本书根据作者实际的应用成果，介绍了工业机器人在码垛生产线上的应用，以及工业机器人与数控机床的联合应用等方面的案例。这些应用是作者从事实际工作的总结，可以为机器人设计、集成、编程、调试等人员提供实用的参考，也可以使高校学生在学习一定的基础知识后，了解如何在实际的项目中配置和设计机器人集成项目，从而架起从学校到实际应用的一条快速通道。

本书遵循由浅入深、由少到多的原则，分步对工业机器人的知识进行实用性的介绍。对于重要部分，本书安排了实操内容，力图使读者能够自行编程、自行操作。本书强调理论联系实际，解决了初学者面对茫茫资料不知所措的问题。经过系统的学习之后，读者可以上手做工程项目，因此本书不是泛泛而谈的科普性书籍。

本书第1～11章是工业机器人的基础理论介绍，主要介绍了工业机器人的基本构成、机器人的坐标系、原点及原点的设置方法、机器人的点动动作和机器人的控制点及位置点数据运算，特别全面地介绍了手持单元各操作界面的功能、程序编辑示教操作功能和重要操作功能，具有极强的实用性。第12～29章详细介绍了各种编程指令、状态变量、参数、函数的功能及设置。经过这一部分的学习，读者可以编制各种移动程序、抓取工件程序、圆弧指令程序、带有状态变量的程序和码垛程序。第30～31章主要介绍了工业机器人在码垛生产线上的应用，以及工业机器人与数控机床的联合应用。第32章介绍了编程软件及其使用方法。附录中还提供了工业机器人视频目录索引。相信本书提供的应用案例会对工程技术人员有很大的帮助。

下面的视频是作者使用基本的编程指令为机器人编制的一段舞蹈《我和我的祖国》，读完本书后，读者可以使用机器人做更为丰富多彩的工作。

本书是海滩上的一枚贝壳，有人捡起它，可以看到浩瀚的大海。由于作者水平有限，书中难免存在疏漏或不妥之处，恳请广大读者批评指正。作者的微信号是 HF 15072352564，手机号是 13607177391。

01　机器人舞蹈
《我和我的祖国》

黄风

2024.10

# 目　录

前言

# 第1章

# 工业机器人的基本构成

## 1.1 工业机器人概述

### 1.1.1 机器人的基本知识

机器人的简明定义：机器人实质上是一套由运动控制器控制，可以实现多轴联动的多关节型工业机械。

02 工业机器人系统的基本构成

### 1.1.2 机器人的构成

机器人的构成如图1-1所示。

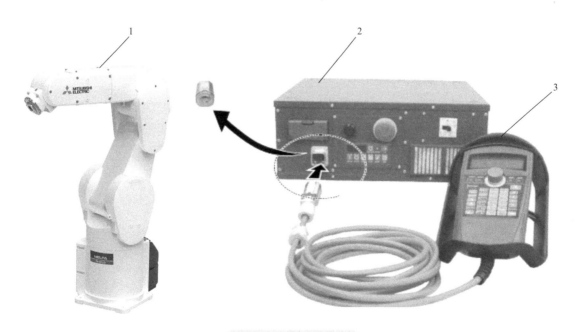

**图1-1 机器人的构成**

1—机器人本体 2—控制器 3—手持单元

（1）机器人本体

6轴机器人本体如图1-2所示。

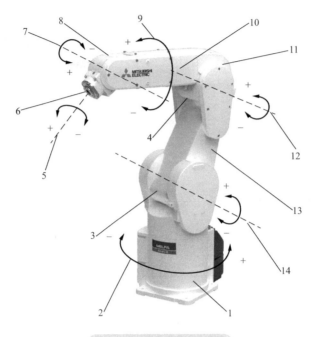

**图1-2　6轴机器人本体**

1—基座　2—J1轴　3—肩部　4—肘部　5—J6轴　6—抓手安装接口　7—J5轴　8—腕部
9—J4轴　10—前臂No.2臂　11—肘部挡块　12—J3轴　13—上臂No.1臂　14—J2轴

机器人本体包含机械构件——各机械臂和内置伺服电动机及传动系统。伺服电动机已经安装在本体上，如图1-3所示。

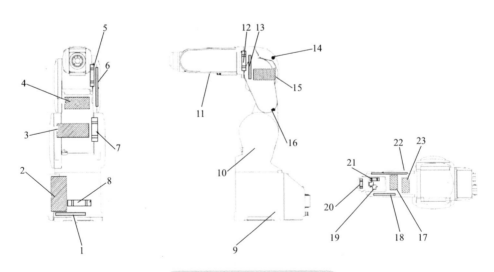

**图1-3　机器人内部机械结构**

1—同步皮带　2—J1轴电动机　3—J2轴电动机　4—J3轴电动机　5—减速齿轮　6—同步皮带　7—减速齿轮
8—减速齿轮　9—基座　10—肩部　11—2号臂　12—减速齿轮　13—同步皮带　14—肘部　15—J4轴电动机
16—1号臂　17—J6轴电动机　18—同步皮带　19—齿轮　20—减速齿轮　21—减速齿轮　22—同步皮带　23—J5轴电动机

（2）控制器

控制器包括控制 CPU、伺服驱动器、基本 I/O，各种通信接口（USB/ 以太网）。控制器的各部分名称及功能如图 1-4 所示。

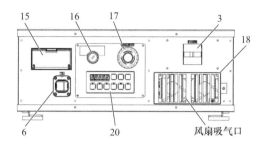

a) 控制器正面

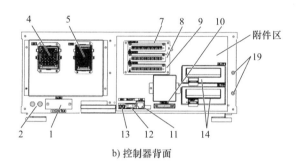

b) 控制器背面

**图 1-4　控制器的各部分名称及功能**

1—ACIN 连接器　2—接地电缆用螺栓　3—电源 ON/OFF 开关　4—电机信号电缆插口（CN1）
5—电机电源电缆插口（CN2）　6—手持单元 T/B 接口　7、8、9、10—输入输出卡插口
11—LAN 网线插口　12—ExtOPT　13—远程输入输出卡插口　14—选配件插口　15—USB 插口及电池安装盒
16—模式选择键　17—急停开关　18—过滤器盖板　19—接地端子　20—操作面板

（3）手持单元

手持单元也称为"示教单元"，简称 TB（TEACHER BOX），如图 1-5 所示，手持单元用于手动操作机器人运行、示教确定各工作点、JOG 运行、新建及编辑程序、设置参数、设置原点和监视机器人工作状态。

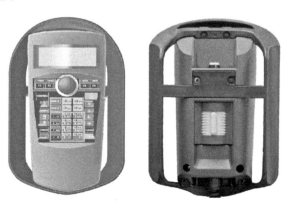

**图 1-5　手持单元**

（4）附件

附件有抓手和各种接口板、连接电缆。

## 1.2 机器人技术规格

本书以三菱机器人为例，介绍机器人的功能及规格／使用方法编程指令。以下不特别提及，均指三菱机器人。

### 1.2.1 垂直多功能机器人技术规格

垂直多功能机器人技术规格见表1-1。在技术规格中，标明了电机容量、动作范围、最大合成速度、搬运重量等，这些是选型的重要依据。

表 1-1 垂直多功能机器人技术规格

| 项目 | | 单位 | 规格 | | | |
|---|---|---|---|---|---|---|
| 型号 | | — | RV-4F | RV-4FL | RV-7F | RV-7FL |
| 环境规格 | | — | 未标注：一般 C：清洁 M：油雾 | | | |
| 动作自由度 | | — | 6 | 6 | 6 | 6 |
| 安装方式 | | — | 落地、吊顶、挂壁 | | | |
| 结构 | | — | 垂直多关节 | | | |
| 驱动方式 | | — | AC 伺服电动机／带全部轴制动 | | | |
| 位置检测方式 | | — | 绝对值编码器 | | | |
| 电机容量 | J1 | W | 400 | | 750 | |
| | J2 | | 400 | | 750 | |
| | J3 | | 100 | | 400 | |
| | J4 | | 100 | | 100 | |
| | J5 | | 100 | | 100 | |
| | J6 | | 50 | | 50 | |
| 动作范围 | J1 | deg | 480 | | | |
| | J2 | — | 240 | | −115～125 | −110～130 |
| | J3 | — | 0～161 | 0～164 | 0～156 | 0～162 |
| | J4 | — | ±200 | ±200 | ±200 | ±200 |
| | J5 | — | ±120 | | | |
| | J6 | — | ±360 | | | |
| 最大速度 | J1 | deg/s | 450 | 420 | 360 | 288 |
| | J2 | | 450 | 336 | 401 | 321 |
| | J3 | | 300 | 250 | 450 | 360 |
| | J4 | | 540 | | 337 | — |
| | J5 | | 623 | | 450 | — |
| | J6 | | 720 | | | |
| 最大动作半径 | | mm | 514.5 | 648.7 | 713.4 | 907.7 |
| 最大合成速度 | | mm/s | 9000 | | 11000 | — |
| 可搬运重量 | | kg | 4 | 4 | 7 | 7 |

（续）

| 项目 | | 单位 | 规格 | | | |
|---|---|---|---|---|---|---|
| 位置重复精度 | | mm | ±0.02 | | | |
| 循环时间 | | s | 0.36 | | 0.32 | 0.35 |
| 环境温度 | | °C | 0~40 | | | |
| 本体重量 | | kg | 39 | 41 | 65 | 67 |
| 允许力矩 | J4 | Nm | 6.66 | | 16.2 | |
| | J5 | | 6.66 | | 16.2 | |
| | J6 | | 3.90 | | 6.86 | |
| 允许惯量 | J4 | kg·m² | 0.20 | | 0.45 | |
| | J5 | | 0.20 | | 0.45 | |
| | J6 | | 0.10 | | | |

## 1.2.2 水平多功能机器人技术规格

水平多功能机器人多用于平面搬运和垂直搬运。水平多功能机器人技术规格见表1-2。在技术规格中，标明了臂长、动作范围、最大合成速度、搬运重量、位置重复精度等，这些是选型的重要依据。

表 1-2 水平多功能机器人技术规格

| 项目 | | 单位 | 规 格 | | |
|---|---|---|---|---|---|
| 型号 | | — | RH-6FH35**/M/C | RH-6FH45**/M/C | RH-6FH55**/M/C |
| 环境规格 | | — | 未标注：一般  C：清洁  M：油雾 | | |
| 动作自由度 | | — | 4 | 4 | 4 |
| 安装方式 | | — | 落地 | | |
| 结构 | | — | 水平多关节 | | |
| 驱动方式 | | — | AC 伺服电动机 | | |
| 位置检测方式 | | — | 绝对值编码器 | | |
| 臂长 | NO1 臂长 | mm | 125 | 225 | 325 |
| | NO2 臂长 | | 225 | | |
| | | | 100 | | 400 |
| | | | 100 | | 100 |
| | | | 100 | | 100 |
| | | | 50 | | 50 |
| 动作范围 | J1 | deg | 340 | | |
| | J2 | deg | 290 | | |
| | J3 | mm | **=200   **=340 | | |
| | J4 | deg | 720 | | |
| 最大速度 | J1 | deg/s | 400 | | |
| | J2 | deg/s | 670 | | |
| | J3 | mm/s | 2400 | | |
| | J4 | deg/s | 2500 | | |

（续）

| 项目 | | 单位 | 规 格 | | |
|---|---|---|---|---|---|
| 最大动作半径 | | mm | 350 | 450 | 550 |
| 最大合成速度 | | mm/s | 6900 | 7600 | 8300 |
| 可搬运重量 | | kg | 最大值为 6（额定值为 3） | | |
| 位置重复精度 | | mm | ± 0.010 | | |
| 循环时间 | | s | 0.29 | | |
| 环境温度 | | ℃ | 0 ~ 40 | | |
| 本体重量 | | kg | 36 | 36 | 37 |
| 允许惯量 | 额定 | kg · m² | 0.01 | | |
| | 最大 | | 0.12 | | |

## 1.2.3 控制器技术规格

控制器可以与不同的机器人本体结合使用，所以控制器的技术规格必须为单列。控制器技术规格见表 1-3。控制器技术规格有控制轴数、存储容量、外部输入输出、接口、电源等。

表 1-3 控制器技术规格

| 项目 | | 单位 | 规格 | 备注 |
|---|---|---|---|---|
| 型号 | | — | CR751-Q  CR751-D | |
| 控制轴数 | | — | 最多 6 轴 | |
| 存储容量 | 示教位置点数 | 点 | 39000 | |
| | 步数 | 步 | 78000 | |
| | 程序个数 | 个 | 512 | |
| 编程语言 | | — | MELFA-BASIC V | |
| 位置示教方式 | | — | 示教方式或 MDI 方式 | |
| 外部输入输出 | 输入输出 | 点 | 输入点 / 输出点 | 最多可扩展至 256/256 |
| | 专用输入输出 | 点 | 分配到通用输入输出中 | "STOP" 1 点为固定 |
| | 抓手开闭输入输出 | 点 | 输入 8 点 / 输出 8 点 | 内置 |
| | 紧急停止输入 | 点 | 1 | 冗余 |
| | 门开关输入 | 点 | 1 | 冗余 |
| | 紧急停止输出 | 点 | 1 | 冗余 |
| | 模式输出 | 点 | 1 | 冗余 |
| | 机器人出错输出 | 点 | 1 | 冗余 |
| | 附加轴同步 | 点 | 1 | 冗余 |
| | 模式切换开关输入 | 点 | 1 | 冗余 |
| 接口 | RS-422 通信口 | 端口 | 1 | TB 专用 |
| | 以太网通信口 | 端口 | 1 | |
| | USB 接口 | 端口 | 1 | |
| | 附加轴接口 | 通道 | 1 | SSCNET3 与 MR-J3-B、MR-J4-B 连接 |
| | 跟踪接口 | 通道 | 2 | 连接编码器 |
| | 选配件插槽 | 插槽 | 2 | 连接选配件 I/O |

（续）

| 项目 | | 单位 | 规格 | 备注 |
|---|---|---|---|---|
| 电源 | 输入电压范围 | V | RV-4F 系列：<br>单相 AC180～253V<br>RV-7F/13F 系列：<br>三相 AC180～253V 或单相<br>AC207～253V | |
| | 电源容量 | kVA | RV-4F 系列：1.0<br>RV-7F 系列：2.0<br>RV-13F 系列：3.0 | |
| | 频率 | Hz | 50/60 | |

## 1.3 机器人和控制器技术规格名词术语

### 1.3.1 机器人技术规格名词术语

（1）动作自由度

机器人的动作自由度可简单表述为有几个电机轴就有几个自由度。

（2）安装方式

机器人有落地、吊顶、挂壁等安装方式。

（3）驱动方式

机器人各轴的动力源一般采用交流伺服电动机。

（4）位置检测方式

检测机器人各轴运行位置的器件可采用绝对位置编码器。

（5）动作范围

J1～J6 轴可以旋转的行程，以"deg"为单位。

（6）最大速度

J1～J6 轴可运行的最大速度，以"deg/s"为单位。

（7）最大动作半径

在基本坐标系内，"机器人控制点"的动作半径范围以 mm 为单位（以机械 IF 坐标原点为"控制点"）。

（8）最大合成速度

"机器人控制点"在 X-Y-Z 方向上的最大矢量速度。

（9）可搬运重量

机器人能够搬运移动物体的重量，以 kg 为单位，这是一项重要指标。

（10）位置重复精度

按规定的路径和速度多次反复定位的精度。

### 1.3.2 控制器有关规格名词术语

（1）存储容量

① 示教位置点数：39000。可以示教确认的位置点数量。

② 步数：指一个程序内的"程序步数"。例如 78000 步。

③ 程序个数：512。指可以同时存放在控制器内的程序数量。

（2）编程语言

编制机器人动作程序使用的程序语言，如 MELFA-BASIC Ⅴ、MELFA-BASIC Ⅵ。

（3）位置示教方式

对机器人当前位置进行记录的方式。

（4）MDI 方式

MDI 是 Manual Data Input 的缩写，是指直接输入数值确定"定位点"的方式。

（5）外部输入输出

使用外部 I/O 单元或 I/O 模块，可扩展的输入输出点数量，如 I265/O256。

（6）专用输入输出

系统内部已经规定的功能。需要设置在"外部输入输出点"上。

（7）抓手开闭输入输出

专门用于控制抓手的输入输出点。

（8）RS-422 通信口

控制器内置的串行通信口。TB（手持单元）专用。

（9）以太网通信口

控制器内置的以太网通信口，如 10BASE-T/100BASE-Tx。

（10）USB 接口

控制器内置的 USB 通信口。用于计算机与机器人连接。

（11）附加轴接口

控制器内置接口。用于与伺服驱动器连接。

（12）跟踪接口

控制器内置的编码器信号接口。用于视觉追踪等场合连接编码器。

（13）选配件插槽

控制器内置的插口。用于安装外部 I/O 卡等选配件插卡。

（14）输入电压范围

控制器使用的电压范围。

① RV-4F 系列：单相 AC180～253V。

② RV-7F/13F 系列：三相 AC180～253V 或单相 AC207～253V。

（15）电源容量（单位为 kVA）

① RV-4F 系列：1.0。

② RV-7F 系列：2.0。

③ RV-13F 系列：3.0。

# 1.4 机器人的型号标注

## 1.4.1 垂直多功能机器人的型号标注

三菱垂直多功能机器人的型号标注如图 1-6 所示。

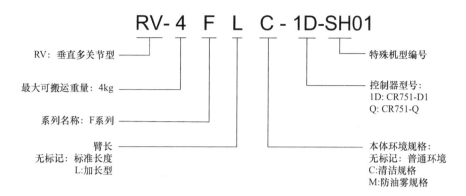

**图 1-6　三菱垂直多功能机器人的型号标注**

（1）机器人型号分类

①RV—垂直机器人。

②RH—水平机器人。

（2）最大可搬运重量

4：4kg；7：7kg；13：13kg；20：20kg。

（3）系列名称

F 系列。

（4）轴数

①未标记—6 轴型。

②J—5 轴型。

（5）臂长

①无标记：标准长度。

②L 或 LL：长机械臂或加长机械臂。

（6）本体环境规格

①无标记：普通环境（IP40）。

②M：防油雾规格（IP67）。

③C：清洁规格（ISO 等级 3）。

（7）控制器类型

①D：独立控制器。

②Q：Q 系列控制器。

（8）特殊机型编号

限于订购了特殊规格的情况。示例：-SH××：表示配线·配管内装规格。

## 1.4.2　水平多功能机器人的型号标注

水平多功能机器人的型号标注如图 1-7 所示。

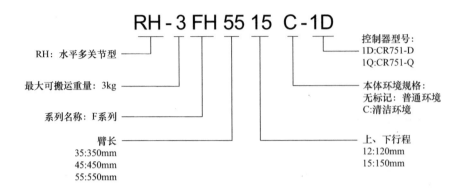

**图1-7　水平多功能机器人的型号标注**

（1）RH：水平多关节型

（2）最大可搬运重量：3kg / 6kg / 12kg

（3）系列名称：FH

（4）臂长

① 35：350mm。

② 45：450mm。

③ 55：550mm。

（5）上、下行程

① 12：120mm。

② 15：150mm。

（6）本体环境规格

① 无标记：普通环境。

② C：清洁环境。

（7）控制器型号

① 1D：CR751-D。

② 1Q：CR751-Q。

## 1.5　思考

① 简单定义什么是"工业机器人"。

② 机器人系统由哪几部分构成？

③ 标明图1-8中机器人J1～J6轴的位置。

④ 机器人选型的主要技术指标有哪几项（叙述其中两项）？

⑤ 工业机器人的"位置示教点数"是指用手持单元或计算机可以确认的位置点数量吗？"位置示教点数"是不是越多越好？

⑥ 标明图1-9中J1～J4轴的位置。

⑦ 有关工业机器人的国家标准有哪些（请读者自己到网上或图书馆查阅）？

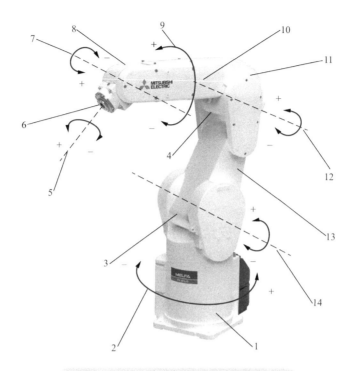

**图 1-8　标注机器人各轴（第③题示意图）**

1—基座　2—J1 轴　3—肩部　4—肘部　5—J6 轴　6—抓手安装接口　7—J5 轴　8—腕部　9—J4 轴
10—前臂 No.2 臂　11—肘部挡块　12—J3 轴　13—上臂 No.1 臂　14—J2 轴

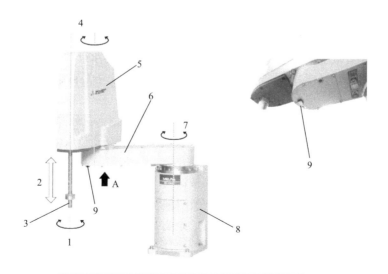

**图 1-9　标注 4 轴机器人各轴（第⑥题示意图）**

1—J4 轴　2—工作轴　3—J3 轴　4—J2 轴　5—No.2 臂　6—No.1 臂　7—J1 轴　8—基座　9—制动开关

# 第2章

# 实操1——认识机器人

## 2.1 安全操作通告

### 安全教育告知书
### 机器人安全操作规范

操作者在操作机器人之前必须详细阅读机器人安全操作规范，确保人身及设备使用安全。

① 严禁操作者在机器人工作台实验区域打闹嬉笑。

② 遵守电工操作的一切安全操作要求。严禁用手或身体其他部位直接接触强电。上机前，实验指导员必须向操作者说明机器人操作台电源开关 ON/OFF 的操作方法。

③ 上机前，实验指导员必须向操作者说明机器人操作台及手持单元设备上的"急停按钮"的位置及使用方法，在紧急情况下必须立刻按下"急停按钮"。

④ 多个学生共同操作时，主操作者必须观察其他辅助人员的动作，确保安全状态下才可操作机器人。在装卸工件前，先操作机械手运动至安全位置，严禁装卸工件过程中操作机器人运动。

⑤ 机器人处于自动模式时，禁止任何人员的身体任何部位进入机器人运动区域。

⑥ 严禁操作者戴手套操作手持单元（特别是在冬天更要注意），严禁操作者佩戴首饰（如耳环、戒指或垂饰），操作者进入机器人工作区域时必须戴安全帽和穿安全鞋，禁止操作者披头散发、指甲过长。

⑦ 操作机器人运动时，应确保机器人动作范围内无任何人员或障碍物，将机器人运动速度由慢向快逐渐调整（保持速度倍率在 30% 以下），避免速度突变造成伤害。

⑧ 示教器应放在安全位置，线缆需摆放整齐。

⑨ 不可随意拍按操作台上的各种"操作按键"。

⑩ 不可随意操作抓手"释放按键"，避免工件坠落发生伤害。

⑪ 严禁在控制柜内随便放置配件、工具、杂物、安全帽等，以免造成设备故障。

⑫ 在结束试验或因为其他事由离开机器人操作台时，必须按下"急停开关"，并将示教器放置在安全位置。必须取下抓手夹具上夹持的工件。

⑬ 操作者必须熟识机器人本体和操作台上的各种安全警示标识，按照操作要领手动或自动编程控制机器人动作。

## 2.2  认识机器人本体

### 2.2.1  6 轴机器人本体

图 2-1 所示为 6 轴机器人本体及各轴示意图。

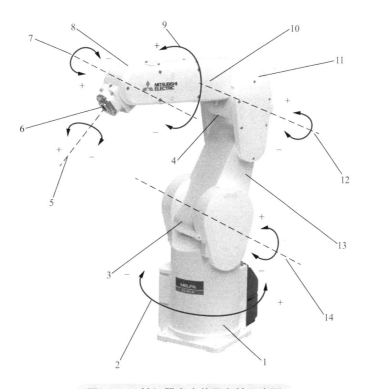

**图 2-1  6 轴机器人本体及各轴示意图**

1—基座  2—J1 轴  3—肩部  4—肘部  5—J6 轴  6—抓手安装接口  7—J5 轴  8—腕部  9—J4 轴
10—前臂 No.2 臂  11—肘部挡块  12—J3 轴  13—上臂 No.1 臂  14—J2 轴

各部分名称及用途如下：

① 基座：基座是安装机器人的机械构件。基座的中心点就是机器人基本坐标系的原点。垂直型机器人可以落地式、吊顶式、壁挂式等方式安装。

② 各轴旋转方向：J1 轴、J2 轴、J3 轴、J4 轴、J5 轴、J6 轴各自在空间的旋转及旋转正负方向如图 2-1 所示。

③ 抓手安装法兰面：抓手安装法兰面在 J6 轴上。法兰面的中心是机械 IF 坐标系的原点。

### 2.2.2  4 轴机器人本体

图 2-2 所示为 4 轴机器人本体及各轴示意图。

03  J1 ～ J6 轴的动作

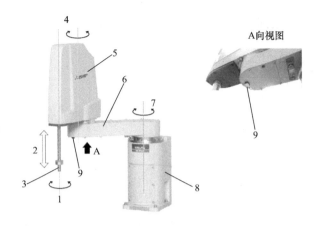

图 2-2　4 轴机器人本体及各轴示意图

1—J4 轴　2—工作轴　3—J3 轴　4—J2 轴　5—No.2 臂　6—No.1 臂　7—J1 轴　8—基座　9—制动开关

# 2.3　认识控制器本体

## 2.3.1　控制器各部分的名称

控制器各部分的名称如图 2-3 所示。

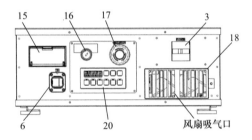

a) 控制器正面

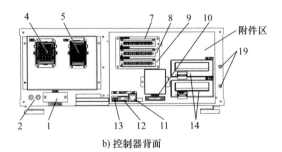

b) 控制器背面

图 2-3　控制器各部分的名称

1—ACIN 连接器　2—接地电缆用螺栓　3—电源 ON/OFF 开关　4—电机信号电缆插口（CN1）
5—电机电源电缆插口（CN2）　6—手持单元 T/B 接口　7、8、9、10—输入输出卡插口
11—LAN 网线插口　12—ExtOPT　13—远程输入输出插口　14—选件插口
15—USB 插口及电池安装盒　16—模式选择键　17—急停开关
18—过滤器盖板　19—接地端子　20—操作面板

## 2.3.2　安装空间要求

（1）水平安装

水平安装控制器时，其安装空间如图 2-4 所示。

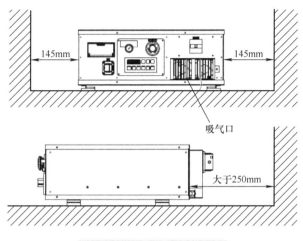

145mm　145mm

吸气口

大于250mm

**图 2-4　水平放置安装空间**

（2）垂直安装

垂直安装控制器时，其安装空间如图 2-5 所示。

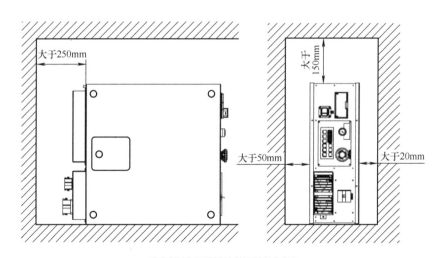

大于250mm

大于150mm

大于50mm　大于20mm

**图 2-5　垂直放置安装空间**

（3）外部急停电缆的安装连接方法

外部急停电缆的安装连接方法如图 2-6 所示。

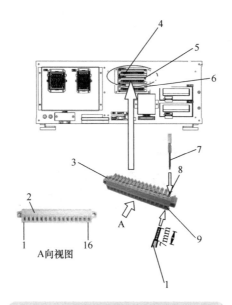

**图 2-6　外部急停电缆的安装连接方法**

1—连接电缆　2—端子排针脚号　3—接线端子排　4—CNUSR11 插口　5—CNUSR12 插口
6—CNUSR13 插口　7—工具　8—电缆压紧螺钉　9—电缆插入点

（4）门开关信号

门开关功能如图 2-7 所示。

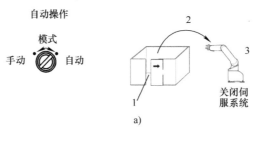

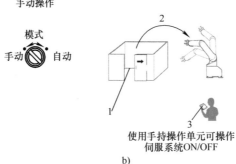

**图 2-7　门开关功能**

a）自动操作
1—开门　2—安全保护　3—急停
b）手动操作
1—开门　2—安全保护　3—示教操作

（5）模式转换开关的使用

① 自动模式——通过外部信号进行的操作有效。无法进行需要手持单元操作权的操作。与外部设备连接时，需要对操作权参数进行设置。

② 手动模式——使用手持单元进行的操作有效。无法进行需要外部设备操作权的操作。

模式选择开关如图 2-8 所示。

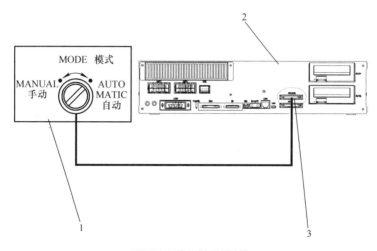

**图 2-8　模式选择开关**

1—模式选择开关　2—控制器　3—CNUSR1 插口

（6）模式选择开关输入信号的连接

模式选择开关输入信号的连接如图 2-9 所示。

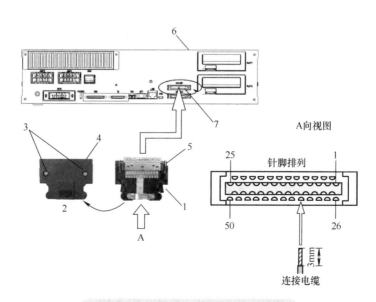

**图 2-9　模式选择开关输入信号的连接**

1—用户接线端　2—卸开盖板　3—盖板螺钉
4—盖板　5—插头　6—控制器　7—CNUSR1 插口

## 2.4 认识手持操作单元

### 2.4.1 手持单元的安装

（1）安装连接手持单元

手持单元的安装连接如图 2-10 所示。

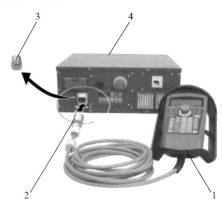

**图 2-10 手持单元的安装连接**

1—手持单元 2—手持单元插头 3—空插头 4—控制器

（2）手持单元的按键布置和主要功能

手持单元的按键布置和主要功能如图 2-11 所示。

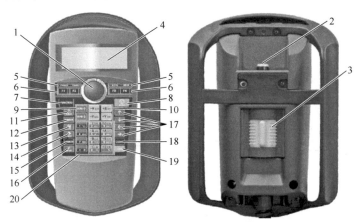

**图 2-11 手持单元的按键布置和主要功能**

1—急停开关 2—使能切换开关 3—三位置开关 4—LCD 显示屏 5—状态显示灯 6—功能选择键 7—功能键
8—停止键 9—速度倍率调整键 10—JOG 动作操作键 11—伺服 ON/OFF 键 12—监视键 13—JOG 键
14—抓手键 15—字符键 16—复位键 17—光标键 18—清除键 19—执行键 20—数字 / 字符键

按键及主要功能：

① 急停开关——紧急切断伺服系统并停止操作。

② 使能切换开关——用于切换手持单元的"手动使能状态"。

③ 三位置开关——当"使能切换开关"处于"使能状态"时，如果改变"三位置开关"的位置，则机器人的伺服系统被切断，操作立即停止。

④ LCD 显示屏——显示机器人的工作状态和各菜单。

⑤ 状态显示灯——显示"机器人"或"T/B"的状态。

⑥ [F1]、[F2]、[F3]、[F4]——功能选择键。用于选择屏幕上对应位置的功能。

⑦ FUNCTION key——功能键。切换 LCD 上显示的功能。

⑧ STOP key——停止键。用于停止程序并使机器人动作减速停止。

⑨ [OVRD ↑ ]、[OVRD ↓ ]——速度倍率调整键。[OVRD ↑ ] 键用于增加速度倍率，[OVRD ↓ ] 键用于降低速度倍率。

⑩ [JOG]——JOG 动作操作键。也可用于输入数字量。

⑪ [ 伺服 ON/OFF 键 ]——操作机器人的伺服系统 ON/OFF。

⑫ [MONITOR]——[ 监视键 ]。使用 [ 监视键 ] 进入"监视模式"并显示"监视菜单"。

⑬ [JOG 键 ]——选择进入"点动模式"。

⑭ [HAND]——抓手键。进入"抓手模式"。执行对抓手的控制并显示抓手操作。

⑮ [CHARCTER]——字符键。切换"数字输入"和"字符输入"。

⑯ [RESET]——复位键。解除故障报警信息。与 [EXE] 键同时使用，可使程序复位。

⑰ [ ↑ ][ ↓ ][ ← ][ → ]——光标键。用于在各个方向移动光标。

⑱ [CLEAR]——清除键。清除在光标位置的字符。

⑲ [EXE]——执行键。发出操作执行指令。

⑳ Number/Character——数字 / 字符键。擦除在光标位置上的字符，同时输入数字或字符。

## 2.5　实用电气控制系统的硬件配置和配线

### 2.5.1　机器人与控制器的连接

（1）控制器的连接

机器人与控制器的连接如图 2-12 所示，机器人本体与控制器的连接如图 2-13 所示。

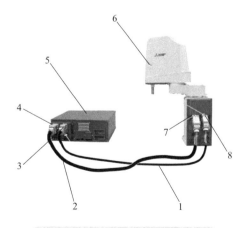

**图 2-12　机器人与控制器的连接**

1—电机信号电缆　2—电机电源电缆　3—控制器 CN2 插口　4—控制器 CN1 插口　5—控制器
6—机器人　7—机器人 CN1 插口　8—机器人 CN2 插口

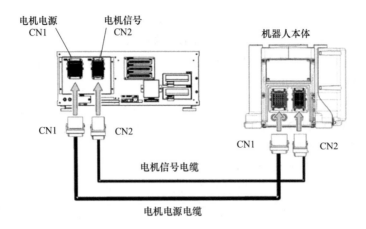

电机电源 CN1　电机信号 CN2　机器人本体

CN1　CN2

电机信号电缆

电机电源电缆

**图 2-13　机器人本体与控制器的连接**

机器人本体与控制器的连接主要是两条电缆的连接。

① 电源电缆——通过 CN1 口连接。

② 编码器反馈电缆——通过 CN2 口连接。

（2）电源的连接

电源的连接如图 2-14 和图 2-15 所示。

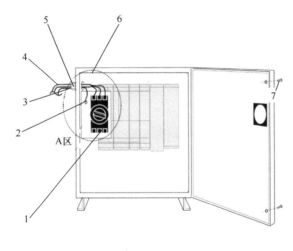

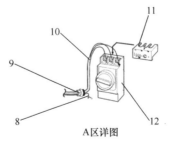

A区详图

**图 2-14　电源的连接图 1**

1—漏电保护断路器　2—接地端子　3—接地线　4—电源电缆　5—电缆夹　6—电缆进口

7—前门固定螺钉　8—接地线　9—锁紧盖　10—电源电缆　11—端子排盖板　12—漏电保护断路器

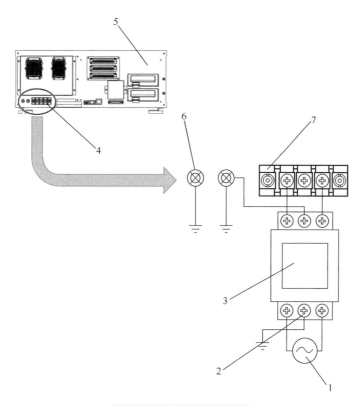

**图 2-15　电源的连接图 2**

1—交流电源　2—接地端子排　3—滤波器　4—插口　5—控制器　6—接地端子排　7—交流电源输入端子排

## 2.5.2　机器人的接地

（1）接地方式

机器人的接地方式如图 2-16 所示。以专用接地方式最佳。

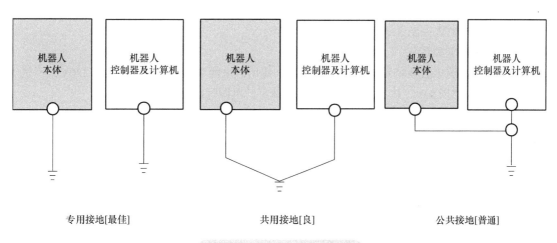

专用接地[最佳]　　　　　　共用接地[良]　　　　　　公共接地[普通]

**图 2-16　机器人的接地方式**

（2）接地规程

① 准备接地用电缆（AWG#11/4.2mm² 以上）及机器人侧的安装螺栓及垫圈。

② 接地螺栓部位（A）如有锈或油漆，应使用锉刀等去除。

③ 将接地电缆连接到接地螺栓部位。

接地电缆的连接如图 2-17 所示。

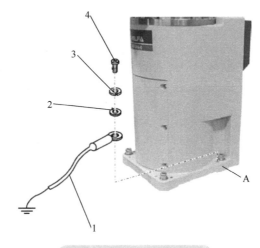

**图 2-17    接地电缆的连接**

1—接地电缆（4.2mm²） 2—平垫片   3—弹簧垫片   4—M4*10 螺栓

## 2.5.3    机器人与外围设备的连接

（1）控制器与 GOT 的连接

通过以太网口连接。

（2）控制器与计算机的连接

可以通过以太网口连接，也可以通过 USB 口连接。

## 2.5.4    实用机器人控制系统的构建

一套实用机器人控制系统的构建如图 2-18 所示。

（1）主回路电源系统

在主回路系统中必须特别注意：三菱机器人使用的电源为单相 220V 或三相 220V，不是工厂现场使用的三相 380V，应根据机器人的型号确定其电源等级。

在使用三相 220V 电源时，需要专门配置三相 220V 变压器。

（2）主要安全保护元器件

在主回路中应该配置：

① 无熔丝断路器。

② 接触器。

（3）专用电缆

在机器人控制器一侧，有专用的电源插口。出厂时配置有电源电缆，如果长度不够，用户可以将电缆加长。

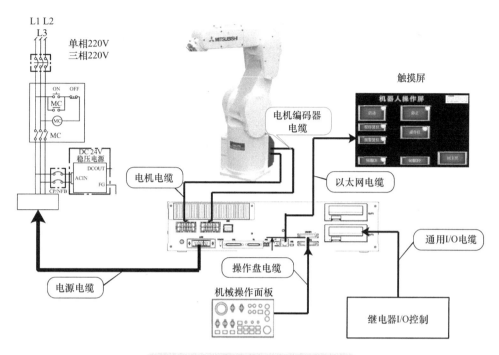

图 2-18　实用机器人控制系统的构建

（4）控制电源

在主回路中再接入一"控制变压器"。控制器提供 DC24V 电源，可以供操作面板和外围 I/O 电路使用。

（5）机器人本体与控制器的连接

伺服电动机的电源电缆和伺服电动机编码器的电缆是三菱机器人的标配电缆。注意：CN1 口是电动机、电源电缆插口，CN2 口是电动机编码器电缆插口。

（6）操作面板与控制器的连接

操作面板由用户自制，至少包括以下按钮：

① 电源 ON/ 电源 OFF。

② 急停。

③ 工作模式选择（选择型开关）。

④ 伺服 ON。

⑤ 伺服 OFF。

⑥ 操作权。

⑦ 自动启动。

⑧ 自动停止。

⑨ 程序复位。

⑩ 程序号设置（波段选择开关）。

⑪ 程序号确认。

这些信号来自于控制器的不同插口见表 2-1。

表 2-1　工作信号及其插口

| 序号 | 按钮名称 | 对应插口 |
|---|---|---|
| 1 | 电源 ON | 主回路控制电路 |
| 2 | 电源 OFF | 主回路控制电路 |
| 3 | 急停 | 控制器 CNUSR1 插口 |
| 4 | 工作模式选择 | 控制器 CNUSR1 插口 |
| 5 | 伺服 ON | SLOT1 中 I/O 板 2D-TZ368 |
| 6 | 伺服 OFF | |
| 7 | 操作权 | |
| 8 | 自动启动 | |
| 9 | 自动停止 | |
| 10 | 程序复位 | |
| 11 | 程序号设置 | |
| 12 | 程序号确认 | |

在配线时应分清是强电还是弱电（电源等级），并分清是源型接法还是漏型接法，如果接法错误则会烧毁设备。

（7）外围检测开关和输出信号

SLOT1 中 I/O 板 2D-TZ368 是输入输出信号接口板，共有输入信号 32 点、输出信号 32 点，可以满足一般控制系统的需要。外围检测开关如接近开关和各种显示灯信号全部可以接入 2D-TZ368 接口板中。注意：2D-TZ368 输入输出都是漏型接法，需要提供外部 DC24V 电源。

由于在主回路中有"控制变压器"，可以使用"控制变压器"提供的 DC24V 电源。

（8）触摸屏与控制器的连接

触摸屏与控制器的连接直接使用以太网电缆连接，应设置相关参数。

## 2.6　思考

① 要求读者拍摄机器人的铭牌，说明主要指标的含义。

② 机器人使用的电源等级是多少？

③ 车间的 380V 电源能够直接连接在机器人本体上吗？

④ 控制器有几条电缆与机器人本体相连接？

⑤ 操作台电缆是直接与机器人本体连接的吗？

⑥ 机器人接地有几种方式？哪种方式最好？

⑦ 观察并指出机器人本体上的接地点位置。

⑧ 计算机如何与机器人相连接。

⑨ 指明 6 轴机器人的 J1～J6 轴。

⑩ 指明 4 轴机器人的 J1～J4 轴。

⑪ 说明手持单元"使能开关"的作用。

⑫ 在手持单元上如何操作伺服 ON/OFF 操作？

第 3 章

# 机器人的坐标系

## 3.1 问题的提出——机器人使用什么样的坐标系

（1）直交坐标系

由于一个空间位置点在三维空间中可以用直交坐标系确定，因此直交坐标系是机器人要使用的一种坐标系。直交坐标系的发明人是法国哲学家笛卡尔 / 法国邮票，如图 3-1 所示。

**图 3-1　直交坐标系的发明人法国哲学家笛卡尔 / 法国邮票**

（2）关节坐标系

以 6 轴机器人为例，每一轴都可以旋转，这样用 6 个轴的旋转角度也可以确定机器人的一个位置，这就是关节坐标系。由直交坐标系，或由关节坐标系就可以确定机器人的"工作点"。但机器人有多个（6 个）自由度。简单来说，对于工业机器人而言，为了确定一个位置点，既要确定"空间位置点"还要确定机器人的"形位"的因素。因为即使同一位置点，各轴的旋转位置可以是不同的，有些资料称为"姿势"。就如一个万向节或汽车的换挡装置一样，"工作点"的位置不变，但操纵杆的位置可以发生变化。

（3）工具坐标系

机器人装有工具（抓手）用于抓取工件，如果以抓手为对象，以抓手的工作中心点为原点建立一个坐标系，则更容易确定工件位置，于是就有了工具坐标系。

（4）工件坐标系

在机器人进行切割或焊接工作时，工件的图案和数据已经由图样标定，如果以"工件"为基准建立坐标系，则能极大地便利编程，于是就建立了工件坐标系。

## 3.2 机器人使用的坐标系

04 机器人使用的坐标系

### 3.2.1 机器人使用的坐标系种类

常用的机器人坐标系如图 3-2 所示。

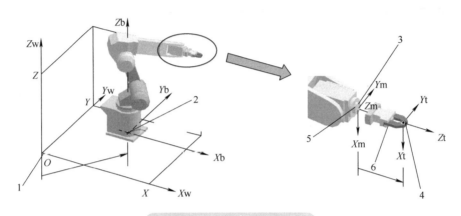

图 3-2 常用的机器人坐标系

1—世界坐标系 2—基本坐标系 3—机械接口坐标系 4—工具坐标系 5—机械接口界面 6—工具（抓手）

常用的机器人坐标系有以下 5 种。

（1）世界坐标系

世界坐标系是表示机器人当前位置的通用坐标系，由 $Xw$、$Yw$、$Zw$ 构成。

世界坐标系是以基本坐标系为基准确定的。世界坐标系与基本坐标系的相互关系可以通过设置参数"MEXBS"或执行"Base 指令"进行设定。初始设定时，MEXBS=0，因此世界坐标系和基本坐标系一致。但必须明确：世界坐标系与基本坐标系是两个不同的坐标系。

（2）基本坐标系

基本坐标系是以机器人的基座安装面为基准，J1 轴旋转中心线与机器人安装基面的交点为原点，各轴方向如图 3-3 所示所确定的坐标系。由 $Xb$、$Yb$、$Zb$ 构成。

（3）机械接口坐标系

机械接口坐标系是以 J6 轴旋转中心和机械法兰面为基准确定的坐标系，由 $Xm$、$Ym$、$Zm$ 构成。

（4）工具坐标系

由安装在机器人法兰面上的"工具（抓手）工作中心"确定的坐标系，由 $Xt$、$Yt$、$Zt$ 构成。

（5）工件坐标系

以工件为基准建立的坐标系。

## 3.3　基本坐标系

基本坐标系是以机器人底座安装面为基准面，原点是安装基面与 J1 轴旋转中心的相交点，各轴方向如图 3-3 所示所确定的坐标系。在机器人底座上有图示标志。

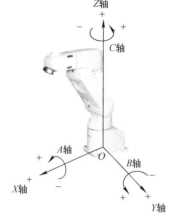

基本坐标系的 +/−X 轴，+/−Y 轴，+/−Z 轴如图 3-3 所示，以箭头所示方向为正方向。A、B、C 轴中，A 轴绕 X 轴旋转、B 轴绕 Y 轴旋转，C 轴绕 Z 轴旋转。按右手法则确定旋转轴方向，箭头所示方向为正方向（A、B、C 轴是机器人特有的动作要素）。

因此，确定基本坐标系有三个要素：

① 机器人基座安装面。

② J1 轴旋转中心。

③ 各轴的方向。

当机器人的安装位置确定以后，基本坐标系就确定了。基本坐标系是机器人诸多坐标系的基准。

**图 3-3　基本坐标系**

## 3.4　世界坐标系

（1）定义

由于基本坐标系位置固定，不一定便于标定某些工作位置。为了更方便地观察和描述任意点的位置，提出了世界坐标系的概念。世界坐标系是一种"通用"的坐标系，可以定义在任何需要的位置。世界坐标系是机器人系统默认使用的坐标系，是表示机器人（控制点）位置的"当前坐标系"，所有表示位置点的数据都是以世界坐标系为基准的。

（2）设置世界坐标系

世界坐标系是以机器人的基本坐标系为基准设置的（这是因为每一台机器人基本坐标系是由其安装位置决定的，基本坐标系是最原始的基准）。只是确定世界坐标系时，是从世界坐标系来观察基本坐标系的位置，基本坐标系基准点在世界坐标系中的位置称为"偏置"。以基本坐标系基准点确定新的世界坐标系。在大部分的应用中，世界坐标系与基本坐标系相同。

如图 3-4 所示，图中 Xw、Yw、Zw 是世界坐标系。当前位置是以世界坐标系为基准的。

基本坐标系原点在世界坐标系中的位置数据称为"偏置"。

设置一个世界坐标系有两种方法：

① 通过参数设置（参数 MEXBS）。

② 使用编程指令（Base）。

（1）指令设置法

设置世界坐标系的偏置坐标。"偏置"是以世界坐标系为基准观察到的基本坐标系原点在世界坐标系内的坐标。样例程序如下：

1. Base（50, 100, 0, 0, 0, 90）'—— 设置一个新的世界坐标系（见图 3-5）。

2. Mvs P1'——前进到 P1 点。

3. Base P2'——以 P2 点为偏置量，设置一个新的世界坐标系。

4. Mvs P1'——前进到 P1 点。

5. Base 0 设置世界坐标系与基本坐标系相同（回到初始状态）。

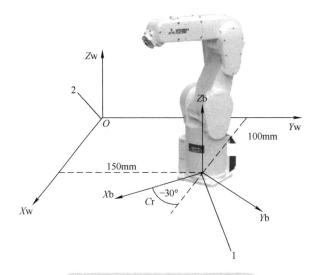

**图 3-4　世界坐标系与基本坐标系**

1—基本坐标系　2—世界坐标系

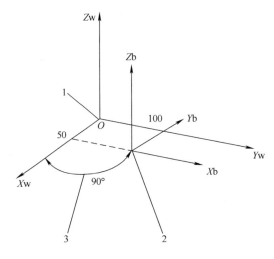

Base(50, 100, 0, 0, 0, 90)

**图 3-5　使用 Base 指令设置新的世界坐标系**

1—世界坐标系　2—基本坐标系　3—C 轴旋转 90°

（2）以工件坐标系编号选择新世界坐标系的方法

样例程序如下：

1. Base 1'——选择 1# 工件坐标系 WK1CORD。

2. Mvs P1'——运动到 P1。

3. Base 2'——选择 2# 工件坐标系 WK2CORD。

4. Mvs P1'——运动到 P1。

5. Base 0'——选择基本坐标系。

## 3.5　机械接口坐标系

（1）机械接口坐标系的定义

以机器人最前端法兰面为基准确定的坐标系称为机械接口坐标系。机械接口坐标系的 $X$ 轴、$Y$ 轴、$Z$ 轴用 $X$m、$Y$m、$Z$m 表示，如图 3-6 和图 3-7 所示。

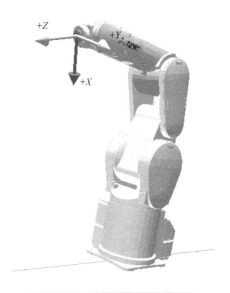

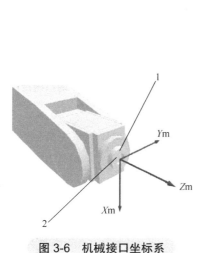

图 3-6　机械接口坐标系

1—法兰　2—法兰中心

图 3-7　机械接口坐标系的图示

特点：

① $Z$m 轴为穿过法兰中心而且垂直于法兰面的轴。从法兰面向外的方向为 + 方向。

② $X$m 轴与 $Y$m 轴在法兰面上。法兰中心与定位销孔的连接线为 $X$m 轴，但必须注意 $X$m 轴的"正向"与定位销孔相反。

③ 在法兰面上与 $X$m 垂直的轴为 $Y$ 轴。

（2）法兰旋转

由于机械接口坐标系是以法兰面为基准建立的，当法兰转动，机械接口坐标系也随之转动。

由于在机械法兰面要安装抓手工具等，因此这个"机械法兰面"就有了特殊意义。特别注意：机械法兰面转动，机械接口坐标系也随之转动。而法兰面的转动受 J4 轴和 J6 轴的影响（特别是 J6 轴的旋转带动了法兰面的旋转，也就带动了机械接口坐标系的旋转，如果以机械接口坐标系为基准执行定位，就会影响很大）。图 3-8 所示为法兰旋转与机械接口坐标系，图 3-9 所示为 J6 轴逆时针旋转了的机械接口坐标系。

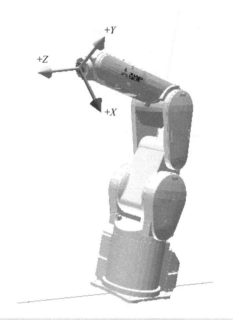

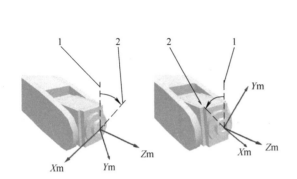

图 3-8　法兰旋转与机械接口坐标系

1—原基准　2—法兰旋转后位置

图 3-9　J6 轴逆时针旋转了的机械接口坐标系

因此在实际工作中，使用机械接口坐标系的时候不多，机械接口坐标系主要是为确定工具坐标系提供基准。

## 3.6　工具坐标系

### 3.6.1　定义及设置

（1）工具坐标系的定义

由于实际使用的机器人都要安装抓手等辅助工具，因此机器人的实际控制点就移动到了工具的中心点上。为了控制方便，以工具的中心点为基准建立的坐标系就是工具坐标系。

（2）工具坐标系的设置

由于抓手直接安装在机械法兰面上，所以工具坐标系是以机械接口坐标系为基准建立。建立工具坐标系有参数设置方法和指令设置法，实际上都是确定工具坐标系原点在机械接口坐标系中的位置和形位（POSE）。

工具坐标系与机械接口坐标系的关系如图 3-10 所示。工具坐标系用 $Xt$、$Yt$、$Zt$ 表示。工具坐标系以机械接口坐标系为基准建立。

在工具坐标系的原点数据中，$X$、$Y$、$Z$ 表示工具坐标系原点在机械接口坐标系内的位置点。$A$、$B$、$C$ 表示工具坐标系绕机械接口坐标系 $Xm$、$Ym$、$Zm$ 轴的旋转角度。

工具坐标系的原点不仅可以设置在"任何"位置，而且坐标系的形位也可以通过 $A$、$B$、$C$ 的值任意设置，相当于一个立方体在一个万向轴接点任意旋转，也相当于从机械接口坐标系观察工具坐标系获得的数据。

05　什么是工具坐标系？

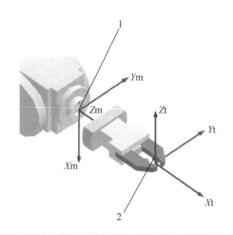

**图 3-10　工具坐标系与机械接口坐标系的关系**

1—机械接口坐标系　2—工具坐标系

工具数据具有与位置数据相同的内容。

*X*、*Y*、*Z*：移动量（单位为 mm）。

*A*、*B*、*C*：绕坐标轴的旋转角度（单位为 deg）。*A* 为绕 *X* 轴的旋转角度；*B* 为绕 *Y* 轴的旋转角度；*C* 为绕 *Z* 轴的旋转角度。

在图 3-10 中，工具坐标系绕 *Y* 轴旋转了 -90°，所以 Zt 轴方向就朝上（与机械接口坐标系中的 Zm 方向不同）。而且当机械法兰面旋转（J6 轴旋转），工具坐标系也会随着旋转，分析时应特别注意。图 3-11 所示为建立工具坐标系的过程。

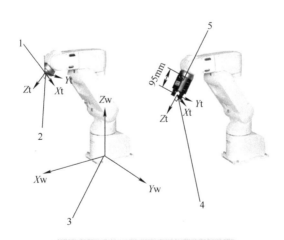

**图 3-11　建立工具坐标系的过程**

1—机械接口　2—初始工具坐标系　3—世界坐标系　4—设置后的工具坐标系　5—抓手

## 3.6.2　动作比较

### 1. JOG 动作

（1）使用机械接口坐标系

使用机械接口坐标系，在 *X* 方向移动（此时，*X* 轴垂直向下），其移动形位如图 3-12a 所示。

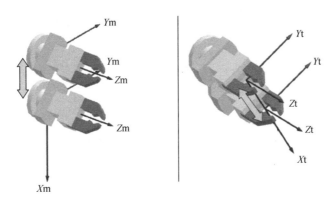

a) 在机械接口坐标系中沿X轴运动      b) 在工具坐标系中沿X轴运动

**图3-12 使用工具坐标系的点动操作比较**

（2）在工具坐标系中动作

设置了工具坐标系后，以工具坐标系动作。注意在 $X$ 方向移动时，是沿着工具坐标系的 $Xt$ 方向动作。这样就可以平行或垂直于抓手面动作，使 JOG 动作更简单易行，如图 3-12b 所示。

（3）在 $A$ 轴方向动作

1）使用机械接口坐标系。

使用机械接口坐标系，绕 $Xm$ 轴旋转，抓手前端大幅度摆动，如图 3-13a 所示。

2）使用工具坐标系的操作。

设置工具坐标系后，绕 $Xt$ 轴旋转，抓手前端绕工件旋转。在不偏离工件位置的情况下，改变机器人形位，如图 3-13b 所示。

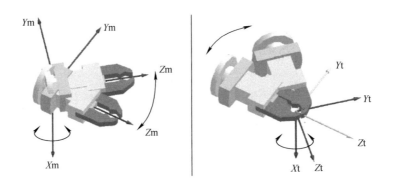

a) 绕机械接口坐标系的Xm轴旋转      b) 绕工具坐标系的Xt轴旋转

**图3-13 A轴旋转动作的比较**

以上是在 JOG 运行时的情况。

**2. 自动运行**

（1）近点运行

在自动程序运行时，工具坐标系的原点为机器人"控制点"。在程序中规定的各工作点是以世界坐标系为基准的。

但是，Mov 指令中的近点运行功能中的"近点"的位置则是以工具坐标系的 Z 轴正负方向为基准确定的，这是必须充分注意的。

指令样例：

1. Mov P1，50

其动作是：将控制点移动到 P1 点的"近点"。"近点"为 P1 点沿工具坐标系的 Z 轴负向移动 50mm，如图 3-14 所示。

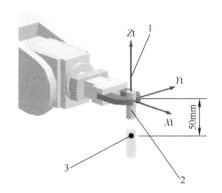

图 3-14　在工具坐标系中的近点动作

1—工具坐标系　2—工件　3—工件搬运位置（P1）

（2）相位旋转

绕工件位置点旋转（Zt），可以使工件旋转一个角度。

例：指令在 P1 点绕 Z 轴旋转 45°（使用两点的乘法指令）

1. Mov　P1 *（0，0，0，0，0，45）'——注意：使用两点的乘法指令。乘法指令的动作见 11.7.1 节。

在工具坐标系中的相位旋转如图 3-15 所示。

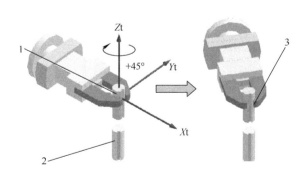

图 3-15　在工具坐标系中的相位旋转

1—工具坐标系　2—P1 位置点　3—运动到 P1 ×（0，0，0，0，0，45）点（即绕 Zt 轴旋转 +45°）

## 3.7 工件坐标系

（1）定义

工件坐标系是以"工件"为基准确定的坐标系。在实际加工中，工件的图样是绘制完毕的。如果要运行工件的轨迹，以工件尺寸直接编程最为简捷，这就需要一个以工件为基准的坐标系，这就是工件坐标系，如图 3-16 所示。

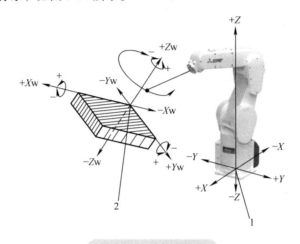

**图 3-16　工件坐标系**

1—基本坐标系　2—工件坐标系

（2）设置

在机器人系统中，可以通过参数预先设置 8 个工件坐标系，如图 3-17 所示。

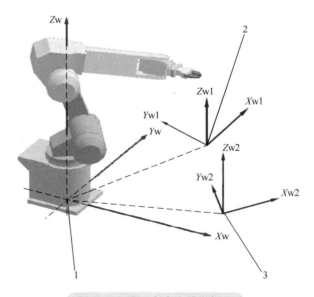

**图 3-17　建立多个工件坐标系**

1—当前世界坐标系（＝基本坐标系）　2—工件坐标系 1　3—工件坐标系 2

工件坐标系的相关参数见表 3-1。

表 3-1 工件坐标系的相关参数

| 类型 | 参数符号 | 参数名称 | 功能 |
|---|---|---|---|
| 动作 | WKnCORD<br>$n = 1 \sim 8$ | 工件坐标系 | 设置工件坐标系 |
| | WKnWO | 工件坐标系原点 | |
| | WKnWX | 工件坐标系 $X$ 轴位置点 | |
| | WKnWY | 工件坐标系 $Y$ 轴位置点 | |
| 设置 | | 可设置 8 个工件坐标系 | |

参数的编辑　　　　　　　　　　　　　　　　　　　　　　　X

参数名：WK4CORD　　　机器号：0

说明：Work coordinate 4

1：0.00　　　　　　　　　5：0.00

2：0.00　　　　　　　　　6：0.00

3：0.00

4：0.00

打印(P)　　　写入(W)　　　关闭(C)

（3）以工件坐标系号选择工件坐标系的方法样例程序

1. Base 1'——选择 1# 工件坐标系 WK1CORD。

2. Mvs P1'——运动到 P1。

3. Base 2'——选择 2# 工件坐标系 WK2CORD。

4. Mvs P1'——运动到 P1。

5. Base 0'——选择基本坐标系。

## 3.8　思考

① 工业机器人使用哪几种坐标系？为什么要使用这么多坐标系？

② 标出图 3-18 中各坐标系的名称。

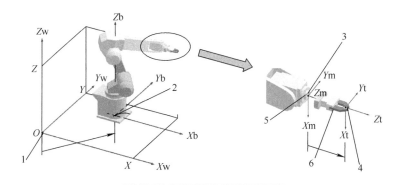

图 3-18　对各坐标系进行标注

1—？？坐标系　2—？？坐标系　3—？？坐标系　4—？？坐标系　5—机械接口表面　6—工具（抓手）

③ 基本坐标系以什么为基准建立的？

④ 为什么要使用世界坐标系？世界坐标系与基本坐标系有什么关系？

⑤ 横看成岭侧成峰，远近高低各不同。不识庐山真面目，只缘身在此山中。使用了几个坐标系？

⑥ 机械接口坐标系是以什么为基准建立的？

⑦ 工具坐标系是以什么为基准建立的？工具坐标系的原点如何确定？

⑧ 标出图 3-19 中的工件坐标系和基本坐标系。并标出工件坐标系的 $C$ 轴。

⑨ 机械接口坐标系和基本坐标系有什么共同点？

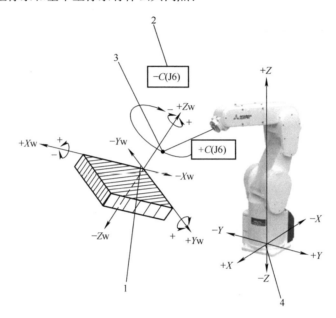

**图 3-19  对各坐标标注（第⑧题图）**

1—？？  2—操作按键  3—控制点  4—？？

# 第4章

# 原点及原点的设置方法

## 4.1 什么是原点？机器人基本坐标系的原点在哪里

06 机器人的
原点在哪里?

每一种坐标系都有原点，世界坐标系可以有 $N$ 个，而基本坐标系只有一个。工具坐标系有 $N$ 个，而机械接口坐标系只有一个。因为基本坐标系和机械接口坐标系是由机器人基本结构所确定的，所以没有特别说明，机器人的原点是指"机器人基本坐标系的原点"。本节对原点的定义和设置主要是对基本坐标系原点的操作。

根据 3.3 节的定义：基本坐标系是以机器人底座安装面为基准面，原点是安装基面与 J1 轴旋转中心相交点所确定的坐标系。基本坐标系如图 4-1 所示。

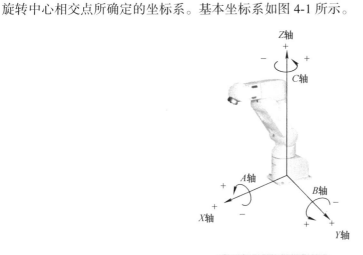

**图 4-1　基本坐标系**

基本坐标系的 +/-$X$ 轴，+/-$Y$ 轴，+/-$Z$ 轴如图 4-1 所示，当机器人的安装位置确定以后，基本坐标系就确定了。

基本坐标系原点的定义：机器人安装基面与 J1 轴旋转中心相交点即为基本坐标系原点。

注意：基本坐标系原点在出厂时由厂家进行过设置校准。这些原点数据表贴在"接线盒盖板"内。有些型号的机器人需要在开箱后进行原点设置。

## 4.2 【原点/制动器】界面内的功能及操作

在手持单元上，有一【原点/制动器】界面，在这个界面内可以设置"原点"和对各轴的制动器（抱闸）进行"松开"或"夹紧"操作。

### 4.2.1 【原点／制动器】界面内的两个"子菜单"

【原点／制动器】界面内有两个"子菜单"，如图 4-2 所示。

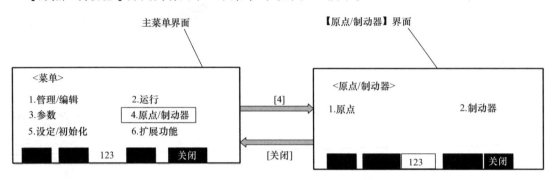

**图 4-2 【原点／制动器】界面内的子菜单**

（1）【原点】

"【原点】子菜单"用于进行原点设置。提供了 5 种原点设置方法。

（2）【制动器】

"【制动器】子菜单"用于进行对各轴的伺服电动机制动器进行"松开"或"夹紧"操作。这些操作在调试和维修阶段都是经常使用的。由于在"制动器解除状态"下，机器人的各机械臂会因为重力而下落，可能造成安全事故，因此执行"解除制动器"操作必须特别注意，应保证在安全的状态下进行。

### 4.2.2 进入子菜单的方法

从【原点／制动器】界面进入【原点设定】界面

在【原点／制动器】界面直接按数字键 [1]，即可进入【原点设定】界面，如图 4-3 所示。

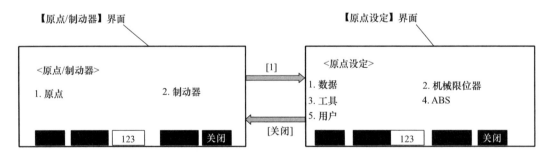

**图 4-3 从【原点／制动器】界面选择【原点设定】界面**

## 4.3 原点的设置

### 4.3.1 数据输入方式

使用原点数据输入方法设置原点。

（1）确认原点数据。原点数据设置记录表见表 4-1。

表 4-1　原点数据设置记录表（原点数据表贴在"接线盒盖板"内）

| 轴 | 出厂值 |
|---|---|
| D | V!#S29 |
| J1 | 06DTYY |
| J2 | 2?HL9X |
| J3 | 1CP55V |
| J4 | T6!M$Y |
| J5 | Z21J%Z |
| J6 | A12%Z0 |

（2）上电

（3）操作设置控制器进入"手动模式"（见图 4-4）

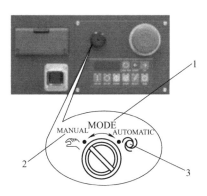

**图 4-4　选择工作模式**

1—模式　2—手动模式　3—自动模式

## 4.3.2　操作使用手持单元

在"原点设置方式选择"画面中，按下 [1] 键，选择"数据输入方式"，如图 4-5 所示。

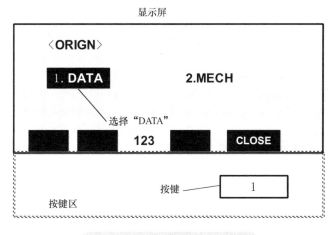

**图 4-5　选择"数据输入方式"**

　　显示"原点数据输入"界面，如图 4-6 所示。将表 3-1 中的数据写入"数据设置"界面，如图 4-7 所示。

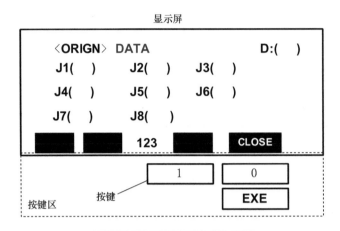

图 4-6 "原点数据输入"界面

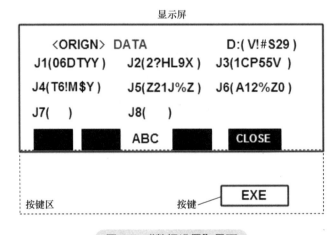

图 4-7 "数据设置"界面

　　至此，原点设置完成。

## 4.4 原点的重新设置

### 4.4.1 原点重新设置的各种方法

　　设定原点是为了能高精度地使用机器人而进行的操作，在机器人开始工作之前必须进行原点设置。

　　在使用之后，如果发生控制器与机器人连接断开、更换电机、编码器出现故障等情况，应进行原点重新设置。

　　原点重新设置的方式和各设置方式的应用场合见表 4-2。

表 4-2　原点重新设置的方式和各设置方式的应用场合

| 序号 | 方式 | 说明 | 应用场合 |
|---|---|---|---|
| 1 | 原点数据输入方式 | 原点数据输入方式是将出厂时设定的原点数据通过手持单元输入的方式。在初次启动机器人时使用这种方式 | ·初次启动时<br>·重新安装控制器时<br>·机器人控制器的电池电量耗尽导致数据丢失时 |
| 2 | 校正棒方式 | 校正棒方式是使用校正工具对原点进行设定 | ·更换机器人部件（电机、减速机、同步皮带等）时<br>·由于碰撞等导致部件之间发生偏移时 |
| 3 | 机械挡块方式 | 机械挡块方式使用各轴的机械挡块进行原点设置 | ·更换机器人部件（电机、减速机、同步皮带等）时<br>·由于碰撞等导致部件之间发生偏移时 |
| 4 | ABS 原点设置方式 | 由于电池电量耗尽等原因导致编码器备份数据丢失时，使用 ABS 原点设置方式进行原点设定 | ·在机器人本体的电池电量耗尽导致编码器数据丢失时 |
| 5 | 用户原点设置方式 | 用户原点设置方式是将任意位置设置为原点 | ·需要设置"任意位置"为原点时 |

### 1. 数据设置方法及适用范围

机器人出厂时，已通过"校正棒方式"进行了原点设定。使用校正棒方式获得的数据被封装起来作为原点数据。作为在出厂后的初次使用时输入"原点数据"。

当机器人本体没有发生机械拆分（如更换减速齿轮、电机、同步带）或丢失编码器数据，出厂设置的原点数据就可以用于设置"原点数据"。

每一序列号的机器人其原点数据是独有的。

### 2. ABS 原点设置方式

ABS 原点设置方式是使用各轴对准轴上的三角形标志的方法，重新恢复各轴原有的原点数据。

（1）适用范围

① 在发生机器人本体的机械性拆分时（更换减速齿轮、电机、同步皮带），不能使用 ABS 原点设置方式。

② 原点设置完成后，务必将机器人本体移动至各轴 ABS 标记位置，并在显示屏上确认该位置的关节坐标是否显示正确。

（2）6 轴机器人 ABS 标志位置

各轴的 ABS 标志位置如图 4-8 所示。

### 3. 机械挡块方式

4 轴机器人 J1 轴的原点设置如下：

① 松开 J1 轴的制动器（抱闸）。

在"菜单"界面，按下 [4] 键，选择【原点 / 制动器】界面，J1 轴原点设置如图 4-9 所示。

② 用双手将 J1 轴缓慢地向 -（负）方向移动，直至碰到"机械限位器"。

③ 按下 [1] 键，选择【原点设置选择】界面，J1 轴原点设置选择如图 4-10 所示。

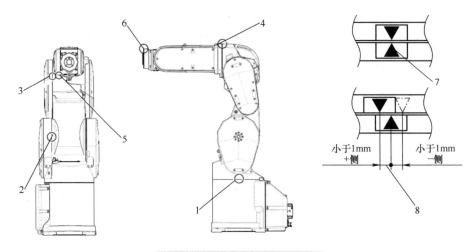

**图 4-8 各轴的 ABS 标志位置**

1—J1 轴　2—J2 轴　3—J3 轴　4—J4 轴　5—J5 轴　6—J6 轴　7—校准标志　8—校准标志的设置范围

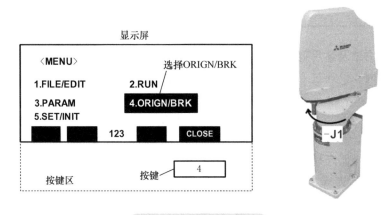

**图 4-9 J1 轴原点设置**

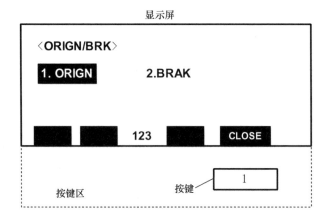

**图 4-10 J1 轴原点设置选择**

④ 按下 [2] 键，选择机械限位器方式，如图 4-11 所示。

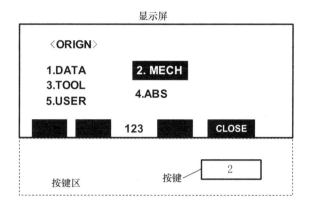

**图 4-11　J1 轴原点设置（选择机械限位器方式）**

⑤ 按下 [ ↑ ]~[ → ] 键，将光标移至 J1 的（ ）内，按下 [1] 键。在其他轴中设置 [0]，选择 J 轴如图 4-12 所示。

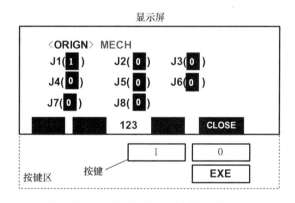

**图 4-12　J1 轴原点设置（选择 J 轴）**

⑥ 按下 [EXE] 键，显示确认设置，如图 4-13 所示。

⑦ 按下 [F1] 键，确认设置原点。

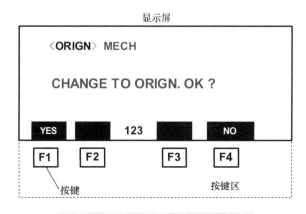

**图 4-13　J1 轴原点设置（确认设置）**

⑧ 原点设置完成，如图 4-14 所示。

⑨ 将原点数据记录到原点数据表中。

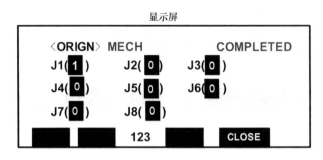

图 4-14　J1 轴原点设置（设置完成）

J2～J4 轴的设置方式与 J1 轴相同。

**4. 校正棒方式**

（1）校正棒

校正棒方式是使用工具（校准棒）进行原点设置的方式。图 4-15 所示为进行原点设置用的校准棒。

图 4-15　进行原点设置用的校准棒

（2）6 轴型机器人的设置

使用校正棒设置 6 轴机器人原点的方法与 4 轴机器人相同，只是各轴的校准孔位置不同。

1）J1 轴校准孔位置。

J1 轴校准孔位置如图 4-16 所示。

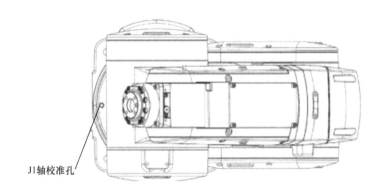

图 4-16　J1 轴校准孔位置

2）J2 轴校准孔位置。

J2 轴校准孔位置如图 4-17 所示。

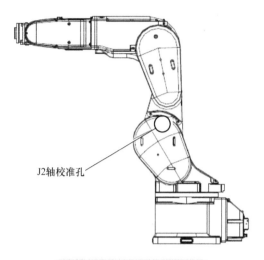

J2轴校准孔

图 4-17　J2 轴校准孔位置

3）J3 轴校准孔位置。

J3 轴校准孔位置如图 4-18 所示。

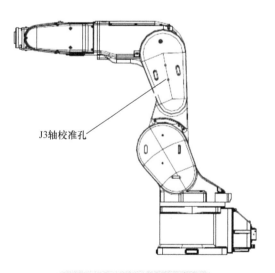

J3轴校准孔

图 4-18　J3 轴校准孔位置

## 4.5　对制动器的操作

### 4.5.1　选择【制动器】界面

在【原点 / 制动器】界面直接按数字键 [2]，即可进入【制动器】界面，如图 4-19 所示。

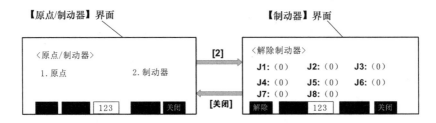

图 4-19  从【原点 / 制动器】界面选择【制动器】界面

## 4.5.2  在【制动器解除】界面执行"打开制动器"的操作

以解除 J3 轴制动器为例说明操作方法：

① 设置【制动器】界面的 J3 轴 =1。

② 按下 [EXE] 键→进入【制动器解除】界面。

③ 检查打开 J3 轴制动器后是否可能出现危险状况，按下"使能开关"+[F1]（解除）键→J3 轴的制动器被打开，【制动器解除】界面如图 4-20 所示。

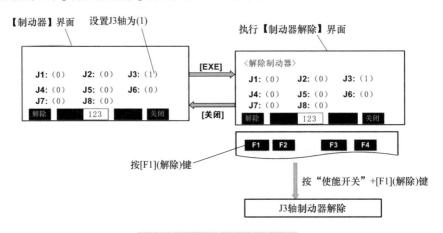

图 4-20  【制动器解除】界面

# 4.6  思考

① 基本坐标系的原点在哪里？

② 机械接口坐标系的原点在哪里？

③ 工具坐标系的原点在哪里？

④ 什么是"用户原点"？

⑤ 设置基本坐标系原点有几种方法？

⑥ 如果因为电池耗尽，原点丢失，用什么方法重新设置原点？

⑦ 找出机器人本体上的"黑三角"标志，拍照并旋转机器人本体，使 J1 轴与 J2 轴的"黑三角"的标志对齐。

⑧ 使用手持单元，如何解除（松开）J5 轴的抱闸？

⑨ 解除（松开）J3 轴的抱闸应该特别注意什么问题？

# 第5章

# 机器人的点动动作

点动（JOG）是所有运动机械所必须配备的动作。机器人不同于其他运动控制器的特点之一就是，即使是在点动模式下，也有很多类型的点动动作，这给使用者带来了方便。

JOG 的定义：控制信号 = ON，驱动对象 = ON；控制信号 = OFF，驱动对象 = OFF。

## 5.1 关节型点动

（1）定义

以关节轴为对象，以角度为单位执行的点动操作即关节型点动。可以分别对 J1～J6 轴执行点动操作。

（2）各轴独立运行

在关节型点动模式中，每一轴都能独立地旋转。可以独立地操作 J1～J6 轴以及附加轴 J7～J8 轴运动。

### 5.1.1 水平型机器人关节型点动

水平型机器人关节型点动如图 5-1 所示，应特别注意第 4 轴的运动。

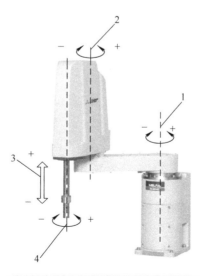

**图 5-1 水平型机器人关节型点动**

1—J1 轴　2—J2 轴　3—J3 轴　4—J4 轴

（1）J1 轴关节型点动操作

J1 轴关节型点动操作如图 5-2 所示，用 +X（J1）、–X（J1）操作 J1 轴旋转，注意观察 J1 轴的旋转方向。

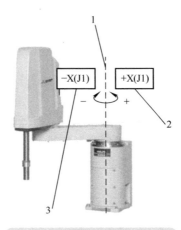

**图 5-2　J1 轴关节型点动操作**

1—J1 轴　2—点动操作键 +X　3—点动操作键 –X

点动操作：按下 [+X（J1）] 键，J1 轴正向旋转；按下 [–X（J1）] 键，J1 轴负向旋转。

（2）J2 轴关节型点动操作

J2 轴关节型点动操作如图 5-3 所示，用 +Y（J2）、–Y（J2）操作 J2 轴旋转，注意观察 J2 轴的旋转方向。

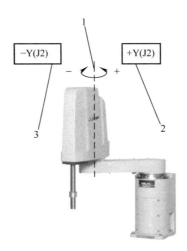

**图 5-3　J2 轴关节型点动操作**

1—J2 轴　2—点动操作键 +Y　3—点动操作键 –Y

点动操作：按下 [+Y（J2）] 键，J2 轴正向旋转；按下 [–Y（J2）] 键，J2 轴负向旋转。

（3）J3 轴关节型点动操作

J3 轴关节型点动操作如图 5-4 所示，用 +Z（J3）、–Z（J3）操作 J3 轴上下运动，注意观察 J3 轴的旋转方向。

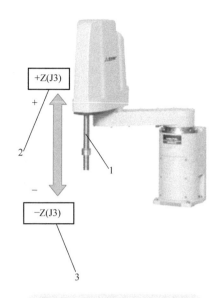

**图 5-4　J3 轴关节型点动操作**

1—J3 轴　2—点动操作键 +Z　3—点动操作键 –Z

点动操作：按下 [+Z（J3）] 键，J3 轴正向运动；按下 [–Z（J3）] 键，J3 轴负向运动。

（4）J4 轴关节型点动操作

J4 轴关节型点动操作如图 5-5 所示，用 +A（J4）、–A（J4）操作 J4 轴旋转，注意观察 J4 轴的旋转方向。

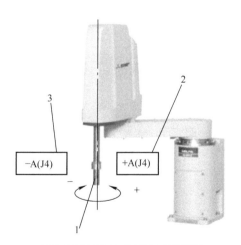

**图 5-5　J4 轴关节型点动操作**

1—J4 轴　2—点动操作键 +A　3—点动操作键 –A

点动操作：按下 [+A（J4）] 键，J4 轴正向旋转运动；按下 [–A（J4）] 键，J4 轴负向旋转运动。

## 5.1.2　垂直型机器人关节型点动

垂直型机器人关节型点动如图 5-6 所示，各轴独立地旋转。

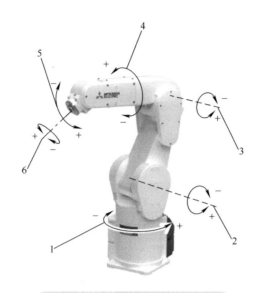

**图 5-6　垂直型机器人关节型点动**

1—J1 轴　2—J2 轴　3—J3 轴　4—J4 轴　5—J5 轴　6　J6 轴

（1）垂直型机器人 J1 轴关节型点动操作

垂直型机器人 J1 轴关节型点动操作如图 5-7 所示。用 +X（J1）、–X（J1）操作 J1 轴旋转，注意观察 J1 轴的旋转方向。

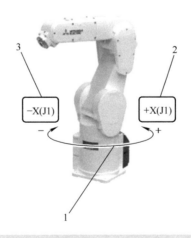

**图 5-7　垂直型机器人 J1 轴关节型点动操作**

1—J1 轴　2—点动操作键 +X　3—点动操作键 –X

（2）垂直型机器人 J2 轴关节型点动操作

垂直型机器人 J2 轴关节型点动操作如图 5-8 所示。用 +Y（J2）、–Y（J2）操作 J2 轴旋转，注意观察 J2 轴的旋转方向。

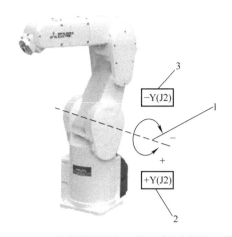

**图 5-8　垂直型机器人 J2 轴关节型点动操作**

1—J2 轴　2—点动操作键 +Y　3—点动操作键 –Y

（3）垂直型机器人 J3 轴关节型点动操作

垂直型机器人 J3 轴关节型点动操作如图 5-9 所示。用 +Z（J3）、–Z（J3）操作 J3 轴旋转，注意观察 J3 轴的旋转方向。

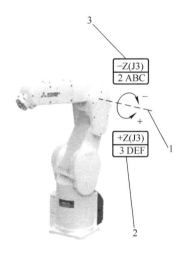

**图 5-9　垂直型机器人 J3 轴关节型点动操作**

1—J3 轴　2—点动操作键 +Z　3—点动操作键 –Z

（4）垂直型机器人 J4、J5、J6 轴关节型点动操作

① 垂直型机器人 J4 轴关节型点动操作如图 5-10 所示。用 +A（J4）、–A（J4）操作 J4 轴旋转，注意观察 J4 轴的旋转方向。

② 垂直型机器人 J5 轴关节型点动操作如图 5-10 所示。用 +B（J5）、–B（J5）操作 J5 轴旋转，注意观察 J5 轴的旋转方向。

③ 垂直型机器人 J6 轴关节型点动操作如图 5-10 所示。用 +C（J6）、–C（J6）操作 J6 轴旋转，注意观察 J6 轴的旋转方向。

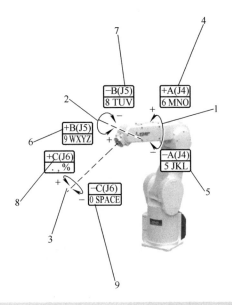

**图 5-10　垂直型机器人 J4、J5、J6 轴关节型点动操作**

1—J4 轴　2—J5 轴　3—J6 轴　4—点动操作键 +A　5—点动操作键 −A
6—点动操作键 +B　7—点动操作键 −B　8—点动操作键 +C　9—点动操作键 −C

## 5.2　直交型点动

　　在直交型点动中，以图 5-11 所示的坐标系为基准，即以直交坐标系为基准，机器人控制点在 $X$、$Y$、$Z$ 方向上以 mm 为单位运动。而 $A$、$B$、$C$ 轴的运动则是绕 $X$、$Y$、$Z$ 轴的旋转运动，以角度为单位。在旋转时，机器人控制点位置不变，抓手的方位改变（操作者应注意观察和操作 $A$、$B$、$C$ 轴的运动）。

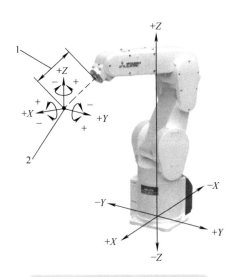

**图 5-11　6 轴机器人直交型点动**

1—工具（抓手）长度　2—控制点

## 5.2.1　4 轴机器人直交型点动

4 轴机器人直交型点动如图 5-12 所示。注意直交型点动是以基本坐标系为基准。

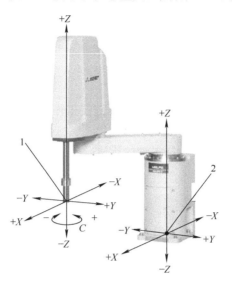

**图 5-12　4 轴机器人直交型点动**

1—工作轴　2—基本坐标系原点

（1）沿基本坐标系移动

在这种点动动作中，工作轴本身不旋转，机器人控制点沿基本坐标系移动，如图 5-13 所示。

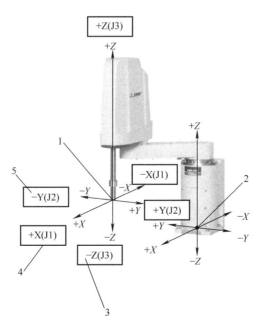

**图 5-13　4 轴机器人直交型点动（沿基本坐标系移动）**

1—工作轴　2—基本坐标系原点　3—点动操作键 –Z　4—点动操作键 +X　5—点动操作键 –Y

① 按下 [+X（J1）] 键，机器人沿 $X$ 轴正向运动。

② 按下 [−X（J1）] 键，机器人沿 $X$ 轴负向运动。

③ 按下 [+Y（J2）] 键，机器人沿 $Y$ 轴正向运动。

④ 按下 [−Y（J2）] 键，机器人沿 $Y$ 轴负向运动。

⑤ 按下 [+Z（J3）] 键，机器人沿 $Z$ 轴正向运动。

⑥ 按下 [−Z（J3）] 键，机器人沿 $Z$ 轴负向运动。

（2）直交型点动工作轴旋转

4 轴机器人在直交型点动中，操作 +C、−C 键使工作轴发生旋转，但工作轴的"位置点"不变，只改变工作轴的形位，如图 5-14 所示。

注意：4 轴机器人没有绕 $X$ 轴、绕 $Y$ 轴的旋转运动，这是 4 轴机器人本身的机械结构所限制的。

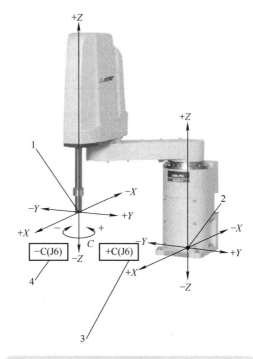

**图 5-14  4 轴机器人直交型点动 / 工作轴旋转**

1—工作轴   2—基本坐标系原点   3—点动操作键 +C   4—点动操作键 −C

## 5.2.2  垂直型机器人直交型点动

垂直型机器人直交型点动如图 5-11 所示。

（1）选择点动模式

在手持操作单元上选择直交型点动模式。

① 按 [JOG] 键。

② 按 [F1] 键。

在手持操作单元上选择直交型点动模式如图 5-15 所示。

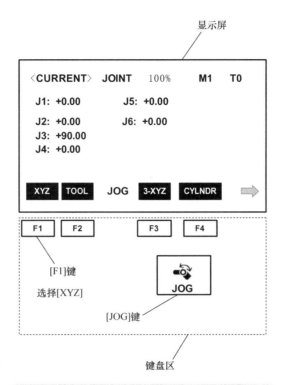

**图 5-15　在手持操作单元上选择直交型点动模式**

（2）垂直型机器人直交型点动（法兰方向不变）

在这种点动模式中，机器人控制点按基本坐标系运动，法兰方向不变，如图 5-16 所示。

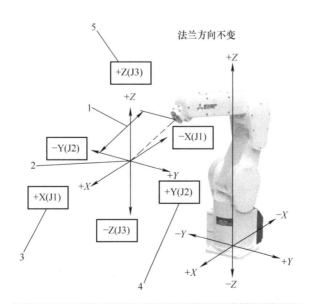

**图 5-16　垂直型机器人直交型点动——沿基本坐标系**

1—工具（抓手）长度　2—控制点　3—点动操作键 +X　4—点动操作键 +Y　5—点动操作键 +Z

使用手持单元进行操作：

① 按 [+X（J1）] 键，机器人向 $X$ 轴正向运动。

② 按 [−X（J1）] 键，机器人向 $X$ 轴负向运动。

③ 按 [+Y（J2）] 键，机器人向 $Y$ 轴正向运动。

④ 按 [−Y（J2）] 键，机器人向 $Y$ 轴负向运动。

⑤ 按 [+Z（J3）] 键，机器人向 $Z$ 轴正向运动。

⑥ 按 [−Z（J3）] 键，机器人向 $Z$ 轴负向运动。

（3）垂直型机器人直交型点动——改变法兰面方位

1）点动动作特点。

在这种点动模式中，机器人控制点位置不变，但机器人法兰方位改变（相当于机器人本体形位变化，类似于一个万向节的动作），如图 5-17 所示。

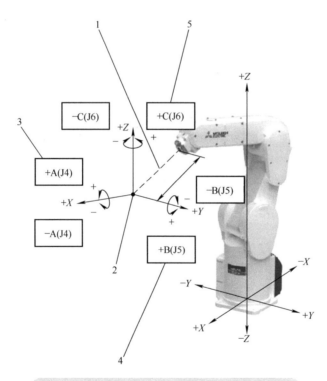

**图 5-17　垂直型机器人直交型点动 / 法兰面旋转**

1—工具（抓手）长度　2—控制点　3—点动操作键 +A　4—点动操作键 +B　5—点动操作键 +C

2）操作方法。

① 按 [+A（J4）] 键，绕 $X$ 轴正向旋转。

② 按 [−A（J4）] 键，绕 $X$ 轴负向旋转。

③ 按 [+B（J5）] 键，绕 $Y$ 轴正向旋转。

④ 按 [−B（J5）] 键，绕 $Y$ 轴负向旋转。

⑤ 按 [+C（J6）] 键，绕 $Z$ 轴正向旋转。

⑥ 按 [−C（J6）] 键，绕 $Z$ 轴负向旋转。

## 5.3　以工具坐标系为基准点动

（1）定义

工具型点动就是以工具坐标系为基准进行的点动运行。

工具型点动在工具坐标系的 $X$、$Y$、$Z$ 轴方向做直线运动，单位为 mm；在 $A$、$B$、$C$ 轴方向做旋转运动，以角度为单位。

工具型点动与直交型点动的不同就是使用的坐标系不同，所以使用时要预先设置工具坐标系。坐标系不同会导致运行出现极大差别。

（2）操作步骤

① 按下 [JOG] 键，选择点动模式。

② 根据显示屏最下排的显示，使用 [F1] ~ [F4] 键，选择 [TOOL]。

③ 逐一按下 [X]、[Y]、[Z]、[A]、[B]、[C] 按键，观察机器人的动作。

特别要注意观察在 $Z$ 轴方向的运动与直交型点动的不同之处。

工具型点动可以控制"抓手控制点"做直线运动（沿 $X$、$Y$、$Z$ 轴的直线运动），也可以通过绕工具坐标系的 $X$、$Y$、$Z$ 轴的旋转来改变抓手的"形位"。由操作 [A]、[B]、[C] 键执行旋转，而且可以不改变"抓手工作点"的实际工作位置。这种方法在调整抓取工件位置时特别方便。

### 5.3.1　水平型机器人工具型点动

（1）水平型机器人工具型点动

水平型机器人工具型点动如图 5-18 所示。

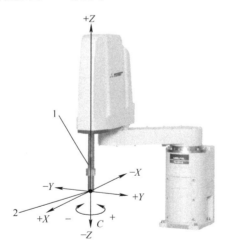

**图 5-18　水平型机器人工具型点动**

1—工作轴　2—工具坐标系原点

（2）选择操作方法

在手持操作单元上选择工具型点动模式方法如下：

① 按 [JOG] 键。

② 按 [F2] 键。

选择水平型机器人工具型点动如图 5-19 所示。

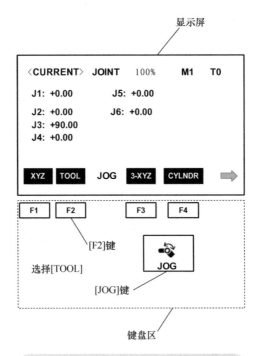

**图 5-19 选择水平型机器人工具型点动**

（3）在工具坐标系中运动，工作轴方位不变

在这种操作模式中，控制点运动，但工作轴不旋转，如图 5-20 所示。

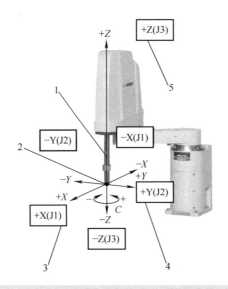

**图 5-20 水平型机器人工具型点动 / 工作轴方位不变**

1—工作轴　2—工具坐标系原点　3—点动操作键 +X　4—点动操作键 +Y　5—点动操作键 +Z

（4）改变工作轴的方位但工作轴的位置不变

在这种操作模式中，控制点位置不变，但工作轴旋转，如图 5-21 所示。

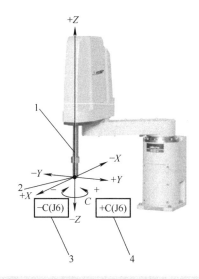

**图 5-21　水平型机器人工具型点动 / 工作轴旋转**

1—工作轴　2—工具坐标系原点　3—点动操作键 –C　4—点动操作键 +C

① 按下 [+C（J6）] 键，$Z$ 轴按工具坐标系的正向旋转。

② 按下 [–C（J6）] 键，$Z$ 轴按工具坐标系的负向旋转。

## 5.3.2　垂直型机器人工具型点动

（1）选择工具型点动

在手持操作单元上选择工具型点动模式方法如下：

① 按 [JOG] 键。

② 根据显示屏最下排的显示，使用 [F1] ～ [F4] 键，选择 [TOOL]。

（2）垂直型机器人工具型点动

垂直型机器人工具型点动如图 5-22 所示。

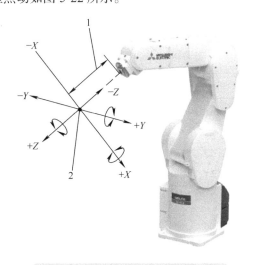

**图 5-22　垂直型机器人工具型点动**

1—工具长度　2—控制点

1）在工具坐标系内运动，法兰方位不变。

在这种操作模式中，控制点按工具坐标系的 $X$、$Y$、$Z$ 轴运动，但法兰面不旋转，如图 5-23 所示。

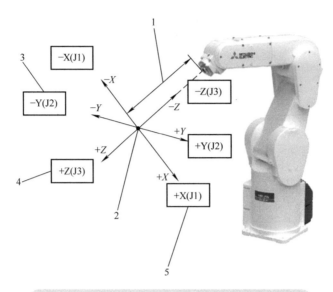

**图 5-23　垂直型机器人工具型点动 / 法兰面不旋转**

1—工具（抓手）长度　2—控制点　3—点动操作键 –Y　4—点动操作键 +Z　5—点动操作键 +X

2）改变法兰面方位而控制点位置不变。

在这种操作模式中，控制点位置不变，但法兰面绕各轴旋转，如图 5-24 所示。注意法兰面旋转后，再操作 $X$、$Y$、$Z$ 轴的点动，观察有什么变化。

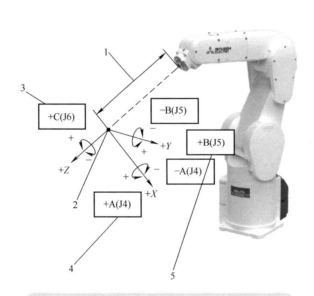

**图 5-24　垂直型机器人工具型点动 / 法兰面旋转**

1—工具（抓手）长度　2—控制点　3—点动操作键 +C　4—点动操作键 +A　5—点动操作键 +B

## 5.4　三轴直交型点动

（1）定义

三轴直交型点动在 $X$、$Y$、$Z$ 方向上是以直交坐标系为基准移动，移动单位是 mm。在 $A$、$B$、$C$ 三轴的移动则对应 J4、J5、J6 轴，以角度为单位。这种方式综合了直交型点动和关节型点动的优点。

（2）操作步骤

① 按下 [JOG] 键，选择点动模式。

② 根据显示屏最下排的显示，使用 [F1] ~ [F4] 键，选择 [3-XYZ]。

③ 逐一按下 [X]、[Y]、[Z]、[A]、[B]、[C] 键，观察机器人的动作。

选择三轴直交型点动如图 5-25 所示。

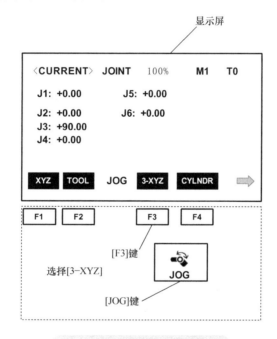

图 5-25　选择三轴直交型点动

### 5.4.1　水平型机器人三轴直交型点动

在这种模式下，既可改变控制点位置，也可使工作轴旋转，操作方法如图 5-26 所示。注意这种模式与直交型点动对第 4 轴的操作不同。

① 按下 [+X（J1）] 键，机器人沿 $X$ 轴正向运动。

② 按下 [-X（J1）] 键，机器人沿 $X$ 轴负向运动。

③ 按下 [+Y（J2）] 键，机器人沿 $Y$ 轴正向运动。

④ 按下 [-Y（J2）] 键，机器人沿 $Y$ 轴负向运动。

⑤ 按下 [+Z（J3）] 键，机器人沿 $Z$ 轴正向运动。

⑥ 按下 [-Z（J3）] 键，机器人沿 $Z$ 轴负向运动。

⑦ 按下 [+C（J6）] 键，机器人第 4 轴正向旋转运动。

⑧ 按下 [−C（J6）] 键，机器人第 4 轴负向旋转运动。

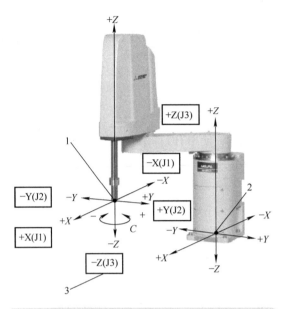

**图 5-26　水平型机器人三轴型点动 / 工作轴旋转**

1—工作轴　2—基本坐标系原点　3—操作键

## 5.4.2　垂直型机器人三轴直交型点动

垂直型机器人三轴直交型点动如图 5-27 所示，注意 J4、J5、J6 轴的旋转。

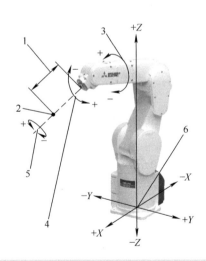

**图 5-27　垂直型机器人三轴直交型点动**

1—工具（抓手）长度　2—控制点　3—J4 轴　4—J5 轴　5—J6 轴　6—基本坐标系原点

（1）在基本坐标系内运动，法兰方向不变

垂直型机器人三轴直交型点动可以分为两部分。一部分是机器人只沿基本坐标系做三维直线运动，如图 5-28 所示。

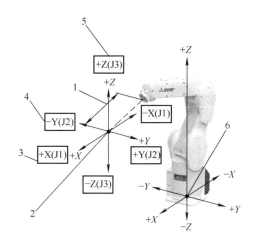

**图 5-28　垂直型机器人三轴直交型点动／法兰面不旋转**

1—工具（抓手）长度　2—控制点　3—点动键 +X　4—点动键 -Y　5—点动键 +Z　6—基本坐标系原点

（2）改变法兰面方位

垂直型机器人三轴直交型点动下的机器人的法兰面旋转是 J4、J5、J6 轴的旋转，这是三轴直交型点动的特点，如图 5-29 所示。

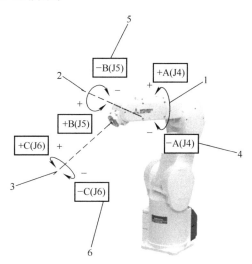

**图 5-29　垂直型机器人三轴直交型点动／法兰面旋转**

1—J4 轴　2—J5 轴　3—J6 轴　4—点动键 -A　5—点动键 -B　6—点动键 -C

## 5.5　圆柱型点动

（1）定义

圆柱型点动首先要建立一个圆柱型坐标系，如图 5-30 所示。在圆柱型坐标系中，$X$ 坐标表示圆柱的半径，$Z$ 坐标表示高度，$Y$ 坐标表示旋转角度（也就是 J1 轴的角度），其余 $A$、$B$、$C$ 轴的旋转方向如图 5-36 所示。这样圆柱型点动就相当于机器人控制点在一个圆柱壁上做运动。或者说，如果是在一个圆柱壁上的运动，就选取圆柱型点动最为适宜。

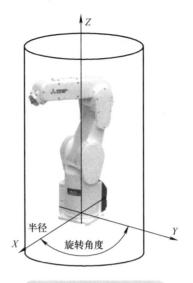

图 5-30　圆柱型坐标系

（2）操作步骤

选择圆柱型点动如图 5-31 所示，操作步骤如下：

① 按下 [JOG] 键，选择点动模式。

② 根据显示屏最下排的显示，使用 [F1] ~ [F4] 键，选择 [CYLNDR]。

③ 逐一按下 [X]、[Y]、[Z]、[A]、[B]、[C] 键，观察机器人的动作。

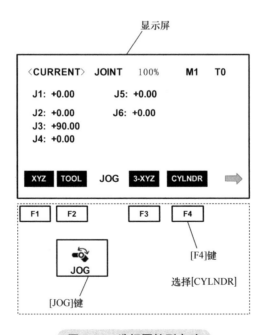

图 5-31　选择圆柱型点动

## 5.5.1　水平型机器人圆柱型点动

（1）沿圆柱面运动 / 法兰方位不变

这种操作模式是机器人控制点沿圆柱面运动，但法兰方位不变，如图 5-32 所示，即第 4 轴不旋转。

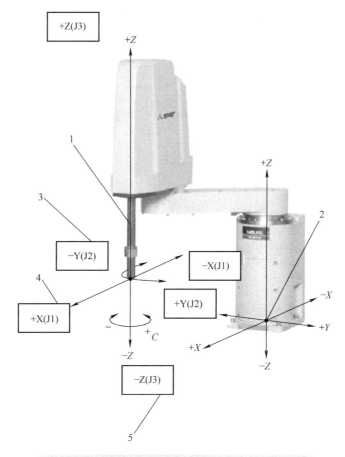

**图 5-32　水平型机器人圆柱型点动 / 法兰面不旋转**

1—工作轴　2—基本坐标系原点　3—圆柱面　4—半径　5— 圆柱型点动操作键 –Z

① 按下 [+X（J1）] 键，机器人沿半径增加方向移动。

② 按下 [–X（J1）] 键，机器人沿半径减小方向移动。

③ 按下 [+Y（J2）] 键，机器人沿圆弧正向移动。

④ 按下 [–Y（J2）] 键，机器人沿圆弧负向移动。

⑤ 按下 [+Z（J3）] 键，机器人沿 Z 轴正向移动。

⑥ 按下 [–Z（J3）] 键，机器人沿 Z 轴负向移动。

（2）法兰方位改变 / 工作轴（直角坐标）位置不变

这种操作模式是机器人控制点位置不变，但法兰面旋转，如图 5-33 所示，即第 4 轴旋转。

① 按下 [+C（J6）] 键，工作轴正向旋转。

② 按下 [–C（J6）] 键，工作轴负向旋转。

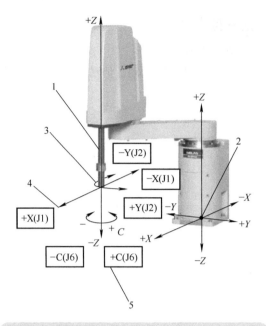

**图 5-33　水平型机器人圆柱型点动 / 法兰面旋转**

1—工作轴　2—基本坐标系原点　3—圆柱面　4—半径　5—圆柱型点动操作键 +C

## 5.5.2　垂直型机器人圆柱型点动

垂直型机器人圆柱型点动如图 5-34 所示。

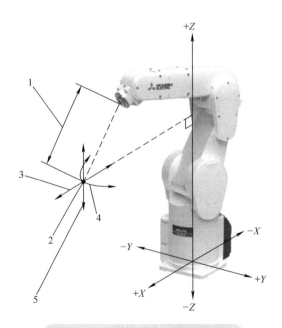

**图 5-34　垂直型机器人圆柱型点动**

1—工具（抓手）长度　2—控制点　3—半径　4—圆弧　5—垂直轴

（1）沿圆柱中心为 Z 轴的圆柱面运动

这种操作模式是机器人控制点沿圆柱面运动，但法兰面不变，如图 5-35 所示。

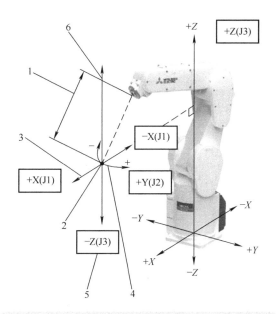

**图 5-35　垂直型机器人圆柱型点动 / 法兰面不旋转**

1—工具（抓手）长度　2—控制点　3—半径　4—圆弧　5—圆柱型点动操作键 -Z　6—垂直轴

（2）改变法兰面方位

这种操作模式是机器人控制点位置不变，但法兰面旋转，如图 5-36 所示，即绕 X、Y、Z 轴旋转，就像一个万向节的旋转。

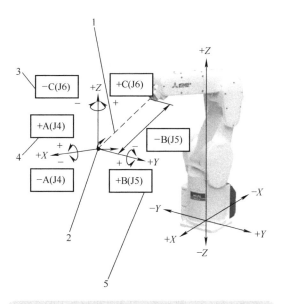

**图 5-36　垂直型机器人圆柱型点动 / 法兰面旋转**

1—工具（抓手）长度　2—控制点　3— 圆柱型点动操作键 -C　4—圆柱型点动操作键 +A　5—圆柱型点动操作键 +B

① 按下 [+A（J4）] 键，绕 X 轴正向旋转。

② 按下 [–A（J4）] 键，绕 X 轴负向旋转。

③ 按下 [+B（J5）] 键，绕 Y 轴正向旋转。

④ 按下 [–B（J5）] 键，绕 Y 轴负向旋转。

⑤ 按下 [+C（J6）] 键，绕 Z 轴正向旋转。

⑥ 按下 [–C（J6）] 键，绕 Z 轴负向旋转。

## 5.6　在工件坐标系中的点动

（1）定义

工件点动就是以工件坐标系为基准进行的点动操作。事实上，如果要做轨迹型的运动，工件的图样是已经设计完毕的，工件的安装与机器人的相对位置也是固定的。因此，工件点动就是沿着工件坐标系进行的点动运动，与直交型点动相同，只是坐标系位置不同。

机器人控制点在 X、Y、Z 方向上运动，以 mm 为单位；而 A、B、C 轴的运动则是旋转运动，以角度为单位。

（2）操作步骤

① 按下 [JOG] 键，选择点动模式。

② 根据显示屏最下排的显示，使用 [F1] ~ [F4] 键，选择 [ 工件 JOG]。

③ 逐一按下 [X]、[Y]、[Z]、[A]、[B]、[C] 键，观察机器人的动作。

各轴的直线运动以工件坐标系为基准，旋转运动则为绕工件坐标系的 X、Y、Z 轴运动。按 [A]、[B]、[C] 键执行旋转运动，但不改变抓手工作点的实际位置。

### 5.6.1　水平型机器人在工件坐标系中的点动

（1）在工件坐标系中的点动

水平型机器人在工件坐标系中的点动如图 5-37 所示。

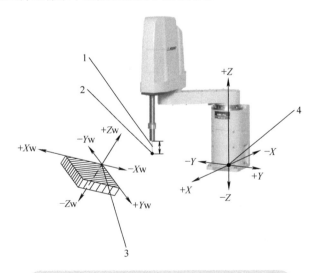

**图 5-37　水平型机器人在工件坐标系中的点动**

1—工具（抓手）长度　2—控制点　3—工件坐标系　4—机器人坐标系

① 按下 [+X（J1）] 键，机器人沿工件坐标系的 $X$w 轴正向运动。

② 按下 [–X（J1）] 键，机器人沿工件坐标系的 $X$w 轴负向运动。

③ 按下 [+Y（J2）] 键，机器人沿工件坐标系的 $Y$w 轴正向运动。

④ 按下 [–Y（J2）] 键，机器人沿工件坐标系的 $Y$w 轴负向运动。

⑤ 按下 [+Z（J3）] 键，机器人沿工件坐标系的 $Z$w 轴正向运动。

⑥ 按下 [–Z（J3）] 键，机器人沿工件坐标系的 $Z$w 轴负向运动。

（2）工作轴旋转

在这种模式下，工作轴旋转，但控制点的位置不变，如图 5-38 所示。

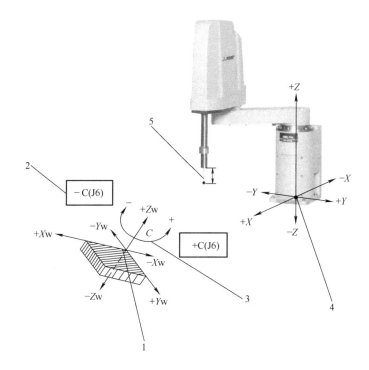

**图 5-38　水平型机器人在工件坐标系中的点动 / 改变"立体形位"**

1—工件坐标系　2—操作按键　3—控制点　4—基本坐标系　5—工具长度

① 按下 [+C（J6）] 键，控制点绕工件坐标系 $Z$ 轴正向旋转。

② 按下 [–C（J6）] 键，控制点绕工件坐标系 $Z$ 轴负向旋转。

## 5.6.2　垂直型机器人在工件坐标系中的点动

（1）设置工件坐标系

工件坐标系的设置如图 5-39 所示，可以通过示教方式设置。

WO：工件坐标系原点。

WX：工件坐标系 $X$-$Y$ 平面上 +$X$ 轴上一个点的位置。

WY：工件坐标系 $X$-$Y$ 平面上 +$Y$ 轴上一个点的位置。

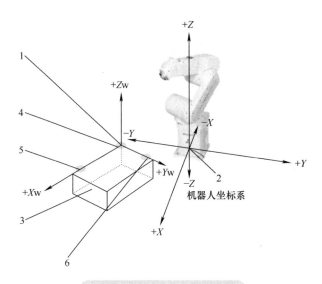

**图 5-39　工件坐标系的设置**

1—工件坐标系　2—机器人坐标系　3—工件　4—示教点 WO　5—示教点 WX　6—示教点 WY

（2）在工件坐标系中的点动

在这种模式下，机器人控制点沿工件坐标系运动，法兰方向不变，如图 5-40 所示。

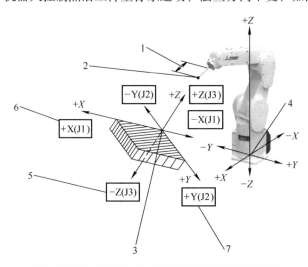

**图 5-40　垂直型机器人在工件坐标系中的点动**

1—工具长度　2—控制点　3—工件坐标系　4—机器人坐标系　5—点动键 –Z　6—点动键 +X　7—点动键 +Y

（3）操作方法

① 按下 [+X（J1）] 键，机器人沿工件坐标系的 $X$w 轴正向运动。

② 按下 [–X（J1）] 键，机器人沿工件坐标系的 $X$w 轴负向运动。

③ 按下 [+Y（J2）] 键，机器人沿工件坐标系的 $Y$w 轴正向运动。

④ 按下 [–Y（J2）] 键，机器人沿工件坐标系的 $Y$w 轴负向运动。

⑤ 按下 [+Z（J3）] 键，机器人沿工件坐标系的 $Z$w 轴正向运动。

⑥ 按下 [–Z（J3）] 键，机器人沿工件坐标系的 $Z$w 轴负向运动。

（4）改变法兰面方位

这种操作模式不改变控制点的位置，只是机器人绕工件坐标系的各轴旋转，如图 5-41 所示。

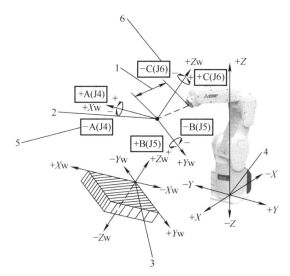

**图 5-41　垂直型机器人绕工件坐标系的各轴旋转**

1—工具长度　2—控制点　3—工件坐标系　4—机器人坐标系　5—点动键 –A　6—点动键 –C

① 按下 [+A（J4）] 键，机器人按工件坐标系绕 $X$ 轴正向旋转。

② 按下 [–A（J4）] 键，机器人按工件坐标系绕 $X$ 轴负向旋转。

③ 按下 [+B（J5）] 键，机器人按工件坐标系绕 $Y$ 轴正向旋转。

④ 按下 [–B（J5）] 键，机器人按工件坐标系绕 $Y$ 轴负向旋转。

⑤ 按下 [+C（J6）] 键，机器人按工件坐标系绕 $Z$ 轴正向旋转。

⑥ 按下 [–C（J6）] 键，机器人按工件坐标系绕 $Z$ 轴负向旋转。

（5）垂直型机器人在工件坐标系中绕 $X$ 轴点动

垂直型机器人在工件坐标系中绕 $X$ 轴点动如图 5-42 所示。

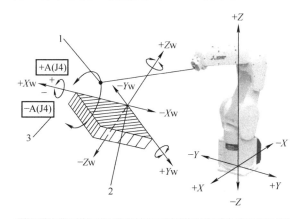

**图 5-42　垂直型机器人在工件坐标系中绕 $X$ 轴点动**

1—控制点　2—工件坐标系　3—操作键

（6）垂直型机器人在工件坐标系中绕 $Y$ 轴点动

垂直型机器人在工件坐标系中绕 $Y$ 轴点动如图 5-43 所示。

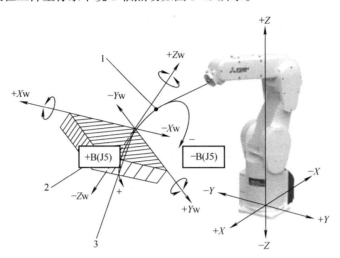

图 5-43　垂直型机器人在工件坐标系中绕 $Y$ 轴点动

1—控制点　2—操作键　3—工件坐标系

（7）垂直型机器人在工件坐标系中绕 $Z$ 轴点动

垂直型机器人在工件坐标系中绕 $Z$ 轴点动如图 5-44 所示。

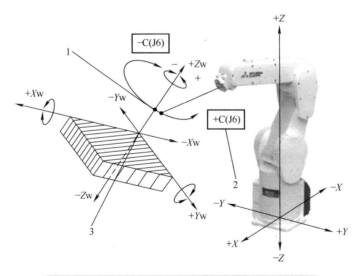

图 5-44　垂直型机器人在工件坐标系中绕 $Z$ 轴点动

1—控制点　2—操作键　3—工件坐标系

## 5.7　参考

"JOG"一般翻译为"点动"。需要手动控制机器人以时断时续的方式运动时，就需要"点动"功能。"点动"强调用户手动操作（而不是由程序自动控制），从而控制机器人各个轴的运动方向和速度。简而言之，"点动"中"点"的意思是点击按键，"动"的意思是机器人运动。

所以，点动就是"一点一动，不点不动"。点动有两种操作方式：

① 连续点动：这是最常用的一种方式。当操作者按下点动按键时，对应的工作轴就连续运动，一旦操作者松开按键，工作轴就会立即停止运动。

② 增量点动：操作者每次按下点动按键时，工作轴就运行一段设定的距离，无论操作者是否一直按着按键。当操作者松开按键并再次按下按键时，工作轴就再运行一段设定的距离。

## 5.8　思考

① 点动是什么含义？

② 机器人有几种点动模式？

③ 什么是关节型点动？说明图 5-45 中是对第几轴进行什么操作？

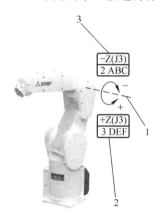

**图 5-45　第③题参考图**

1—？？　2—点动操作键？　3—点动操作键？

④ 什么是直交型点动？直交型点动中 *A*、*B*、*C* 轴的旋转是 J4、J5、J6 轴旋转吗？图 5-46 是直交型点动吗？

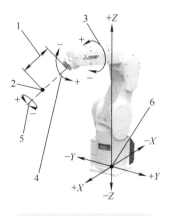

**图 5-46　第④题参考图**

1—工具长度　2—控制点　3—J4 轴　4—J5 轴　5—J6 轴　6—基本坐标系原点

⑤ 什么是工具型点动？说明在图 5-47 中执行工具型点动，*A*、*B*、*C* 轴控制的旋转动作是否以基本坐标系为基准？控制点是否按基本坐标系动作？

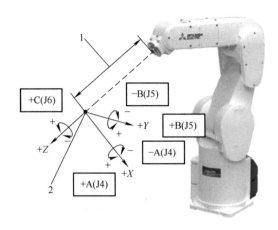

**图 5-47　第④题参考图**

1—工具长度　2—控制点

⑥ 在工具型点动中，要考虑抓手长度吗？

⑦ 在圆柱型点动中，$Y$ 坐标代表什么？ $X$ 坐标代表什么？

⑧ 在三轴直交型点动中，$A$、$B$、$C$ 代表绕 $X$ 轴、$Y$ 轴、$Z$ 轴旋转吗？

⑨ 在工件坐标系中执行点动运行，$A$、$B$、$C$ 代表绕 $X$ 轴、$Y$ 轴、$Z$ 轴旋转吗？

# 第 6 章

# 实操 2 —— 手持单元的使用

## 6.1 手持单元如何与控制器连接

在控制器上有与手持单元连接的专用接口，必须将手持单元的插头直接连接在控制器上，如图 6-1 所示。

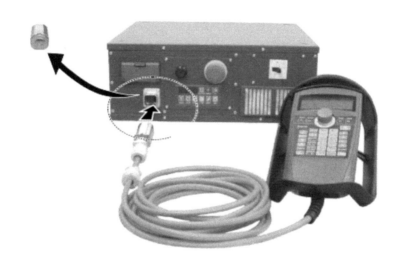

图 6-1 手持单元与控制器连接图

## 6.2 手持单元功能概述

手持单元不仅仅是一个示教单元，或者说将手持单元称为示教单元是不全面的。特别是在教学阶段，手持单元有着极其重要的作用。手持单元有下列功能：

（1）编程功能

在手持单元上可以编制程序和管理程序，包括对程序的新建、编辑、复制、重命名、删除、保护（指令和数据）。这和在 PC（Personal Computer，个人计算机）上的操作相同。

（2）操作功能

可以对机器人执行点动操作。可以执行"一键到位"操作，执行调试操作（单步前进、单步后退、跳转）、"回退避点"操作。

（3）参数设置功能

可以使用手持单元设置和修改各参数。

（4）原点设置功能

可以使用手持单元设置原点和操作各制动器。

（5）初始化功能

可以通过初始化操作删除所有程序，使全部参数回到出厂值。

可以说，使用手持单元可以完成对机器人的所有操作。当然使用 PC+ 软件也可以对机器人进行编程调试操作，但在操作机器人运行方面，手持单元更加简捷实用。

## 6.3　手持单元各按键的分布和作用

手持单元的按键布置和主要功能如图 6-2 所示。

07　手持单元各按键的功能

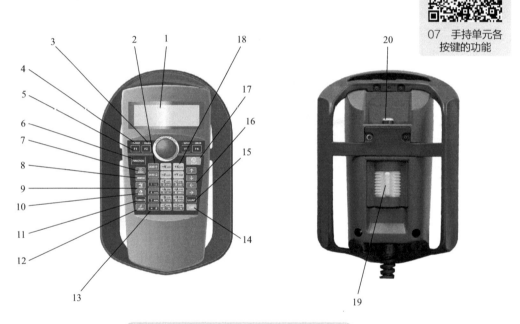

**图 6-2　手持单元的按键布置和主要功能**

1—LCD 显示屏　2—速度倍率调整键　3—急停开关　4—状态显示灯　5—功能选择键 F1～F4　6—功能键
7—伺服 ON/OFF 键　8—监视键　9—点动键　10—抓手键　11—字符键　12—复位键　13—数字 / 字符键　14—执行键
15—清除键　16—光标键　17—停止键　18—操作键　19—三位置（使能）开关　20—使能切换开关

① LCD 显示屏——显示机器人工作状态和各菜单内容。

② [OVRD ↑ ]、[OVRD ↓ ]——速度倍率调整键。提高速度使用 [OVRD ↑ ] 键，降低速度使用 [OVRD ↓ ] 键。

③ 急停开关——紧急切断伺服系统并停止操作。紧急停止时使用急停开关。按下急停开关则伺服 OFF，无论手持单元在有效 / 无效状态，机器人都会立刻停止。

要取消"急停状态"须将开关向顺时针旋转。按下急停开关，机器人处于报警状态。解除急停状态后，必须执行"报警复位"操作。

④ 状态显示灯——显示机器人或手持单元的工作状态。

[POWER]：手持单元上电时，绿灯亮。

[ENABLE]：手持单元为有效状态时，绿灯亮。

[SERVO]：机器人伺服 ON 时，绿灯亮。

[ERROR]：机器人报警时，红灯亮。

⑤ [F1]、[F2]、[F3]、[F4]——功能选择键。用于选择"当前屏幕"下方对应位置的功能。

⑥ [FUNCTION]——功能键。切换显示"当前屏幕"下方对应位置的功能。在功能菜单的右端显示有"⇒"时，即表示还有更多的功能菜单，按下 [FUNCTION] 键，可以显示隐藏的功能菜单。

⑦ [SERVO]——伺服 ON/OFF 键。

按下 [ 三位置（使能）开关 ] 键，同时按下 [ 伺服 ON] 键，机器人伺服系统 =ON。

⑧ [MONITOR]——监视键。使用 [MONITOR] 键，可以使系统进入"监视模式"并显示"监视菜单"。

⑨ [JOG]——点动键。按下 [JOG] 键，进入"点动模式"并显示点动操作界面。在【JOG】界面再按下 [JOG] 键，退出点动模式。

⑩ [HAND]——抓手键。按下 [HAND]，进入"抓手工作模式"。执行对抓手的张开 / 闭合控制并显示【抓手操作】界面。在"抓手工作模式"按下 [HAND] 键，就退出"抓手操作模式"。

另外，按下 [HAND] 键 2s 以上，进入【TOOL】界面，可进行工具数据选择，变更模式。在【TOOL】界面，按下 [HAND] 键 2s 以上，则返回到前一个画面。

⑪ [CHARACTER]——字符键。用于切换"数字输入"和"字符输入"。

⑫ [RESET]——复位键。用于解除故障报警信息。与 [EXE] 键同时使用，可使程序复位。

⑬ [Number/Character]——数字 / 字符键。删除在光标位置上的字符，同时输入数字或字符。

⑭ [EXE]——执行键。发出操作执行指令，确认执行选择的项目。

⑮ [CLEAR]——清除键。用于删除在光标位置的字符。长时间按住 [CLEAR] 键时，可删除光标选定范围内的全部文字。

⑯ [ ↑ ][ ↓ ][ ← ][ → ]——光标键。用于在各个方向移动光标。

⑰ [STOP]——停止键。用于停止程序并使机器人动作减速停止。[STOP] 键用于中断运行中的程序，使运动中的机器人减速停止。

⑱ JOG 模式操作键。

[−X（J1）] ~ [+C（J6）] 这 12 个键是操作键。在选择了点动模式时，用这 12 个键执行点动操作。选择抓手模式时，部分按键可执行抓手张开闭合操作。

⑲ 三位置（使能）开关——手动操作使能开关。

"三位置（使能）开关"在手持单元背面。因为有 3 个操作位置，所以称为"三位置（使能）开关"。在手动（MANUAL）模式下，执行点动操作和单步操作时，必须将本开关拉至中间位置，操作有效；将本开关拉至两侧位置，则伺服 OFF，操作无效，如图 6-3 所示。

⑳ 使能切换开关——用于切换手持单元的按键操作有效或无效。按下"使能切换开关"，开关灯亮。手持单元操作有效。手持单元有效时，手持单元的操作有优先权，其他外部控制无效。若须用其他外部控制，则必须将 ENABLE 开关设置 =OFF，如图 6-3 所示。

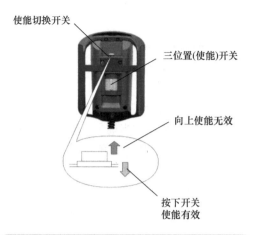

**图 6-3　使能切换开关及三位置（使能）开关**

## 6.4　菜单画面的构成和功能

### 6.4.1　文字和数字的输入

（1）文字和数字的输入

　　文字和数字的输入使用 [CHARACTER] 键进行切换。按一下 [CHARACTER] 键，进入"数字输入"模式，屏幕上显示【123】。再按一下 [CHARACTER] 键，切换为"文字输入"模式，屏幕上显示【ABC】，如图 6-4 所示。然后使用相关的 [ 数字 / 文字 ] 键输入"文字或数字"。

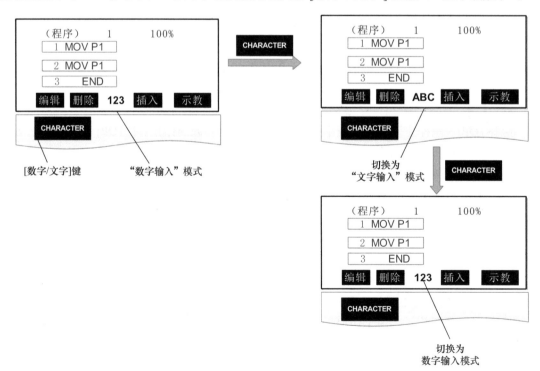

**图 6-4　输入文字 / 数字的切换**

（2）特殊符号的输入

特殊符号没有完全显示在各按键上，但可使用下列按键输入：

1) ['( )] 键—— ' → ( → ) → " → ^ → : → 。 → ￥ → ?

2) [ @ = ] 键—— @ → = → + → − → * → / → < → >

3) [, %] 键—— , → % → # → $ → ! → & → _ → .

（3）文字的删除

文字输入错误时，按下 [CLEAR] 键，可将光标所在位置的 1 个文字删除。长按 [CLEAR] 键，光标内的文字会全部删除。

## 6.4.2　菜单的选择方法

（1）菜单的选择

菜单的选择方法有下列两种，可选择其中一种执行。

① 使用 "数字键" 选择。

② 使用 "光标 +[EXE] 键" 选择。

（2）操作方法

① 将 [MODE] 开关选择为 "MANUAL" 模式，按下列示教单元背面的 [ 使能开关 ] 使示教单元有效，如图 6-5 所示。

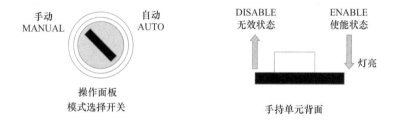

**图 6-5　使能开关 ENABLE 操作方法**

② 出现【上电开机】界面后，按下任一个键（例如 [EXE] 键），则会显示【主菜单】界面，如图 6-6 所示。

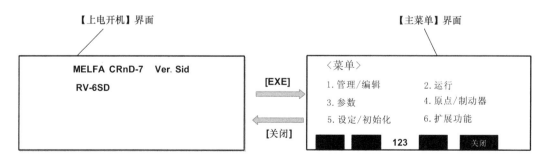

**图 6-6　从【上电开机】界面转入【主菜单】界面**

主菜单就表示了手持单元具备的功能，所以手持单元绝不仅仅是 "示教单元"。

③ 用数字键选择菜单。

按下 [CHARACTER] 键，在数字输入模式按下 [1] 键，显示【管理 / 编辑】画面，如图 6-7 所示。

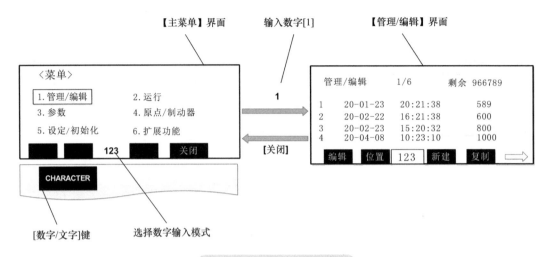

图 6-7　用数字键选择画面

④ 用箭头键选择菜单。

使用箭头键（[↑]、[↓]、[←]、[→]）将光标移动到"1. 管理 / 编辑"后，按下 [EXE] 键，显示结果如图 6-8 所示。

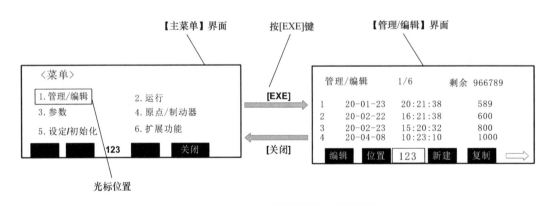

图 6-8　用光标选择 +[EXE] 选择菜单

其他的菜单画面也可用相同操作进行。

（3）功能的选择

显示屏下段有"反白"显示的菜单。键盘上对应有一排 [F1]、[F2]、[F3]、[F4] 键。[F1]、[F2]、[F3]、[F4] 键称为"功能选择键"。[F1]、[F2]、[F3]、[F4] 键对应屏幕界面最下段有"反白"显示的菜单，按下 [F1]、[F2]、[F3]、[F4] 键，就可选择对应的功能。

如果屏幕右端显示有"⇒"符号，表示还有更多的功能未显示，按下 [FUNCTION] 键，可以切换显示另一功能菜单，如图 6-9 所示。

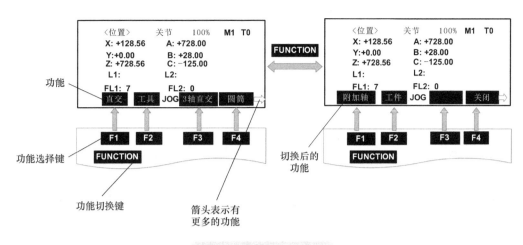

图6-9 功能选择和切换

## 6.4.3 【主菜单】的构成及操作

### 1.上电后进入【主菜单】的操作方法

上电后从【上电开机】界面进入【主菜单】界面的方法是：按 [EXE] 键即可进入【主菜单】界面，如图6-10所示。

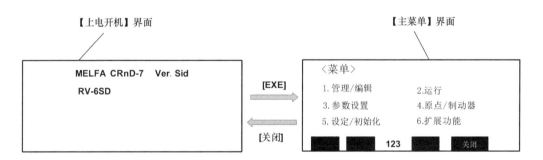

图6-10 开机画面转主菜单

### 2.【主菜单】界面进入各子菜单的操作

（1）【主菜单】界面进入【管理/编辑】界面

使用光标选择"管理/编辑"，按 [EXE] 键即可进入【管理/编辑】界面，如图6-11所示。

（2）【主菜单】界面进入【运行】界面

直接按数字键 [2]，即可进入【运行】界面。

（3）【主菜单】界面进入【参数设置】界面

直接按数字键 [3]，即可进入【参数设置】界面，如图6-12所示。

（4）【主菜单】界面进入【原点/制动器】界面

直接按数字键 [4]，即可进入【原点/制动器】界面，如图6-13所示。

（5）【主菜单】界面进入【设定/初始化】界面

直接按数字键 [5]，即可进入【设定/初始化】界面，如图6-14所示。

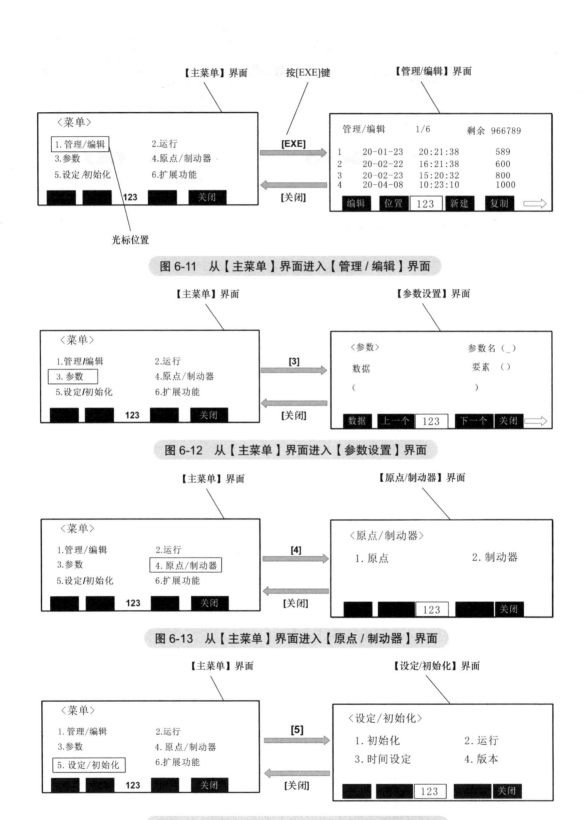

图 6-11 从【主菜单】界面进入【管理 / 编辑】界面

图 6-12 从【主菜单】界面进入【参数设置】界面

图 6-13 从【主菜单】界面进入【原点 / 制动器】界面

图 6-14 从【主菜单】界面进入【设定 / 初始化】界面

（6）【主菜单】界面进入【扩展功能】界面

直接按数字键 [6]，即可进入【扩展功能】界面，如图 6-15 所示。

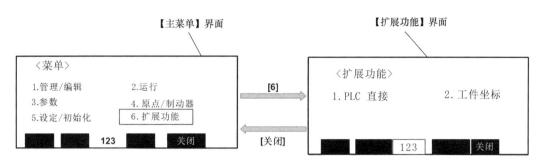

图 6-15　从【主菜单】界面进入【扩展功能】界面

## 6.5　急停及停止程序操作

在机器人运行可能发生危险比如伤人或撞坏设备时，必须立即"拍"下"急停按钮"（注意：用的是"拍"字，表示紧急避险操作）。急停及停止程序操作的位置如图 6-16 所示。

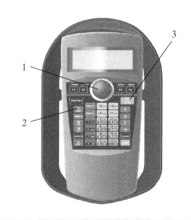

图 6-16　急停及停止程序操作的位置

1—急停按钮（EMG）　2—伺服（SERVO）　3—停止键（STOP）

在需要停止自动程序运行时，按下 [STOP] 键，程序立即停止。

## 6.6　伺服 ON/OFF

在手动模式中，为了安全考虑，只有在轻押住示教单元里的"三位置开关"时，才可执行伺服电源 ON 操作。操作流程如下（见图 6-17）：

① 将控制器工作模式开关选择为"MANUAL"——手动。

② 按下"使能开关"，调为"使能有效"——ENABLE 灯亮。

③ 将"三位置（使能）开关"轻拉至"中间位置"。

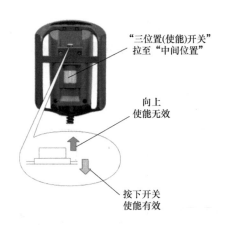

"三位置(使能)开关"
拉至"中间位置"

向上
使能无效

按下开关
使能有效

08 上电三部曲
及各轴的运动

**图 6-17 "三位置（使能）开关"操作方法**

④ 按下手持单元 [SERVO] 键——伺服 ON。

⑤ 放开"三位置开关"——伺服 OFF。

## 6.7 思考

① 手持单元有几种功能？

② 上电后，如何进入【主菜单】界面？

③ 手持单元上有"急停按钮"吗？"急停按钮"起什么作用？如何操作急停按钮？

④ 手持单元上有"停止按钮"吗？"停止按钮"起什么作用？在什么情况下使用"停止按钮"？

⑤ [伺服]键起什么作用？如何观察机器人是否进入"伺服 ON"状态？

⑥ 如何操作机器人进入"伺服 ON 状态"？

⑦ 如果操作手持单元而机器人不动作，应该首先检查什么？

⑧ 手持单元上的"使能开关"在什么位置？如何判断"使能有效状态"？

⑨ 手持单元上的"三位置（使能）开关"在什么位置？如何操作"三位置（使能）开关"？

# 第7章

# 实操 3 —— 点动操作

## 7.1 点动操作的类型选择

如图 7-1 所示，按 [JOG] 键，选择点动模式，在屏幕上出现点动操作的相关界面，显示点动操作的各种模式，可根据需要进行选择。各种点动操作的定义参见第 5 章。

使用 [F1] ~ [F4] 键，选择点动操作模式。选定的点动操作模式显示在屏幕上方，屏幕下段是可以选择的功能，同一位置的功能"交替"显示。

09 手持单元执行坐标系选择及点动操作

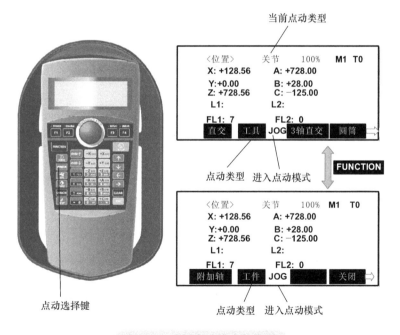

图 7-1 选择点动模式及类型

## 7.2 点动操作的按键

点动操作使用的按键如图 7-2 所示。各按键的动作随点动类型有所不同，可参见第 5 章。下面以关节型点动说明点动操作的方法。

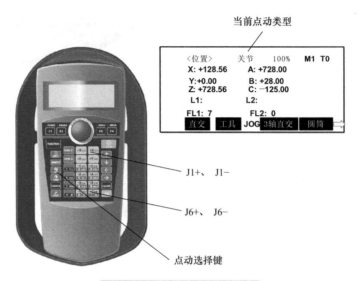

图 7-2　点动操作使用的按键

（1）关节型点动的定义

以各关节轴为对象，以"角度"为单位执行的"点动操作"即关节型点动。可以分别对 J1 ~ J6 轴执行点动操作。

（2）操作步骤

① 将使能开关 [ENABLE] 按下，确认使能开关 [ENABLE] 灯亮，这时手持单元为有效状态。

② 将"三位置（使能）开关"轻拉至中间位置并保持在该位置。

③ 按下 [SERVO] 键，等待 [SERVO] 绿灯亮。稍后可听见"滴"一声，表示机器人伺服系统 =ON。

④ 按下 [JOG] 键，选择点动模式。

⑤ 根据显示屏最下排的显示，使用 [F1] ~ [F4] 键，选择"关节"。

⑥ 以"点动"方式，逐一按下"J1 ~ J6 键"，观察机器人的动作。

## 7.3　点动操作的速度调节

（1）点动运行的速度调节

使用 [OVRD ↑] 和 [OVRD ↓] 键改变"速度倍率"。"当前速度倍率"会以 % 显示在画面的右上角。点动移动的速度有下列级别，如图 7-3 所示（注意速度倍率的定义）。

（2）点动动作每次的移动量

点动动作做"定尺移动"时，每按一次 [JOG] 键，则机器人移动固定的距离（要求学生注意观察）。"定尺移动"的距离可以通过参数 JOGJSP 设置，如图 7-4 所示。

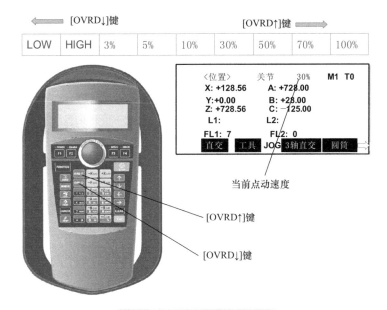

图 7-3　点动运行的速度调节

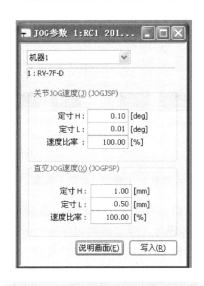

图 7-4　设置点动动作每次的移动量

## 7.4　思考

① 如何在手持单元上进入【JOG】界面？如何观察是否进入了点动模式？

② 如何在手持单元上选择工件点动模式？工件点动模式是如何定义的？

③ 可以在手持单元上选择几种点动模式？

④ 点动运行的速度可以调节吗？如何调节？

⑤ 在屏幕上显示的点动速度是机器人运行的实际速度吗？

# 第8章

## 实操4——手持单元各操作界面的功能

## 8.1 【管理/编辑】界面的功能及操作

### 8.1.1 【管理/编辑】界面详图

【管理/编辑】界面如图 8-1 所示。

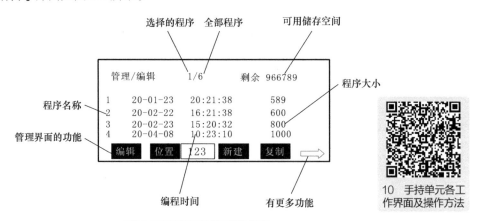

图 8-1 【管理/编辑】界面

【管理/编辑】界面主要用于新建程序、编辑程序、复制程序、程序重新命名、删除程序、保护程序、位置示教、一键到位等操作（除了编辑程序外，还有两项重要操作）。

【管理/编辑】的主界面是"程序一览表"。可在"程序一览表"中选择程序，再进行程序的编辑、复制、保护等操作。

在【管理/编辑】的主界面上有 [ 编辑 ]、[ 位置 ]、[ 新建 ]、[ 复制 ] 功能，按下 [FUNCTION] 键，会显示 [ 重命名 ]、[ 删除 ]、[ 保护 ]、[ 关闭 ] 功能。

### 8.1.2 从【管理/编辑】界面进入【新建程序】界面

直接按功能键 [F3]，即可进入【新建程序】界面，如图 8-2 所示。【新建程序】界面的功能是新建一个程序。

### 8.1.3 从【管理/编辑】界面进入【程序编辑】界面

直接按功能键 [F1]，即可进入【程序编辑】界面，如图 8-3 所示。【程序编辑】界面的功能是对程序进行编辑。

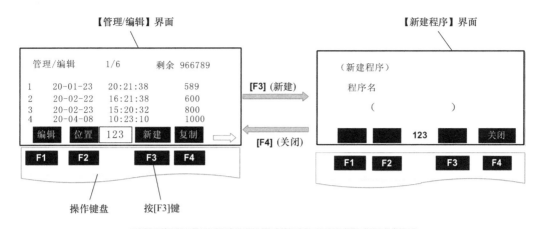

图 8-2　从【管理 / 编辑】界面进入【新建程序】界面

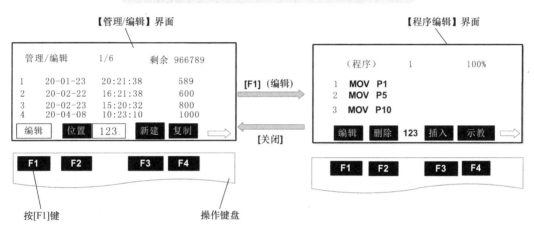

图 8-3　从【管理 / 编辑】界面进入【程序编辑】界面

## 8.1.4　从【管理 / 编辑】界面进入【位置点】界面

（1）【管理 / 编辑】界面进入【位置点】界面的操作

直接按功能键 [F2]，即可进入【位置点】界面，如图 8-4 所示。

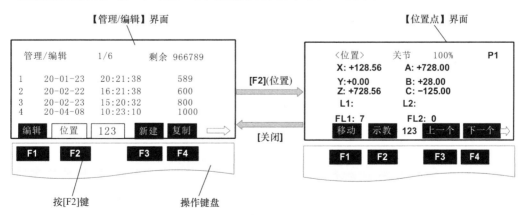

图 8-4　从【管理 / 编辑】界面选择【位置点】界面

【位置点】界面的功能是执行 [ 示教 ] 和 [ 移动 ]，这是极其重要的。

（2）【位置点】界面内的操作方法

【位置点】界面的功能就是显示各程序点的"位置数据"，还可以进行示教操作。

在【位置点】界面内有 [移动] 功能。[移动] 功能可将机器人移动到"选定的工作点"位置。[ 移动 ] 操作就是所谓的"一键到位"操作，操作流程如图 8-5 所示。

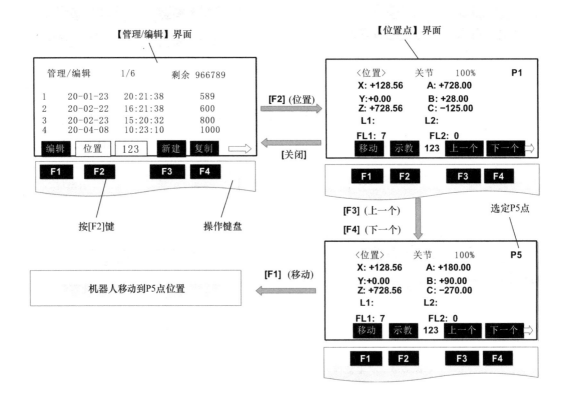

图 8-5 从【位置点】界面执行"移动操作"

在【位置点】界面内使用 [F3]（上一个）或 [F4]（下一个）选定"工作点"，按下 [F1]（移动）键，机器人移动到选定的工作点。

### 8.1.5 从【管理 / 编辑】界面进入【复制】界面

（1）【管理 / 编辑】界面进入【复制】界面的操作

直接按功能键 [F4]，即可进入【复制】界面，如图 8-6 所示。【复制】界面的功能是对程序进行复制。

（2）复制程序的操作方法

复制操作如图 8-7 所示。

① 在【复制】界面的"原程序"内输入"需要复制的程序号—1"。

② 在【复制】界面的"目标程序"内输入"新的程序号—30"。

③ 按下 [EXE] 键，"程序 1"复制到"程序 30"。

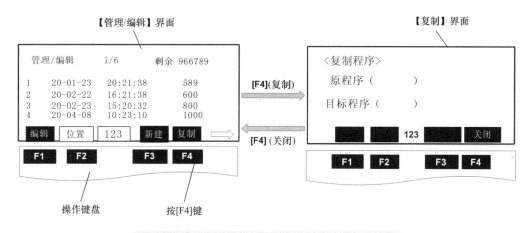

图 8-6 从【管理 / 编辑】界面进入【复制】界面

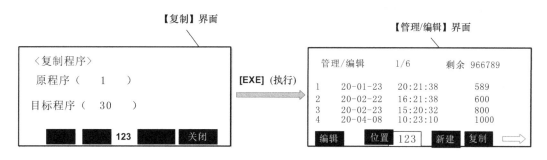

图 8-7 复制操作

## 8.1.6 从【管理 / 编辑】界面进入【程序重命名】界面

（1）从【管理 / 编辑】界面进入【程序重命名】界面的操作

使用 [FUNCTION] 键调出另外一组功能界面，如图 8-8 左边所示，有 [ 重命名 ]、[ 删除 ]、[ 保护 ]、[ 关闭 ] 等功能，直接按功能键 [F1]，即可进入【程序重命名】界面，如图 8-8 所示。【程序重命名】界面的功能是对程序进行重新命名。

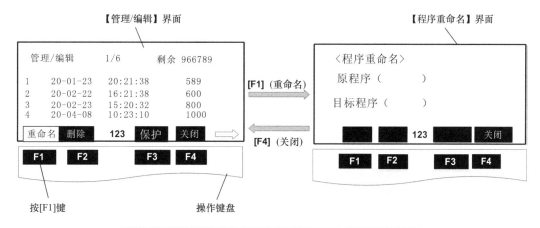

图 8-8 从【管理 / 编辑】界面进入【程序重命名】界面

（2）程序重命名操作

如图8-9所示，程序重命名操作步骤如下：

① 在【程序重命名】界面的"原程序"内输入"需要重命名的程序号—1"。

② 在【程序重命名】界面的"目标程序"内输入"新的程序号—20"。

③ 按下 [EXE] 键，"程序1"重命名为"程序20"。

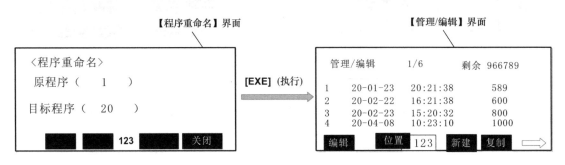

图 8-9　程序重命名操作

## 8.1.7　从【管理/编辑】界面进入【删除程序】界面

（1）从【管理/编辑】界面进入【删除程序】界面的操作

直接按功能键 [F2]，即可进入【删除程序】界面，如图8-10所示。【删除程序】界面的功能是删除程序。

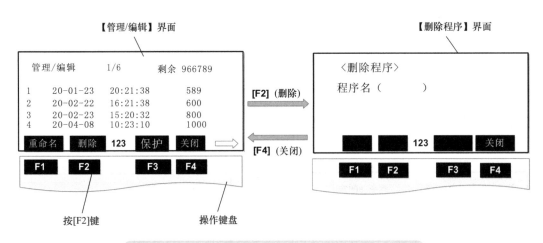

图 8-10　从【管理/编辑】界面进入【删除程序】界面

（2）删除程序操作

删除程序操作步骤如图8-11所示。

① 在【删除程序】界面的"程序名"内输入"需要删除的程序号—30"，按下 [EXE] 键，出现【删除程序确认】界面。

② 在【删除程序确认】界面，按下 [F1] 键（是），所选择的程序30被删除。

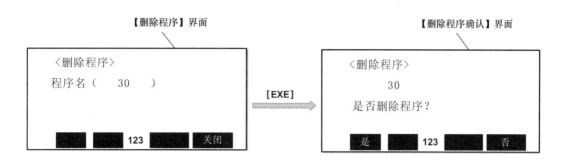

**图 8-11　删除程序操作步骤**

## 8.1.8　从【管理 / 编辑】界面进入【保护程序】界面

（1）从【管理 / 编辑】界面进入【保护程序】界面的操作

直接按功能键 [F3]，即可进入【保护程序】界面，如图 8-12 所示。【保护程序】界面的功能是保护程序中的指令和数据。

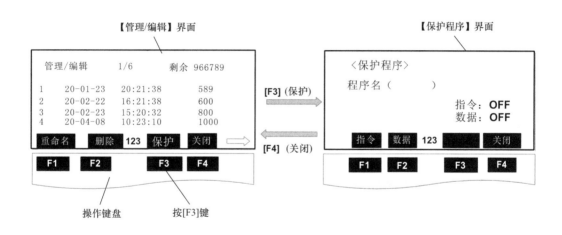

**图 8-12　从【管理 / 编辑】界面进入【保护程序】界面**

（2）程序保护操作

选择指令和数据保护操作分别如图 8-13 和图 8-14 所示。

①在【保护程序】界面的"程序名"内输入"需要保护的程序号—1"，按下 [F1] 键，弹出【指令保护程序】界面，如图 8-13 所示。

②在【指令保护程序】界面，按下 [F1] 键（ON），执行"指令保护"。

③在【保护程序】界面的"程序名"内输入"需要保护的程序号—1"，按下 [F2] 键，进入【数据保护】界面，如图 8-14 所示。

④在【保护程序确认】界面，按下 [F1] 键（ON），执行"数据保护"，如图 8-14 所示。执行完成后，在【保护程序确认】界面出现"ON"。ON 表示保护，OFF 表示不保护。

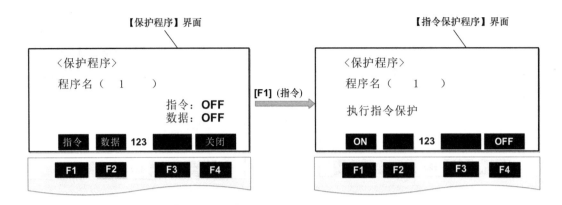

图 8-13　选择指令保护操作

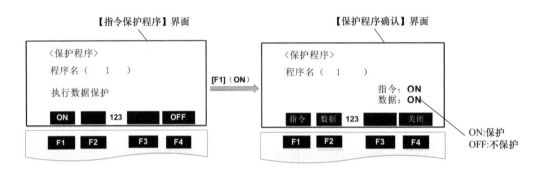

图 8-14　数据保护操作

## 8.2　【运行】界面的功能及操作

### 8.2.1　【运行】界面内的功能

【运行】界面内有三个"子菜单"：

①【确认】。

②【测试运行】。

③【操作面板】。

按相应的数字键可进入各自的子菜单。

### 8.2.2　【确认】界面内的功能

【确认】子菜单内有 3 个功能选项，用于操作机器人按程序的步序运动，如图 8-15 所示。实际上这个界面应该命名为【调试】界面。

①[ 单步前进 ] 即单步运行，每次只运行"一行（步）"程序。

②[ 跳转 ] 即跳转到指定的程序行。

③[ 单步后退 ] 即单步运行，但是程序向后运行。

这些功能在调试程序时经常使用。从【运行】界面进入【测试运行】界面如图 8-16 所示。

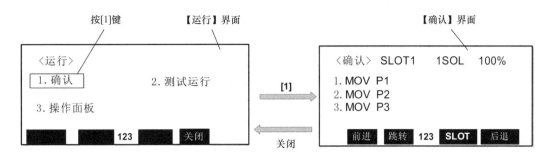

图 8-15　从【运行】界面进入【确认】界面

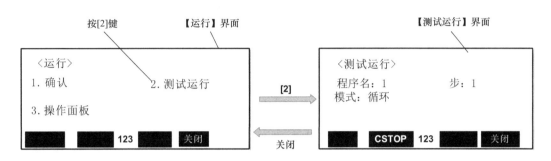

图 8-16　从【运行】界面进入【测试运行】界面

### 8.2.3　【测试】界面内的功能

　　【测试】子菜单内有 1 个操作选项 [CSTOP]，用于选择程序"连续"或"循环"运行。按 [CSTOP] 功能键，即切换这两种工作模式，如图 8-17 所示。

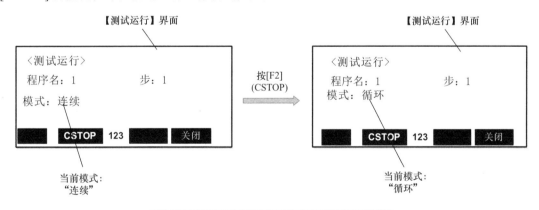

图 8-17　选择程序"连续"或"循环"运行

　　① 连续运行——程序连续反复运行。

　　② 循环运行——单循环运行。

### 8.2.4　【操作面板】界面内的功能

　　从【运行】界面进入【操作面板】界面如图 8-18 所示。

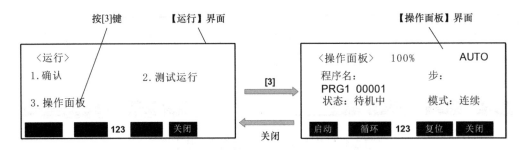

图 8-18　从【运行】界面进入【操作面板】界面

（1）【操作面板】界面内有多个操作选项，如图 8-19 所示。

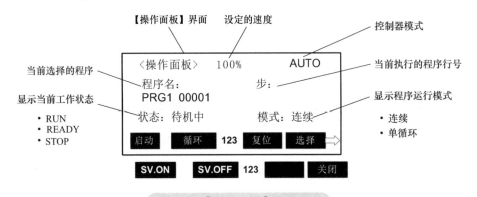

图 8-19　【操作面板】界面详图

在【操作面板】界面内有以下功能：

① [ 启动 ]——用于启动程序。（最常用的功能）

② [ 循环 ]——选择程序是"连续运行"还是"单循环"运行。

③ [ 复位 ]——解除中断状态、执行程序复位、解除报警。

④ [ 选择 ]——选择要执行的程序。

⑤ [ 伺服 ON]/[ 伺服 OFF]。

由于可以使用手持单元当成"操作面板"使用，所以这一功能最为常用。是学习的重点。

（2）选择程序的操作方法

① 进入【操作面板】界面，如图 8-18 所示。

② 键入 [F4]（选择），进入【程序选择】界面。

③ 输入需要执行的"程序号"，键入 [EXE]，选择程序完成，如图 8-20 所示。

（3）选择程序运行模式

使用 [F2] 键，选择连续运行或单循环运行。

（4）启动程序的操作方法

在安全状态下，按下 [ 启动 ] 键，启动程序运行，如图 8-21 所示。

（5）其他操作

1）[ 复位 ]。

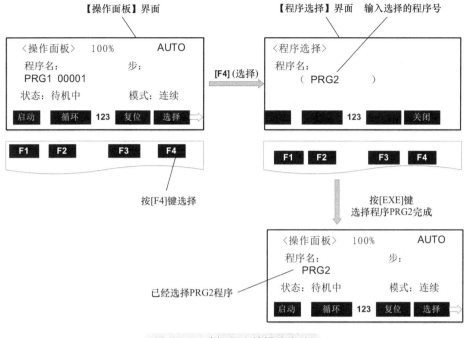

图 8-20 选择程序的操作方法

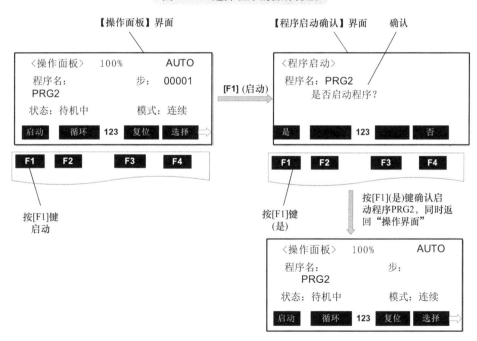

图 8-21 启动程序的操作方法

使用 [ 复位 ] 功能，可解除中断状态、执行程序复位、解除报警状态。操作方法如下：

① 将控制器的 [ 模式 ] 开关选择为 "手动 MANUAL"。

② 将手持单元的 [ 使能 ] 开关选择为 "使能有效 ENABLE"。

③ 按住 [ 复位 ] 键 +[EXE] 键，程序退回到第 1 行，即为程序复位。

2）[SV.ON] 和 [SV.OFF]。

使用 [SV.ON] 或 [SV.OFF] 功能，执行"伺服 ON/OFF"。

## 8.3 【参数】界面的功能及操作

【参数】界面用于设置和修改参数。在 [ 主菜单 ] 界面直接按数字键 [3] 进入【参数】界面，如图 8-22 所示。

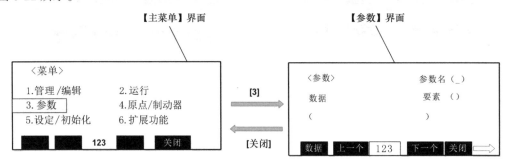

图 8-22 从【主菜单】界面进入【参数】界面

以设置参数"MEXTL"为例，说明操作方法。

① 从【管理】界面进入【参数设置】界面。

② 如图 8-23 所示，在【参数设置】界面输入"参数名"和"参数要素"，按 [EXE] 键进入【数据设置】界面。

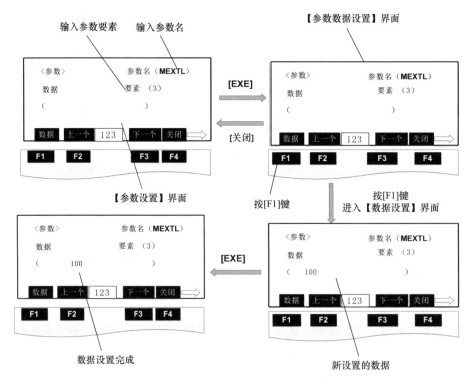

图 8-23 参数设置操作方法

③ 按 [F1] 键选择设置"参数数据"，输入"参数数据"，按 [EXE] 键完成数据设置并返回【参数】界面。

## 8.4 【原点 / 制动器】界面内的功能及操作

### 8.4.1 【原点 / 制动器】界面内的两个子菜单

【原点 / 制动器】界面内有两个子菜单，如图 8-24 所示。

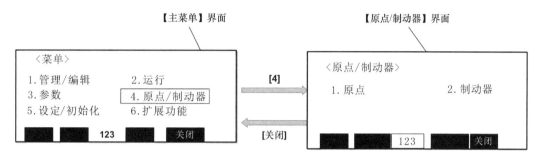

图 8-24 【原点 / 制动器】界面内的子菜单

（1）【原点】

【原点】子菜单用于进行原点设置，提供了 5 种原点设置方法。

（2）【制动器】

【制动器】子菜单用于进行对各轴的伺服电动机制动器进行操作，这些操作在调试和维修阶段都是经常使用的。由于在"制动器解除状态"下，机器人的各机械臂可能因为重力而下落，从而造成安全事故，因此执行"解除制动器"操作必须特别注意在保证安全的状态下进行。

### 8.4.2 进入子菜单的方法

（1）从【原点 / 制动器】界面进入【原点设定】界面

在【原点 / 制动器】界面直接按数字键 [1]，即可进入【原点设定】界面，如图 8-25 所示。

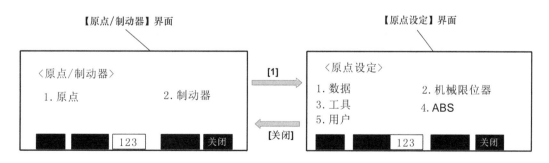

图 8-25 从【原点 / 制动器】界面进入【原点设定】界面

（2）从【原点 / 制动器】界面进入【制动器】界面

在【原点 / 制动器】界面直接按数字键 [2]，即可进入【制动器】界面，如图 8-26 所示。

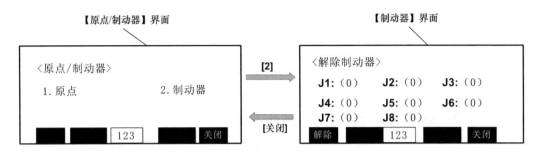

**图 8-26 从【原点 / 制动器】界面进入【制动器】界面**

（3）在【制动器解除】界面执行"打开制动器"的操作

以解除 J3 轴制动器为例说明操作方法：

① 设置【制动器】界面的 J3 轴 =1。

② 按下 [EXE] 键进入【制动器解除】界面。

③ 检查打开 J3 轴制动器后是否可能出现危险状况，按下"使能开关"+【F1】（解除）键，J3 轴的制动器被打开，如图 8-27 所示。

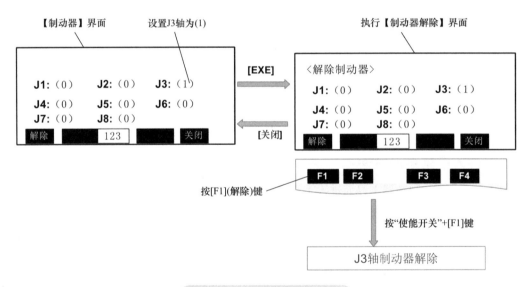

**图 8-27 【制动器解除】界面**

# 8.5 【设定 / 初始化】界面内的功能及操作

## 8.5.1 【设定 / 初始化】界面内的 4 个子菜单

① 初始化。

② 运行时间。

③ 时间设定。

④ 版本。

### 8.5.2 【初始化】界面内的菜单

【初始化】界面内有 3 个子菜单，如图 8-28 所示。

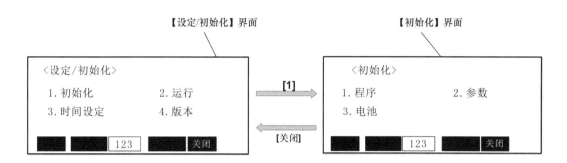

图 8-28 初始化界面

①【程序】——删除全部的程序（注意）。

②【参数】——将全部参数恢复到出厂值（注意）。

③【电池】——清零电池的消耗时间（更换电池时执行本操作）。

### 8.5.3 【运行时间】界面内的菜单

【运行时间】界面用于显示运行时间，显示内容如图 8-29 所示。

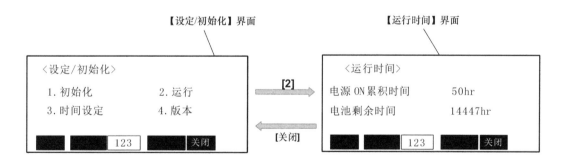

图 8-29 【运行时间】界面

① 电源 ON 累积时间。

② 电池剩余时间。

### 8.5.4 【时间设定】界面

【时间设定】界面用于设置和显示机器人的当前日期和时间，如图 8-30 所示。

### 8.5.5 【版本】界面

【版本】界面显示机器人 CPU 和示教单元的软件版本，如图 8-31 所示。

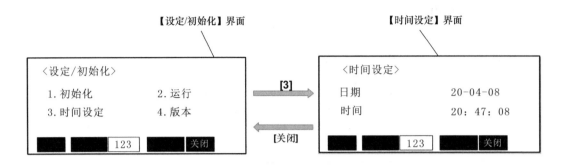

图 8-30 【时间设定】界面

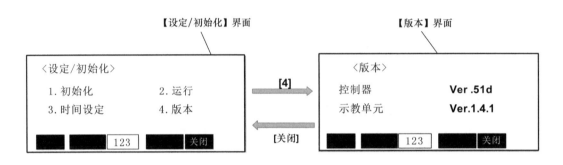

图 8-31 从【设定/初始化】界面进入【版本】界面

### 8.5.6 【扩展功能】界面内各菜单的功能及操作

（1）从【主菜单】界面进入【扩展功能】界面的操作

在【主菜单】界面按数字键 [6] 直接进入【扩展功能】界面，如图 8-32 所示。

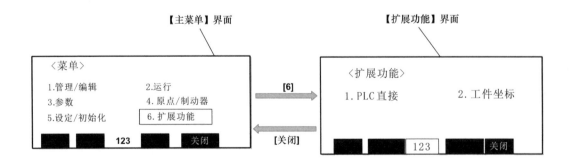

图 8-32 从【主菜单】界面进入【扩展功能】界面

（2）从【扩展功能】界面进入【PLC 直接】界面

从【扩展功能】界面按数字键 [1] 直接进入【PLC 直接】界面，如图 8-33 所示。

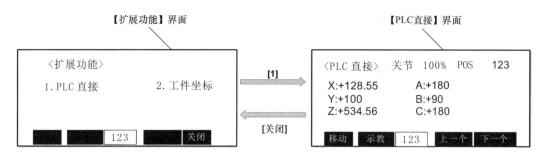

图 8-33　从【扩展功能】界面进入【PLC 直接】界面

（3）从【扩展功能】界面进入【工件坐标】界面

从【扩展功能】界面按数字键 [2] 直接进入【工件坐标】界面，如图 8-34 所示。

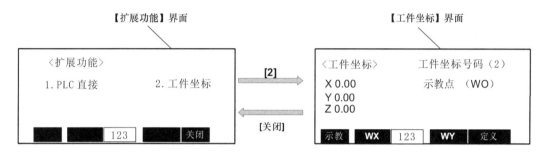

图 8-34　从【扩展功能】界面进入【工件坐标】界面

## 8.6　思考

① 手持单元有哪些主要功能？手持单元仅仅只是有操作功能吗？手持单元可以视作一台小计算机吗？

② 如何进入【主菜单】界面？

③ "管理 / 编辑"菜单内有什么功能？

④ 如何执行"一键到位"操作？

⑤ 如何执行"单步前进"操作？

⑥ 如何执行"单步后退"操作？

⑦ 什么是"跳转"操作？

⑧ 在手持单元上可以设置参数吗？

⑨ 在手持单元上可以设置原点吗？

⑩ 在手持单元上可以"启动"自动程序吗？

# 第 9 章

实操 5——手持单元的程序编辑示教操作功能

## 9.1 程序编辑

程序编辑是手持单元最重要的功能。由以下操作进入【新建程序】界面：

【主菜单】界面→【管理 / 编辑】界面→【新建程序】界面→【输入新建程序名】界面→【程序指令编辑】界面，如图 9-1 所示。

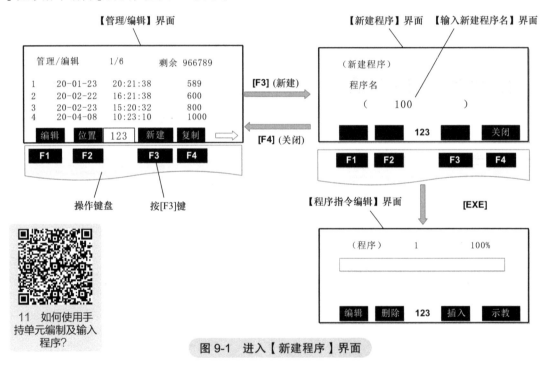

**图 9-1 进入【新建程序】界面**

由以下操作执行 [ 程序编辑 ]，以输入下列程序为例说明操作方法。

1. Mov P1

2. Mov P2

3. End

① 进入【程序指令编辑】界面。

② 按 [F3]（插入）键进入【程序插入】界面。

③ 依次输入一行程序，按 [EXE] 键执行移动到下一行。

④ 依次输入全部程序。

⑤ 按 [F4]（关闭）键执行"储存程序"，如图 9-2 所示。

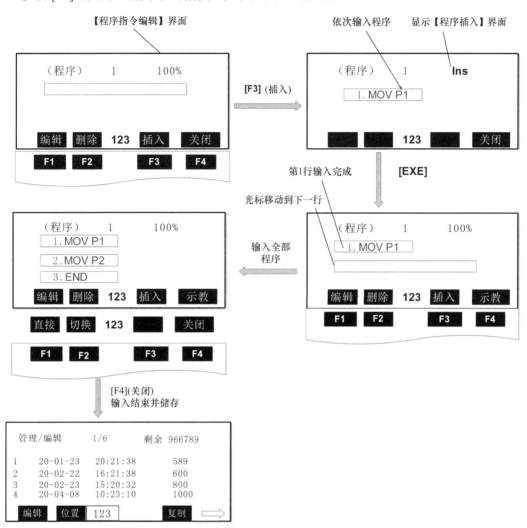

图 9-2  程序输入方法

## 9.2  示教操作

一段机器人运动程序如下所示：

1. MOV  P1

2. MOV  P2

3. MOV  P5

P1、P2、P5 称为工作点。工作点的位置数据可以在程序中设置，也可以在现场中通过"学习"的方式获得。在现场通过"学习"获得位置数据的方式称为示教方式。

示教操作是将机器人当前位置数据赋予指定的程序工作点。示教方式是机器人获得位置数据的重要方式。

12  如何使用手持单元执行示教操作？

手持单元可以执行示教操作，示教操作是手持单元最重要的功能之一，这也是手持单元被称为示教单元的原因。示教操作有两种操作方法。

（1）从"指令编辑画面"进行示教操作

将机器人操作运动至预期工作点位置（例如要设置 P5 点，就运动至预期的 P5 点位置）。示教操作流程如图 9-3 所示。

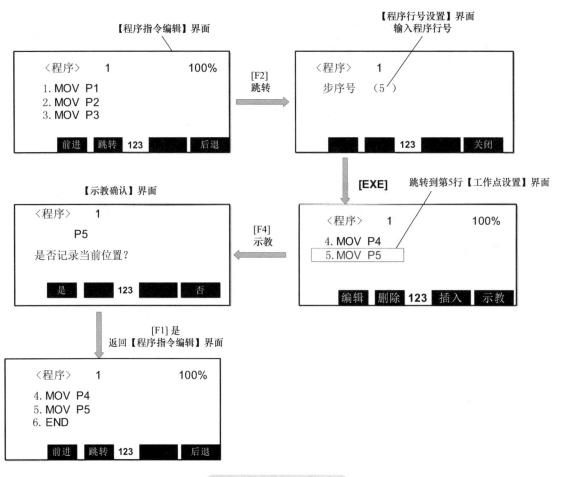

图 9-3　示教操作流程 1

① 进入【程序指令编辑】界面。

② 按 [F2] 键跳转进入【程序行号设置】界面。

③ 选择需要设置点位的程序行号，按 [EXE] 键跳转进入【工作点设置】界面。

④ 按 [F4]（示教）键，进入【示教确认】界面。

⑤ 按 [F1]（是）键，执行示教操作 / 同时跳转返回【程序指令编辑】界面。

（2）从"位置画面"进行示教操作

将机器人操作运动至预期工作点位置（例如要设置 P5 点，就运动至预期的 P5 点位置）。示教操作流程如图 9-4 所示。

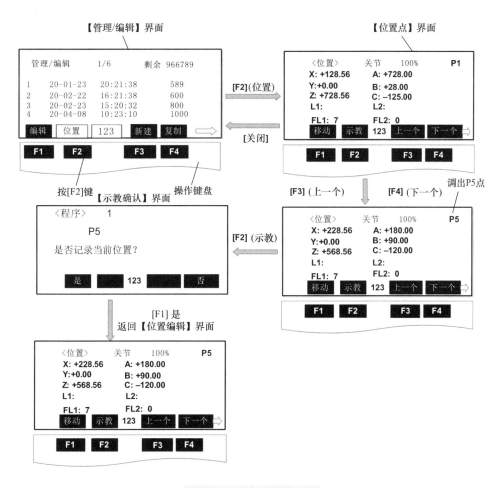

图 9-4　示教操作流程 2

① 进入【管理 / 编辑】界面，按 [F2]（位置）键进入【位置点】界面。

② 按 [F3]（上一个）或 [F4]（下一个）键调出要设置的程序工作点。

③ 按 [F2]（示教）键进入【示教确认】界面，按 [F1]（是）键执行示教操作 / 同时跳转返回【位置编辑】界面。

## 9.3　自动运行

（1）运动速度的设定

[OVRD ↑ ] 键 /[OVRD ↓ ] 键是"速度倍率设置"按键。每按下一次 [OVRD ↑ ] 键，速度倍率会以 3% → 5% → 10% → 30% → 50% → 70% → 100% 的顺序增加；按下 [OVRD ↓ ] 键，则会以相反的顺序减少。速度倍率操作如图 9-5 所示。

（2）程序号选择参见 8.2.4 节

选择程序的操作方法如下：

13　如何使用手持单元启动和操作程序？

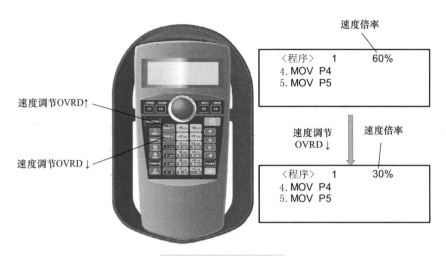

图 9-5　速度倍率操作

① 进入【操作面板】界面。

② 按 [F4]（选择）键进入【程序选择】界面，输入需要执行的程序号。

③ 按 [EXE] 键选择程序完成，如图 9-6 所示。

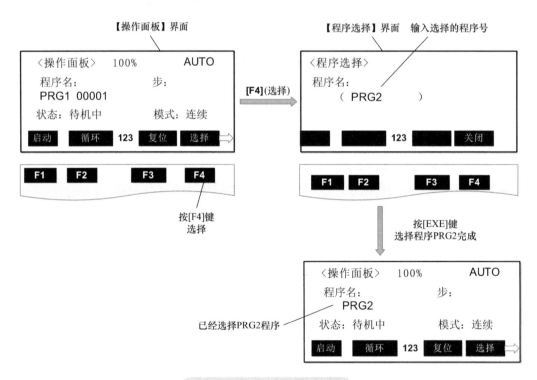

图 9-6　选择程序的操作方法

注意：急停开关 [EMG. STOP] 及 [STOP] 键的功能始终有效。[JOG]、[HAND]、[MONITOR]键的操作变为无效。

（3）选择程序运行模式

使用 [F2] 键选择连续运行或单循环运行。

（4）启动

在安全状态下，按下 [ 启动 ] 键，启动程序运行，如图 9-7 所示。

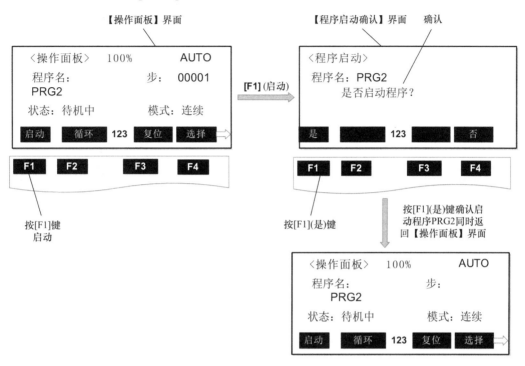

图 9-7　启动程序操作方法

## 9.4　思考

① 如何进入【程序编辑】界面？如何切换数字键和字母键的操作？如何输入程序号？

② 编辑一段新程序需要使用"插入"功能吗？

③ 确定一个工作点的位置，有几种方法？

④ 什么是示教操作？进入【示教操作】界面有几种方法？

⑤ 如何执行示教操作？

⑥ 如何设置速度倍率？速度倍率是实际速度吗？

⑦ 如何选择程序号？

⑧ 在启动程序之前，应该注意哪些事项？

# 第 10 章

## 实操6——手持单元的重要操作功能

## 10.1　抓手开闭

使用手持单元可以操作抓手的开闭，最多可以控制 6 个安装在机器人上的抓手。使用 [X]、[Y]、[Z]、[A]、[B]、[C] 键，分别控制抓手 6、5、4、3、2、1。抓手开为 "+" 键，抓手闭为 "−" 键，操作方法如下：

① 将操作模式 [MODE] 开关设定为 "手动 MANUAL"，将示教单元的 [ENABLE] 开关按下，使示教单元为有效。模式开关及使能开关位置如图 10-1 所示。

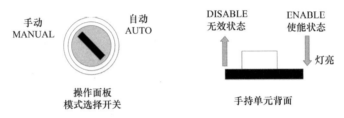

图 10-1　模式开关及使能开关位置

② 按下 [HAND] 键显示【抓手】界面。

OUT-900 显示抓手输出信号的 ON/OFF 状态，IN-900 显示抓手输入信号的 ON/OFF 状态。要打开抓手 1 按下 [+C] 键、要关闭抓手 1 按下 [−C] 键。其他抓手操作则与 [Y]、[Z]、[A]、[B]、[C] 键相关，如图 10-2 所示。

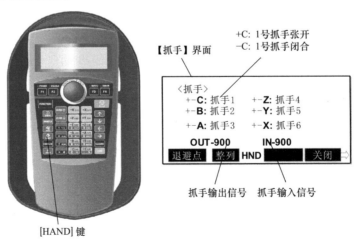

图 10-2　抓手操作

## 10.2　回退避点操作

退避点是机器人工作空间的一个安全工作点，在这个点位机器人的各机械臂及抓手（工具）不与外部设备碰撞干涉。在工作间歇阶段或发生轻度碰撞干涉时，可以操作机器人回到退避点，等待下一次动作。回到退避点的操作方法如下：

14　什么是退避点？如何执行回退避点操作？

① 使用参数"JSAFE"设置退避点位置。

② 在手持单元上按 [HAND] 键进入【抓手】界面。

③ 持续按住 [F1]（退避点）键直到机器人回到退避点位置（须要满足手动操作条件），如图 10-3 所示。

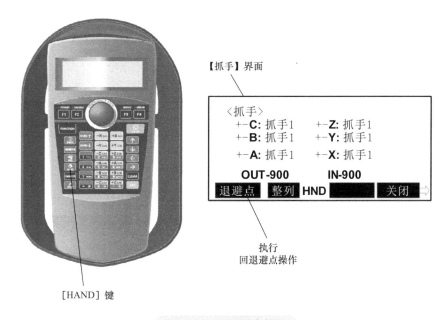

图 10-3　回退避点操作

## 10.3　整列操作

（1）定义

整列操作是指将抓手从当前位置操作回到 A 位置。

A 位置是第 5 轴距离当前位置最近的水平位置或垂直位置。为什么要第 5 轴回到水平位置或垂直位置？因为在水平位置或垂直位置易于调整抓手抓取工件。整列操作如图 10-4 所示。

（2）操作方法

操作方法如下：

① 在手持单元上按 [HAND] 键进入【抓手】界面。

② 持续按住 [F2]（整列）键直到机器人第 5 轴为水平位置或垂直位置。整列操作步骤如图 10-5 所示。

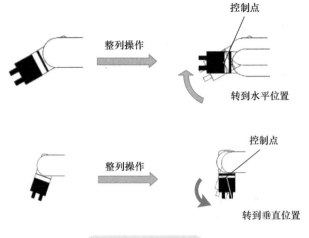

图 10-4　整列操作

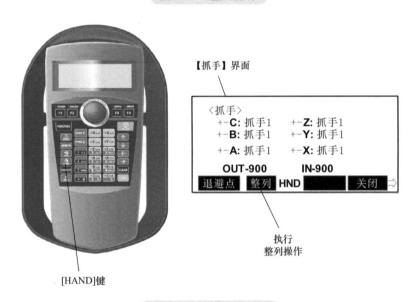

图 10-5　整列操作步骤

# 10.4　调试排错操作

（1）调试排错操作的方式

调试排错操作有以下三种操作方式（见图 10-6）：

① [ 单步前进 ]——即单步运行，每次只向前运行"一行（步）"程序。

② [ 单步后退 ]——单步运行，但是程序倒退运行。

③ [ 跳转 ]——跳转到指定的程序行。

这些功能在调试程序时经常使用。

（2）单步前进

在调试程序时，可以一步一步确认程序的准确性。操作方法为持续按住 [F1] 键，机器人执行"光标所在行程序"，如图 10-7 所示。

15　如何使用手持单元调试程序？

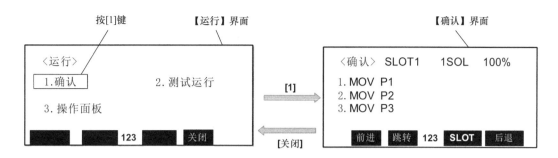

图 10-6　在【确认】界面上的运行方式

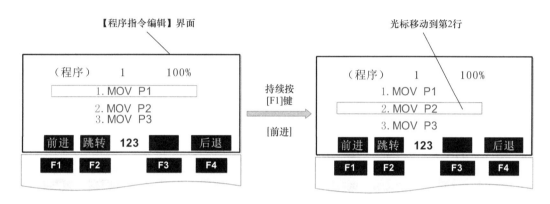

图 10-7　单步前进的操作方法

（3）单步后退

单步后退的操作方法如图 10-8 所示，具体如下：

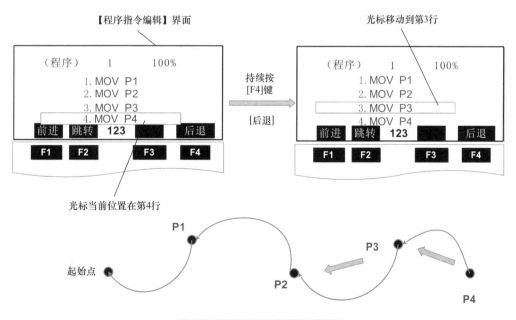

图 10-8　单步后退的操作方法

① 在【程序指令编辑】界面，假定光标所在的程序行为第 4 行。

② 在【程序指令编辑】界面，按 [F4] 键执行第 4 行程序，光标移动到程序第 3 行。

③ 按 [F4] 键执行第 3 行程序，光标移动到程序第 2 行。

（4）跳转

跳转的操作方法如图 10-9 所示，具体如下：

① 在【程序指令编辑】界面，按 [F2] 键进入【跳转确认】界面。

② 输入"跳转步序号"，即希望跳转到的程序行。

③ 按 [EXE] 键，光标跳转到选择的程序行。

④ 按 [F1] 键，执行选择的程序行，同时光标移动到下一行。

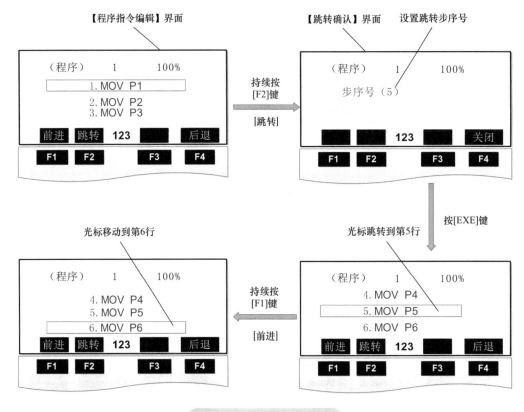

图 10-9　跳转的操作方法

## 10.5　监视功能

### 10.5.1　【监视】界面的功能及操作方法

（1）进入【监视】界面的操作方法

在手持单元上按下 [MONITOR] 键，屏幕上显示【监视】界面，如图 10-10 所示。

（2）【监视】界面内的子菜单及其功能

在【监视】界面内有 6 个子菜单，如图 10-10 所示。

① 输入——显示输入信号的 ON/OFF 状态。

② 输出——显示输出信号的 ON/OFF 状态并可强制输出信号 ON/OFF。

③ 输入寄存器——显示输入寄存器的数值。

④ 输出寄存器——显示输出寄存器的数值。

⑤ 变量——显示并修改变量的数值。

⑥ 报警记录——显示报警记录。

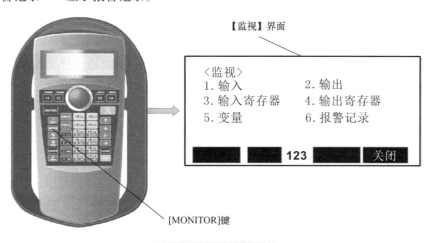

图 10-10　监视操作

## 10.5.2 【输入信号监视】界面的功能及操作方法

（1）进入【输入信号监视】界面

在【监视】界面直接按数字键 [1]，即进入【输入信号监视】界面，在【输入信号监视】界面可以观察到各输入信号的 ON/OFF 状态，如图 10-11 所示。

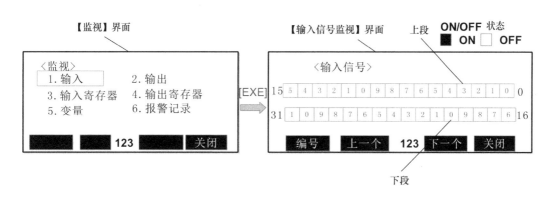

图 10-11　【输入信号监视】界面

（2）改变输入信号的监视范围

可以选择输入信号的监视范围（见图 10-12），操作方法如下：

① 在【输入信号监视】界面按 [F1]（编号）键，进入【编号设置】界面。

② 设置监视范围的起始编号（如图 10-12 中起始编号 =8）。

③ 按下 [EXE] 键，屏幕显示监视范围为 8 ～ 39。

④ 按下 [ 下一个 ] 键，屏幕显示监视范围为 40 ～ 71。

⑤ 按下 [ 上一个 ] 键，屏幕显示监视范围为 8 ～ 39。

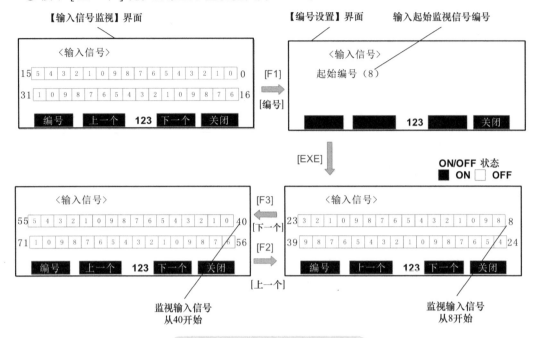

图 10-12　改变输入信号监视范围

## 10.5.3　【输出信号监视】界面的功能及操作方法

（1）进入【输出信号监视】界面

在【监视】界面直接按数字键 [2]，即进入【输出信号监视】界面。在【输出信号监视】界面可以观察到各输出信号的 ON/OFF 状态，如图 10-13 所示。

（2）强制输出信号 ON/OFF 的方法

① 如图 10-14 所示，在【输出信号监视】界面按 [F1]（编号）键，进入【编号设置】界面。

② 设置监视的输出信号编号（如图 10-14 中输出信号 =8，观察输出信号 8 的 ON/OFF 状态，输出信号 8=1）。

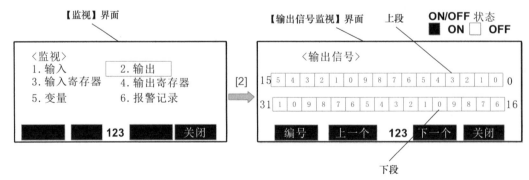

图 10-13　【输出信号监视】界面

③ 如果要强制输出信号 8 = OFF，则设置输出信号 8 = 0，按下 [ 输出 ] 键，则输出信号 8=OFF。

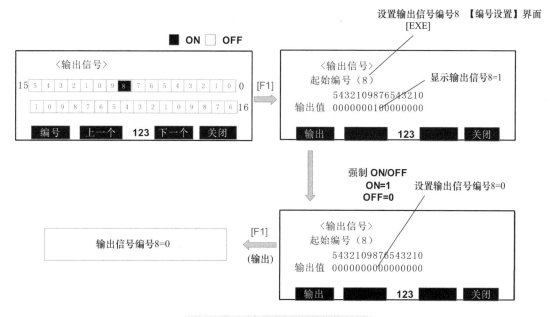

图 10-14　强制输出信号 ON/OFF

## 10.6　思考

① 如何执行抓手的张开闭合操作？

② 什么是退避点？如何执行回退避点操作？

③ 什么是整列操作？为什么需要整列操作？

④ 如何执行整列操作？

⑤ 在调试阶段，有几种操作方式？

⑥ 什么是单步操作？为什么需要单步操作？

⑦ 可以对程序执行单步后退操作吗？

⑧ 可以一键操作机器人到达一个固定的点位吗？

# 第 11 章

## 机器人的控制点及位置点数据运算

在前几章的学习中，已经让机器人动了起来。但是人们只看到机器人的运行，没有明确机器人的工作点是哪一点。如果要求机器人到达某一位置点，是要求机器人的哪个部位的哪个点到达位置点呢？通过本章的学习要明确这些问题。

## 11.1 机器人的控制点在哪里

对初学者而言，这是个既明白又糊涂的问题。因为用手持单元操作时，可以看见机器人在运行，但对精确定位时是要求机器人的哪个部位到达指定位置又有些糊涂。实际上，机器人控制点是指机器人本体上的一个点，在出厂时，这个点被定义为机器人"法兰中心点"，就是机械接口的中心点。控制点在机械接口坐标系原点如图 11-1 所示。

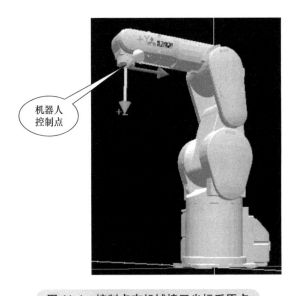

16  机器人的控制点在哪里？

**图 11-1  控制点在机械接口坐标系原点**

如果设置了工具坐标系（工具坐标系大多时也称为抓手坐标系，抓手就连接在法兰上），机器人控制点就是工具坐标系的原点，如图 11-2 所示。所以在点动动作和自动程序中，是指令这一机器人控制点移动到指定的位置。

（1）关于位置数据定义

机器人的位置数据是指控制点的数据。由于控制点一般是抓手工作中心点（未进行工具设定时为机械接口中心），因此通常也就是抓手工作中心点的位置。

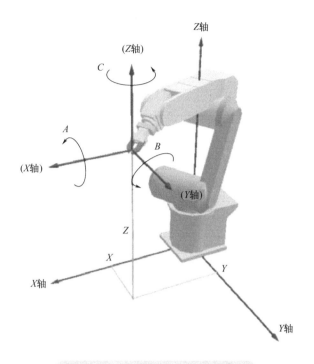

**图 11-2　控制点在工具坐标系原点**

与一般运动机械不同，机器人控制点的位置数据有 6 个元素，即 $X$、$Y$、$Z$ 与立体形位（$A$、$B$、$C$）的 6 个数据以及结构标志的一组数据。

（2）直交坐标数据 $X$、$Y$、$Z$

机器人的抓手工作中心的位置，以直交位置表示，单位为 mm。

（3）立体形位数据：表示机器人本体旋转角度，单位为 deg。

$A$ → 绕 $X$ 轴旋转的旋转角度。

$B$ → 绕 $Y$ 轴旋转的旋转角度。

$C$ → 绕 $Z$ 轴旋转的旋转角度。

## 11.2　表示位置点的方法

位置点如何表示呢？确定位置点需要以下数据：

（1）坐标位置和旋转角度位置

如图 11-3 所示，位置点由以下 10 个数据构成：

① $X$、$Y$、$Z$——控制点在直交坐标系中的坐标。

② $A$、$B$、$C$——机器人本体绕 $X$、$Y$、$Z$ 轴旋转的角度。

（就一个点而言，没有旋转的概念。所以旋转是指以该位置点为基准，以机器人本体及抓手为刚体，绕世界坐标系的 $X$、$Y$、$Z$ 轴旋转。这样即使同一个位置点，抓手的形位也有 $N$ 种变化。）

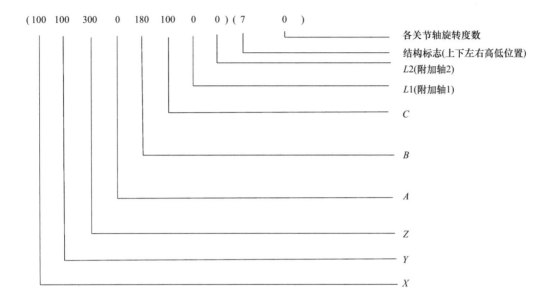

图 11-3　表示位置点的 10 个数据

注意：$X$、$Y$、$Z$ 以世界坐标系为基准。

③ $L1$、$L2$—— 附加轴（伺服轴）位置。

④ FL1——结构标志（上下左右高低位置）。

⑤ FL2——各关节轴旋转度数。

（2）结构标志

① FL1——结构标志（上下左右高低位置）。用一组二进制数表示，"上下左右高低"用不同的 bit（位）表示，如图 11-4 所示。

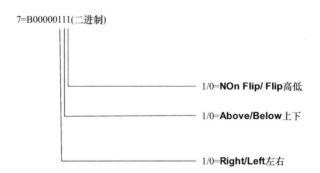

图 11-4　表示 FL1——结构标志的二进制数

② FL2——各关节轴旋转度数。用一组十六进制数表示，如图 11-5 所示。

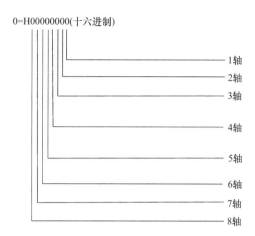

0=H00000000(十六进制)

1轴
2轴
3轴
4轴
5轴
6轴
7轴
8轴

**图 11-5　表示 FL2——各关节轴旋转度数的十六进制数**

## 11.3　结构标志 FL1

位置是由 $X$、$Y$、$Z$、$A$、$B$、$C$（FL1、FL2）标志的。由于机器人结构的特殊性，即使是同一位置点，机器人也可能出现不同的形位。为了区别这些形位，采用了结构标志。用位置标志的（$X$、$Y$、$Z$、$A$、$B$、$C$）（FL1、FL2）中的 FL1 标记，标志方法如下所述。

### 11.3.1　垂直多关节型机器人

（1）左右判断

1）5 轴机器人。

以 J1 轴旋转中心线为基准，判别 J5 轴法兰中心点 P 位于该中心线的左面还是右面。如果在右面（RIGHT），则 FL1 bit2=1；如果在左面（LEFT），则 FL1 bit2=0；如图 11-6 所示。

2）6 轴机器人。

以 J1 轴旋转中心线为基准，判别 J5 轴中心点 P 位于该中心线的左面还是右面。如果在右面（RIGHT），则 FL1 bit2=1；如果在左面（LEFT），则 FL1 bit2=0；如图 11-6 所示。

注意：FL1 标志信号用一组二进制码表示，检验左右位置用 bit2 表示。

（2）上下判断

1）5 轴机器人。

以 J2 轴旋转中心和 J3 轴旋转中心的连接线为基准，判别 J5 轴中心点 P 是位于连接线的上面还是下面。如果在上面（ABOVE），则 FL1 bit1=1；如果在下面（BELOW），则 FL1 bit1=0；如图 11-7 所示。

2）6 轴机器人。

以 J2 轴旋转中心和 J3 轴旋转中心的连接线为基准，判别 J5 轴中心点 P 是位于连接线的上面还是下面。如果在上面（ABOVE），则 FL1 bit1=1；如果在下面（BELOW），则 FL1 bit1=0；如图 11-7 所示。

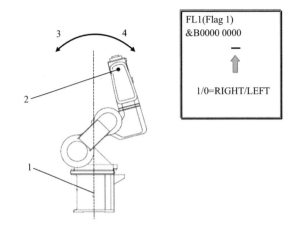

**图 11-6　FL1 标志的左右判断**

1—J1 轴旋转中心　　2—J5 轴旋转中心　　3—右（RIGHT）　　4—左（LEFT）

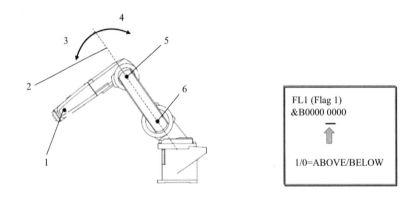

**图 11-7　FL1 标志中上下的判断及显示**

1—J5 轴旋转中心　2—J3 轴与 J2 轴构成的平面　3—上（ABOVE）　4—下（BELOW）　5—J3 轴旋转中心　6—J2 轴旋转中心

注意：FL1 标志信号用一组二进制码表示，检验上下位置用 bit1 表示。

（3）方位判断

J6 轴法兰面（6 轴机型）方位判断。以 J4 轴旋转中心和 J5 轴旋转中心的连接线为基准，判别 J6 轴的法兰面是位于连接线的上面还是下面。如果在下面（NONFLIP），则 FL1 bit0=1；如果在上面（FLIP），则 FL1 bit0=0；如图 11-8 所示。

注意：FL1 标志信号用一组二进制码表示，检验高低位置用 bit0 表示。

## 11.3.2　水平运动型机器人

以 J1 轴旋转中心和 J2 轴旋转中心的连接线为基准，判别机器人控制点是位于连接线的左面还是右面。如果在右面（RIGHT），则 FL1 bit2=1；如果在左面（LEFT），则 FL1 bit2=0；如图 11-9 所示。

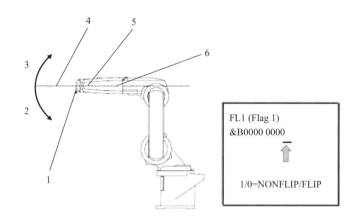

**图 11-8　J6 轴法兰面方位的判定**

1—J6 轴法兰表面　2—法兰面朝下（NONFLIP）　3—法兰面朝上（FLIP）　4—J4 轴与 J5 轴构成的平面
5—J5 轴中心线　6—J4 轴中心线

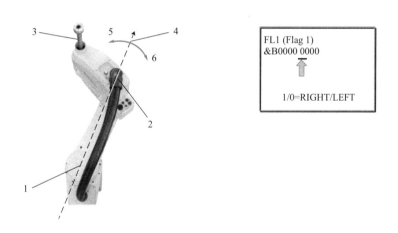

**图 11-9　水平运动型机器人的 FL1 标志**

1—J1 轴旋转中心　2—J2 轴旋转中心　3—工作轴　4—连接线　5—右面（RIGHT）　6—左面（LEFT）

## 11.4　结构标志 FL2

FL2 标志为各关节轴旋转度数，用一组十六进制数表示，如图 11-10 所示。

各轴的旋转度数与十六进制数之间的关系见表 11-1。

以 J6 轴为例：

旋转度数 =−180°～0°～180°　FL2=H00000000。

旋转度数 =180°～540°　　　FL2=H00100000。

旋转度数 =540°～900°　　　FL2=H00200000。

旋转度数 =−180° ~ −540°　　FL2=H00F00000。

旋转度数 =−540° ~ −900°　　FL2=H00E00000。

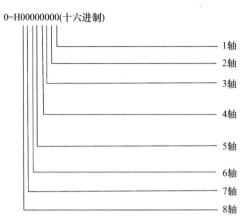

**图 11-10　表示 FL2——各关节轴旋转度数的十六进制数**

**表 11-1　各轴的旋转度数与十六进制数之间的关系**

| 旋转度数 / (°) | −900 ~ −540 | −540 ~ −180 | −180 ~ 0 | 0 ~ 180 | 180 ~ 540 | 540 ~ 900 |
|---|---|---|---|---|---|---|
| FL2 数据 | −2（E） | −1（F） | 0 | 0 | 1 | 2 |

## 11.5　关节型位置数据的表示方法

关节型位置数据的表示方法如图 11-11 所示。直接以各轴的旋转度数表示。

例：

6 轴 机器人 J1=（0，10，80，10，90，0）。

6 轴 + 附加轴 J1=（0，10，80，10，90，0，10，10）。

5 轴 机器人 J1=（0，10，80，0，90，0）。

5 轴 + 附加轴 J1=（0，10，80，0，90，0，10，10）。

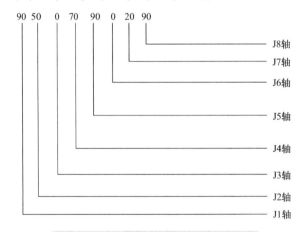

**图 11-11　关节型位置数据的表示方法**

4 轴机器人 J1=（10，20，90，0）。

各轴数据的格式和定义

1）格式。

格式直接表示 J1、J2、J3、J4、J5、J6、J7、J8 轴的数据，单位为 deg。

J7、J8：附加轴数据，可以省略，单位为 mm 或 deg，依参数而设定。

水平多关节机器人的 J3 轴为垂直运动轴时，单位为 mm。

2）关于轴数的指定。

① 无须记录 8 轴的坐标和形位数据，在省略的情况下，省略的轴会被认为是未定义。

② 4 轴机器人（由 X、Y、Z、C 轴构成）的情况时，以（X、Y、Z…C）或（X、Y、Z、0、0、C）记录。

③ 省略全部的轴时，如（, ），必须至少加入一个 ","（逗号）。

④ 结构标志数据的省略。省略结构标志数据时，使用初始数据（7，0）。

## 11.6　位置变量的表示方法

根据 MELFA-BASIC V 的要求，位置变量的表示方法如下所述：

（1）位置变量

位置变量表示直交型位置数据，用 P 开头（字符串）表示，例如 P1、P20、PZERO、PTUIBI。

表示方法 P1=（100，200，500，30，50，90）（7，0）

　　　　　P2=（100，200，500，30，50，90，500，800）（7，0）

（2）关节型位置变量

关节型位置变量表示关节型位置数据（即各轴的旋转度数），用 J 开头，例如 J1、J10。

表示方法 J1=（30，40，50，30，50，90）

　　　　　J2=（90，80，70，30，50，90）

（3）表示位置点中某一坐标数值的方法

如果要表示位置点中某一坐标的数值，方法如下：

　　　M1=P1.X

即 M1 为 P1 点 X 轴坐标值。

## 11.7　位置点的计算方法

### 11.7.1　位置点的乘法运算

位置点的乘法运算表达式如下：

$$"P100=P1*P2"$$

位置点的乘法运算实际是从世界坐标系变换到工具坐标系的过程。在下例中，"P100=P1*P2"，P1 点是在世界坐标系中确定的点，又将 P1 点作为工具坐标系中的原点，P2 是工具坐标系中的位置点，如图 11-12 所示。注意：P1、P2 点的排列顺序不同，意义也不一样。

乘法运算就是在工具坐标系中的加法运算，除法运算就是在工具坐标系中的减法运算。由于乘法运算经常使用在"根据当前点位置计算下一点的位置"，因此特别重要，使用者需要仔细体会。

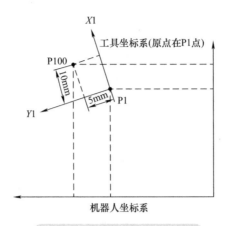

图 11-12　位置点的乘法运算

程序样例：

1. P1=（200，150，100，0，0，45）（4，0）'——P1 点数值。

2. P2=（10，5，0，0，0，0）（0，0）'——P2 点数值。

3. P100=P1*P2'——P1 与 P2 的乘法运算。

4. Mov P1'——前进到 P1 点。

5. Mvs P100'——直线前进到 P100 点。

## 11.7.2　位置点的加法 / 减法运算

位置点的加法运算表达式如下：

$$"P100 = P1 + P2"$$

加法运算是以机器人世界坐标系为基准，以 P1 为起点，P2 点为坐标值进行的加法运算（减法运算可以理解为以 P1 为起点，P2 点为坐标值进行的减法运算），如图 11-13 所示。

程序样例：

1. P1=（200，150，100，0，0，45）（4，0）'——P1 点数值。

2. P2=（5，10，0，0，0，0）（0，0）'——P2 点数值。

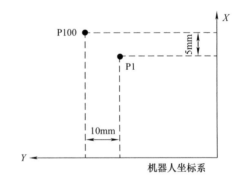

图 11-13　位置点的加法运算

3. P100=P1+P2'　——P1 与 P2 的加法运算。

4. Mov P1'——前进到 P1 点。

5. Mvs P100'——直线前进到 P100 点。

因此从本质上来说，位置点的乘法与加法运算的区别在于各自依据的坐标系不同。但都是以第 1 点为基准，第 2 点作为绝对值增量进行运算。

加法运算的规则是：在加法表达式"P100=P1+P2"中，P1 点为世界坐标系内的坐标，P2 点也是世界坐标系内的坐标，而 P100 点的数值是坐标数据的相加。

## 11.8　思考

① 机器人控制点在机器人的哪个部位？在图 11-14 中标出机器人控制点的位置。

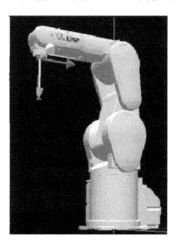

**图 11-14　标出机器人控制点的位置**

② 确定一个位置点需要几个数据？标明图 11-15 中各数据的名称。其中 *C* 轴位置是角度数据吗？

③ 只用直交坐标是否能够完整表示机器人的形位？

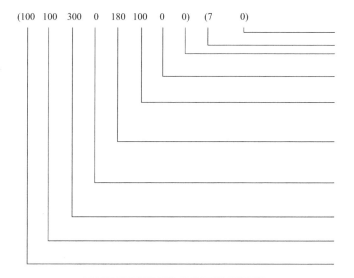

**图 11-15　标明图中各数据的名称**

④ 结构标志 FL1 表示什么内容？

⑤ 结构标志 FL2 表示什么内容？

⑥ 在程序中，P** 表示什么？

⑦ 在程序中，J** 表示什么？

⑧ 如何进行位置点的乘法运算？以程序 800 为例，在图 11-16 中标出 P100 的位置。

程序 800：

1. P1=（200，150，0，0，0，0）（4，0）'——P1 点数值。

2. P2=（80，100，0，0，0，0）（0，0）'——P2 点数值。

3. P100=P2*P1'——P1 与 P2 的乘法运算。

4. Mvs P100'——直线前进到 P100 点。

⑨ 如何进行位置点的加法运算？以程序 900 为例，在图 11-17 中标出 P500 的位置。

程序 900：

1. P1=（100，150，100，0，0，）（4，0）'——P1 点数值。

2. P2=（40，30，0，0，0，0）（0，0）'——P2 点数值。

3. P500=P1–P2'——P1 与 P2 的减法运算。

4. Mov P1'——前进到 P1 点。

5. Mvs P500'——直线前进到 P500 点。

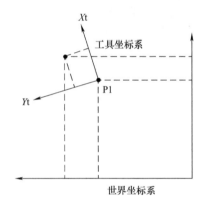

**图 11-16  标出 P100 的位置（第⑧题图）**

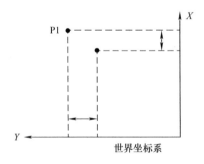

**图 11-17  标出 P500 的位置（第⑨题图）**

# 学习编程指令前的预备知识

第 12 章

在前几章的学习中，虽然已经让机器人动起来了，但只是一种手动操作。机器人的自动运行才是学习机器人的主要内容。为了让机器人自动运行，必须学会编制程序。本章的内容是学习编程指令前的预备知识。

## 12.1 编程指令使用的 MELFA-BASIC V 语言

三菱机器人使用的编程指令是 MELFA-BASIC V，是基于 BASIC V 而专门用于三菱机器人的编程语言。所以这种编程语言既有 BASIC 语言的特征，也规定了对应机器人的动作。

### 12.1.1 MELFA-BASIC V 中的编程指令具有的功能

① 对机器人的动作控制。
② 码垛指令及计算。
③ 程序结构型指令。
④ 输入输出指令。
⑤ 通信指令。
⑥ 运算指令。
运算指令一览表见表 12-1。

表 12-1 运算指令一览表

| 功能 | 符号 | 定义 | 例 | 说明 |
|---|---|---|---|---|
| 代入（赋值） | = | 将右边代入左边 | P1=P2<br>P5=P_Curr<br>P10.Z=100.0<br>M1=1<br>STS$= "OK" | 设置 P2= 位置变量 P1<br>设置 "当前位置坐标值" = P5<br>设置 P10 的 Z 坐标值 =100.0<br>设置数值变量 M1=1<br>设置字符串变量 STS$ 为 OK 的字符串 |
| 数值运算 | + | 加法运算 | P10=P1+P2<br>Mov P8+P9<br>M1=M1+1<br>STS$= "ERR" + "001" | 执行 P10=P1+P2 加法运算<br>移动到 P8+P9 的位置点<br>设置 M1=M1+1<br>设置字符串变量 STS$ = "ERR" + "001" |
| | − | 减法运算 | P10=P1−P2<br>Mov P8−P9<br>M1=M1−1 | 执行 P10=P1−P2 减法运算<br>移动到 P8−P9 的位置点<br>设置 M1=M1−1 |
| | * | 乘法运算 | P1=P10*P3<br>M1=M1*5 | 执行 P1=P10*P3 乘法运算<br>执行 M1=M1*5 乘法运算 |

（续）

| 功能 | 符号 | 定义 | 例 | 说明 |
|------|------|------|-----|------|
| 数值运算 | / | 除法运算 | P1=P10/P3<br>M1=M1/2 | 执行 P1=P10/P3 除法运算<br>执行 M1=M1/2 除法运算 |
| | ^ | 指数运算 | M1=M1^2 | 执行 M1=M1^2 指数运算 |
| | \ | 整数除算 | M1=M1\3 | 将数值变量 M1 的值除以 3 后取整数（小数点以下舍去） |
| | Mod | 余数运算 | M1=M1 Mod 3 | 将数值变量 M1 的值除以 3 后取余数 |
| | – | 符号反转 | P1=–P1<br>M1=–M1 | 将位置变量 P1 的各坐标成分符号反转<br>将数值变量 M1 值的符号反转 |

## 12.2　MELFA-BASIC V 的详细规格及指令一览

### 12.2.1　MELFA-BASIC V 的详细规格

目前常用的机器人编程语言是 MELFA-BASIC V，在学习使用 MELFA-BASIC V 之前，需要先学习其规定。

（1）程序名

程序名只可以使用英文字母及数字，长度为 12 个字母。如果要使用程序选择功能时，则必须只使用数字作为程序名。

（2）指令

指令由以下部分构成：

1. Mov P1 Wth M_Out（17）=1

$$\underline{1}\ \underline{Mov}\ \underline{P1}\ \underline{Wth\ M\_Out(17)=1}$$
$$①\quad ②\quad ③\qquad\quad ④$$

① 步序号，或称为程序行号。

② 指令。

③ 指令执行的对象：变量或数据。

④ 附随语句。

（3）变量

1）变量的分类。

机器人系统中使用的变量可以分类（见图 12-1）：

① 系统变量——表示系统工作状态的变量。变量名称和数据类型都是系统预先规定的。

② 系统管理变量——系统变量的一种。在自动程序中只用于表示系统工作状态，例如当前位置"P_CURR"。

③ 用户管理变量——系统变量的一种。用户可以对其处理，例如输出信号："M_OUT（18）=1"。用户在自动程序中可以指令输出信号 ON/OFF。

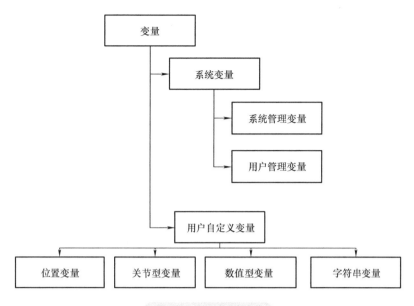

图 12-1　变量的分类

④ 用户自定义变量——这类变量的名称及使用场合由用户自行定义，是使用最多的变量类型。

2）用户自定义变量的分类。

① 位置变量——表示直交型位置数据。用 P 开头，例如 P1、P20。

② 关节型变量——表示关节型位置数据（各轴的旋转角度）。用 J 开头，例如 J1、J10。

③ 数值型变量——表示数值。用 M 开头，例如 M1、M5（M1=0.345、M5=256）。

④ 字符串变量——表示字符串。在变量名后加 $，例如 C1$= "OPENDOOR"，即变量 C1$ 表示的是字符串 "OPENDOOR"。

（4）程序文

程序文是构成程序的最小单位，即指令及数据，例如：

1）Mov　P1。

① Mov——指令。

② P1—— 数据。

2）附随语句。

对于 1. Mov P1 Wth M_Out（17）=1，Wth M_Out（17）=1 为附随语句，表示在移动指令的同时，执行输出 M_Out（17）=1。

（5）程序行号

编程序时，软件自动生成程序行号。但是 GOTO 指令、GOSUb 指令不能直接指定行号，否则报警。

（6）标签（指针、指示牌）

标签是程序分支的标记，用 "* 加英文字母" 构成，例如：

*LBL ……

*LBL 就是程序分支的标记。

## 12.2.2 有特别定义的文字

（1）英文大小写

程序名、指令均可大小写，无区别。

（2）下划线（_）

"下划线"标注全局变量。全局变量是全部程序都可以使用的变量。在变量的第 2 个字母位置用下划线表示时，这种类型变量即为全局变量，例如 P_Curr、M_01、M_ABC。

（3）撇号（'）

"撇号（'）"后面的文字为注释，例如 100 Mov P1'TORU，TORU 为注释（注意：要在英文格式下使用"撇号（'）"）。

（4）星号（*）

在程序分支处做标签时，必须在第 1 位加星号（*）。例如 200*KAKUNIN

（5）逗号（,）

逗号用于分隔参数以及变量中的数据。

例：P1=（200，150，…）。

（6）句号（.）

"句号"用于标识小数、位置变量和关节变量中的组成数据。

例：M1=P2.X 标志 P2 中的 X 数据。

（7）空格

① 在字符串及注释文字中，空格是有文字意义的。

② 在行号后，必须有空格。

③ 在指令后，必须有空格。

④ 数据划分，必须有空格。

在指令格式中，"□"表示必须有空格。

## 12.2.3 数据类型

（1）数值常数

数值常数的结构如下所示：

1）十进制。

例：1、1.7、−10.5、+1.2E+5（指数）。

有效范围：−1.7976931348623157e+308 ～ 1.7976931348623157e+308。

2）十六进制。

例：&H0001、&HFFFF。

有效范围：&H0000 ～ &HFFFF。

3）二进制。

例：&B0010、&B1111。

有效范围：&B0000000000000000 ～ &B1111111111111111。

（2）常数类型

在常数后附加记号，指定常数类型。

例：10%（整数）、10000&（长精度整数）、1.0005!（单精度实数）、10.000000003#（双

精度实数）。

（3）字符串常数

用双引号圈起来的文字部分即字符串常数。

例："ABCDEFGHIJKLMN"、"123"。

（4）位置数据结构

位置数据包括坐标数据、形位数据、附加轴及结构标志数据，如图 12-2 所示。

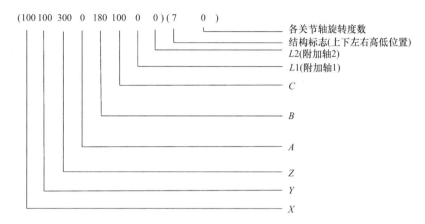

图 12-2   位置数据结构

① $X$、$Y$、$Z$ 表示控制点在直交坐标系中的坐标。

② $A$、$B$、$C$ 表示（以控制点为基准）机器人本体绕 $X$、$Y$、$Z$ 轴旋转的角度。也称为形位，形位是机器人绕 $X$、$Y$、$Z$ 轴旋转的综合位置。

③ $L1/L2$ 表示附加轴的位置数据。

④ FL1——结构标志。表示控制点与特定轴线之间的相对关系。

⑤ FL2——结构标志。 表示各轴的旋转角度。

## 12.3   思考

① MELFA-BASIC V 编程语言在对机器人编程时有哪些功能？

② 编程指令的格式有哪些内容？

③ 用户变量有几种类型？

④ 关节型变量用什么表示？

⑤ 什么是全局变量？如何表示全局变量？

⑥ "*" 在程序中起什么作用？

⑦ M1=P2.X，其中 M1 是什么数据？

⑧ 编程中可以使用二进制数据吗？

# 第 13 章

## 简单运动指令

## 13.1 关节插补指令

关节插补即机器人以各关节的旋转进行的联合运动。机器人以各轴的联合旋转运动实现从起点（当前点）向终点（目标点）运行，插补就是各轴的联合旋转运动。

关节插补的特点是其运行轨迹无法确切描述。关节插补是机器人最常用的运动方式。

17  讲解 Mov 关节插补指令

例：J1=（10，20，30，20，50，90）

J2=（60，100，120，40，80，180）

如果是在 10min 之内完成从 J1 到 J2 点的插补运动，则在不同的时间点，各轴旋转的角度见表 13-1。各轴旋转的角度值不同，但各轴行程占总行程的比例相同，这就是所谓的插补——联动。

表 13-1　各轴旋转的角度

| J1 到 J2 点 | 2min | 5min | 10min |
| --- | --- | --- | --- |
| J1 轴应旋转 50° | J1 轴已旋转 10° | J1 轴已旋转 25° | J1 轴已旋转 50° |
| J2 轴应旋转 80° | J2 轴已旋转 16° | J2 轴已旋转 40° | J2 轴已旋转 80° |
| J3 轴应旋转 90° | J3 轴已旋转 18° | J3 轴已旋转 45° | J3 轴已旋转 90° |
| J4 轴应旋转 20° | J4 轴已旋转 4° | J4 轴已旋转 10° | J4 轴已旋转 20° |
| J5 轴应旋转 30° | J5 轴已旋转 6° | J5 轴已旋转 15° | J5 轴已旋转 30° |
| J6 轴应旋转 90° | J6 轴已旋转 18° | J6 轴已旋转 45° | J6 轴已旋转 90° |

（1）关节插补的指令格式

Mov □ <终点> □ [，<近点>][ 轨迹类型 Type < 常数 1>，Type < 常数 2>][< 附随语句 >]

（2）例句

Mov P1，100 Wth M_Out（17）=1

（3）说明：Mov 语句是关节插补指令。从当前点移动到终点。

① 终点指目标点。

② 近点指接近终点的一个点。在实际机床运动中，为提高效率往往需要快进到终点的附近，再慢速运动（工进）到终点。近点就是所谓的快进和工进的分界点。

近点是以终点来确定的一个点。假使（以手动方式）获得抓手到达终点位置后，从抓手（工具）坐标系来观察，沿着此时抓手坐标系的 Z 轴，在 Z 轴方向（上方或下方）所确定的一个点，就是近点。这就是编程指令对近点的定义。

使用工具坐标系来确定近点的位置，更方便抓手的定位。根据符号确定是上方或下方。使用近点设置，是一种快速定位的方法。近点是快进与慢进的分界点。

18　观察一个典型的打磨程序

③ "类型常数 Type" 用于设置运行轨迹。

a）"类型常数 Type 1" =1 绕行。

b）"类型常数 Type 1" =0 捷径运行。

绕行是指可能按大于 180° 轨迹运行。捷径指按最短轨迹，即小于 180° 轨迹运行。

④ 附随语句

附随语句如 Wth、WthIf，指在执行 Mov 指令时，同时执行其他的指令。

（4）样例程序（程序中单引号后面的部分是注释，可做中文注释）

Mov P1'—— 移动到 P1 点。

Mov P1+P2'—— 移动到 "P1+P2" 位置点。

Mov P1*P2'—— 移动到 "P1*P2" 位置点（位置点乘法）。

Mov P1，−50'—— 移动到 P1 点上方 50mm 的近点（使用近点功能）。

Mov P1 Wth M_Out（17）=1' ——向 P1 点移动同时指令输出信号（17）=ON。

Mov P1 WthIf M_In（20）=1，Skip' ——向 P1 移动的同时，如果输入信号（20）=ON，就跳到下一行。

Mov P1 Type 1，0' ——指定运行轨迹类型为捷径型。

图 13-1 所示为程序及移动路径。

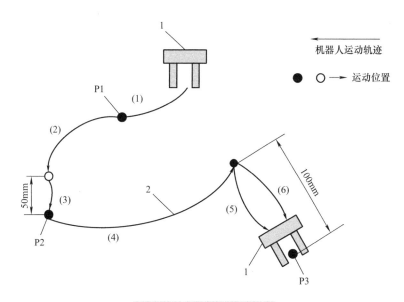

**图 13-1　程序及移动路径**

1—抓手　2—输出信号 17=ON

1. Mov P1'——移动到 P1 点。

2. Mov P2，-50'——移动到 P2 点上方 50mm 位置点即近点。

3. Mov P2'——移动到 P2 点。

4. Mov P3，-100，Wth M_Out（17）=1'——移动到 P3 点上方 100mm 的近点位置，同时指令输出信号（17）=ON。

5. Mov P3'——移动到 P3 点。

6. Mov P3，-100'——移动到 P3 点上方 100mm 位置点。

7. End'——程序结束。

注意：近点位置以工具坐标系的 Z 轴方向确定。

## 13.2　直线插补指令

直线插补也是从当前点向目标点的运动形式。其特点是运行轨迹为直线，这是与关节插补 Mov 指令最大的不同之处。直线插补的运动指令为 Mvs。在需要有明确的直线运动轨迹时，必须使用直线插补指令 Mvs（"十字绣"就是一种插补运动）。

19　讲解 Mvs 直线插补指令

（1）指令格式 1

Mvs □ <终点> □，<近点距离>，[<轨迹类型常数 1>，<插补类型常数 2>][<附随语句>]

（2）指令格式 2

Mvs □ <离开距离> □ [<轨迹类型常数 Type 1>，<插补类型常数 2>][<附随语句>]

注意：指令格式 2 是从终点退回近点使用的简易指令格式。

（3）对指令格式的说明

①<终点>：目标位置点。

②<近点距离>：以工具坐标系的 Z 轴为基准，到终点的距离（实际是一个接近点）。往往用作快进、工进的分界点。

③<轨迹类型常数 Type 1>：常数 1=1，则绕行；常数 1=0，则捷径运行。

④ 插补类型：

常数 =0，关节插补常数 =1，直交插补常数 =2，通过特异点。

⑤<离开距离>：在指令格式 2 中的 <离开距离> 是以工具坐标系的 Z 轴为基准，离开终点的距离。这是一个便捷指令。

插补指令的运行轨迹如图 13-2 所示。

（4）指令例句 1

1. Mvs P1

向终点做直线运动。

（5）指令例句 2

1. Mvs P1，-100.0 Wth M_Out（17）=1

20　观察一个典型的焊接程序

向接近点做直线运动，实际到达接近点，同时指令输出信号（17）= on。

（6）指令例句 3

1. Mvs P4+P5，50.0 WthIf M_In（18）=1，M_Out（20）=1

向终点做直线运动（终点 =P4+P5，终点经过加运算），实际到达接近点，同时如果输入信号（18）=ON，则指令输出信号（20）=on。

（7）指令例句 4

Mvs，–100

从当前点沿工具坐标系 Z 轴方向（根据符号确定 +/– 方向）移动 100mm，参见图 13-2。

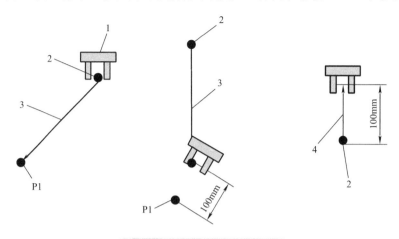

图 13-2　插补指令的运行轨迹

1—抓手　2—当前位置（P_CURR）　3—Mvs P1，–100　4—Mvs，–100

## 13.3　Servo——指令伺服系统的 ON/OFF

（1）功能

指令机器人系统伺服 ON/OFF。

（2）指令格式

Servo <On/Off>< 机器人编号 >

（3）指令例句

21　讲解伺服 ON
（Servo On）
指令

1. Servo On' ——伺服 =ON。

2. *L20: If M_Svo<>1 GoTo *L20' ——等待伺服 =ON。

3. Spd M_NSpd' ——设置速度。

4. Mov P1' ——前进到 P1 点。

5. Servo Off' —— 伺服 =OFF。

"Servo On" 指令应该写在程序的第一行，这样在自动程序运行的开始就启动 "伺服系统 =ON"。而在很多情况下，因为既没有手动设置 "伺服系统 =ON"，又没有在自动程序中写 "Servo On" 指令，所以自动程序不启动运行。

## 13.4　思考

① Mov 指令的运动轨迹可以描述吗？

② 什么是插补运动？ "十字绣" 是插补运动吗？

③ 在不考虑运动轨迹时，是否可以使用 Mov 指令？

④ 为什么要在 Mov 指令中使用近点功能？近点是以世界坐标系为基准的吗？

⑤ Mvs 指令简称为直线插补指令吗？ Mvs 指令的运行轨迹可以描述吗？

⑥ 在 Mvs 指令中有近点功能吗？

⑦ 在程序起始行，需要编制"伺服 ON"指令吗？

⑧ 根据下列要求编制程序。

1.' —— 移动到 P1 点。

2.' —— 移动到 P2 点上方 2mm 位置点，即近点。

3.' —— 移动到 P2 点。

4.' —— 直线移动到 P3 点上方 5mm 的近点位置。

5.' —— 直线移动到 P3 点。

6.' —— 移动到 P3 点上方 100mm 位置点。

7. End' ——程序结束。

⑨ 根据图 13-3 编制从 P1 到 P10 的运动程序。

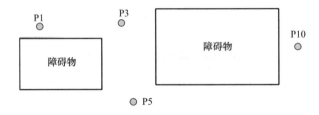

图 13-3　第⑨题示意图

# 第 14 章

# 实操 7——编制移动程序并运行

## 14.1 在手持单元上编制工作程序

程序号：HF1401

1. Servo On' ——伺服 ON。

2. Dly 2' ——等待 2s。

3. Mov P1' —— 移动到 P1 点（P1 点为过渡点）。

4. Mov P2，–50' —— 移动到 P2 点上方 100mm 位置点，即近点。

5. Mov P2' —— 直线移动到 P2 点（P2 点为吸盘工具位置）。

6. ' 直线移动到 P2 点上方 100mm 位置点，即近点。

7. Mov P1' —— 移动到 P1 点。

8. Mov P3，–100' —— 移动到 P3 点上方 100mm 的近点位置。

9. Mov P3' —— 移动到 P3 点（P3 点为画笔工具位置）。

10. Mov，–100' —— 移动到 P3 点上方 100mm 位置点。

11. ' ——移动到 P1 点（P1 点为"过渡点"）。

12. ' —— 直线移动到 P5 点上方 30mm 位置点，即近点。

13. ' —— 直线移动到 P5 点（P5 点为打磨工具位置）。

14. ' —— 直线移动到 P5 点上方 100mm 的近点位置。

15. Mov P1' —— 移动到 P1 点（P1 点为过渡点）。

16. ' —— 移动到 P6 点上方 100mm 位置点。

17. ' —— 直线移动到 P6 点（P6 点为打磨工件位置）。

18. ' —— 移动到 P6 点上方 100mm 位置点。

19. Mov P1 ' —— 移动到 P1 点（P1 点为过渡点）。

20. ' —— 移动到 P7 点上方 100mm 位置点。

21. ' —— 直线移动到 P7 点（P7 点为工件（棋子）位置）。

22. ' —— 移动到 P7 点上方 100mm 位置点。

23. ' —— 移动到 P1 点。

24. End' ——程序结束。

在程序 HF1401 中，须要执行示教操作获得 P1P7 点数据。

## 14.2　示教操作

通过示教操作，获得 P1P7 点数据。

参见 9.2 节。

## 14.3　使用手持单元启动 / 停止自动程序

参见 9.3 节。

## 14.4　学习伺服 ON/OFF 操作、单次运行和循环运行

参见 6.6 节和 8.2.4 节。

# 第 15 章

# 速度设置指令、抓手动作、暂停指令

## 15.1　Spd（Speed）——速度设置指令

（1）功能

指定机器人的直线移动、圆弧移动时的速度。另外，也指定最佳速度控制模式。

（2）格式

Spd □＜设定速度＞

Spd □ M_NSpd（最佳速度控制模式）。M_NSpd——初始速度值。最佳速度控制是指在不使用 Spd 指令进行速度设置的直线插补运动 / 圆弧插补运动中，以最佳速度执行运动的功能。

22　讲解速度设置指令

（3）术语

＜设定速度＞速度以实数指定，单位为 mm/s。

（4）指令样例

1. Spd 100。

2. Mvs P1。

3. Spd　M_NSpd'——设定最佳速度控制模式。

4. Mov P2。

5. Mov P3。

6. Ovrd 80'—— 设置速度倍率。

7. Mov P4。

8. Ovrd 100'—— 设置速度倍率。

（5）说明

① Spd 指令只有在直线插补、圆弧插补时有效。

② 实际的速度 = 手持单元（T/B）的速度倍率设定值 × 程序速度倍率（Ovrd 指令）× 直线指定速度（Spd 指令）。

③ Spd 指令只会使直线插补、圆弧插补运行的速度变化。

④ 以 M_NSpd（初始值：10000，10m/s）为设定速度的情况下，机器人以最高速度动作（最佳速度控制）。

⑤ 即使以最佳速度运行，也会依据机器人的形位发生报警。如果发生"过速度"报警，必须使用 Ovrd 指令降低速度。

⑥ 未执行 Spd 指令前的速度为初始值。执行 Spd 指令后，即为设置的速度。

23　观察一个装配程序

⑦ 执行 End 指令后，Spd 指令设置的速度被还原为初始值。

重点：Spd 指令设置的是实际速度。

## 15.2　Ovrd——速度调节指令

（1）功能

以 1%～100% 设置机器人运行速度比例（速度比例通常称为速度倍率）。

（2）格式

Ovrd □＜速度比例＞

（3）术语

＜速度比例＞——已设定速度的百分数，以实数指定，初始值为 100。

单位：[%]（范围：0.01～100.0）。

速度比例也可用数值运算式记述。设定为 0 或 100 以上则发生报警。

24　讲解速度
调节指令

（4）指令样例

1. Ovrd 50

2. Mov P1

3. Mvs P2

说明：

① Ovrd 指令与插补的种类无关，总是有效。

② 实际的速度比例如下所示：

a. 关节插补动作时 ＝ 操作面板的速度比例设定值 × 程序速度比例（Ovrd 指令）× 关节速度比例（JOvrd 指令）。

b. 直线插补动作时 ＝ 操作面板的速度比例设定值 × 程序速度比例（Ovrd 指令）。

③ 速度比例指令只会使速度比例变化。100% 为机器人的最大值，通常系统初始值（M_NOvrd）会设定为 100%。在程序中设置新的速度比例指令前，速度比例为系统初始值。

④ 设置 Ovrd 指令后，在执行 End 或程序复位前，Ovrd 指令设置的速度比例一直有效。在执行 End 或程序复位时，会恢复到初始值。

## 15.3　Hlt——暂停指令

（1）功能

Hlt 指令为暂停执行程序，程序处于待机状态。必须再次发出启动信号，才可从程序的下一行启动。本指令在观察运行位置、分段调试程序时比较常用。

（2）指令格式

Hlt

（3）指令例句 1

1 Hlt' —— 无条件暂停执行程序。

（4）指令例句 2

满足某一条件时，执行暂停。

100 If M_In（18）=1 Then Hlt' —— 如果输入信号 18=ON，则暂停。

25　讲解 Hlt 无条
件暂停指令

200 Mov P1 WthIf M_In（17）=1，Hlt' —— 在向 P1 点移动过程中，如果输入信号 17=ON，则暂停。

（5）说明

① 在 Hlt 暂停后，必须重新发出启动信号，程序才可从下一行启动执行。

② 如果是在附随语句中发生的暂停，重新发出启动信号后，程序从中断处启动执行。

## 15.4　Dly——暂停指令（延时指令）

（1）功能

本指令用于设置程序中的暂停时间，也作为构成脉冲型输出的方法。

（2）指令格式

① 程序暂停型 Dly <暂停时间>。

② 设定输出信号 =ON 的时间（构成脉冲输出）。

M_Out（1）=1 Dly <时间>

（3）指令例句 1

1. Dly 30' —— 程序暂停时间 30s。

（4）指令例句 2

设定输出信号 =ON 的时间（构成脉冲输出）

1. M_Out（17）=1 Dly 0.5' ——输出端子（17）=ON 时间为 0.5s。

2. M_Outb（18）=1 Dly 0.5' ——输出端子（18）=ON 时间为 0.5s。

26　讲解 Dly
暂停指令

这个指令经常用于工序之间的调整。当机器人带着抓手或工件快速移动时，突然定位于某一点，由于运动惯性，机器人不能够精确定位，需要暂停一段时间，才能够精确定位，这就必须使用暂停指令。

## 15.5　HOpen/HClose——抓手打开 / 关闭指令

（1）功能

HOpen/HClose 指令为抓手的 ON/OFF 指令。控制抓手的 ON/OFF，实质上是控制某一输出信号的 ON/OFF，所以在参数上要设置与抓手对应的输出信号。

（2）指令格式

HOpen □ <抓手号码>

HClose □ <抓手号码>

27　讲解抓手打
开 / 关闭指令

（3）指令例句

1. HOpen 1' —— 指令抓手 1=ON。

2. Dly 0.2' ——暂停 0.2s。

3. HClose 1' —— 指令抓手 1=OFF。

4. Dly 0.2' ——暂停 0.2s。

5. Mov PUP' ——前进到 PUP 点。

## 15.6　Wait——等待指令

（1）功能

Wait 指令为等待指令，在等待条件满足后执行下一段程序。这是常用指令。

（2）指令格式

Wait □＜数值变量＞=＜常数＞

＜数值变量＞—数值型变量。常用的有输入输出型变量。

（3）指令例句 1：信号状态

1. Wait M_In（1）= 1'——等待输入端子 1=ON，才进入下一行。

2. Wait M_In（3）=0'——等待输入端子 3=OFF，才进入下一行。

（4）指令例句 2：多任务区状态

3. Wait M_Run（2）=1' —— 等待任务区 2 程序启动，才进入下一行。

（5）指令例句 3：变量状态

Wait M_01=100'——如果变量"M_01=100"，就进入下一行。

## 15.7　End——程序段结束指令

（1）功能

End 指令在主程序内表示程序结束，在子程序内表示子程序结束并返回主程序。

（2）指令格式

End

（3）指令例句

1. Mov P1' ——前进到 P1 点。

2. GoSub *ABC' ——调用子程序。

3. End' —— 主程序结束。

…

10. *ABC' ——程序分支标志。

11. M1=1' ——赋值。

12. Return' ——返回。

（4）说明

① 如果需要程序中途停止并处于中断状态，则应该使用 Hlt 指令。

② 可以在程序中多处编制 End 指令，也可以在程序的结束处不编制 End 指令。

## 15.8　思考

① Spd 指令设置的是实际速度吗？速度的单位是什么？

② Ovrd 指令设置的是实际速度还是速度的百分数？

③ 手持单元上设置的 Ovrd 与程序中设置的 Ovrd 对实际速度的影响相同吗？手持单元上设置的 Ovrd 与程序中设置的 Ovrd 如何影响实际速度？

④ 暂停指令有几种？ Hlt 指令主要用于什么场合？ Hlt 指令的暂停，无须重新发出启动指令就可以重新启动吗？

⑤ Dly 指令无须重新发出启动指令就可以重新启动吗?

⑥ 等待指令 Wait 与 Hlt 指令的区别是什么?

⑦ 编制下列运动程序:根据图 15-1 中的运行轨迹和工作要求编制程序。

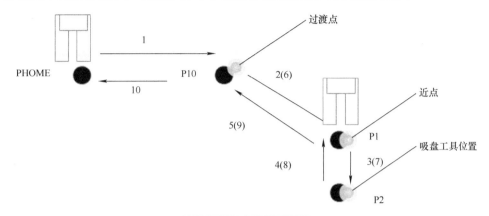

图 15-1　第⑦题示意图

1. 伺服 ON。

2. 暂停 1s。

3. 设置速度 =200。

4. 设置速度倍率 =70。

5. 直线运行到 P10。

6. 设置速度倍率 =100。

7 运行到 P2 点上方 100mm 的近点。

8. 打开抓手。

9. 暂停（检查抓手是否对准工件），

（重新启动程序）。

10. 设置速度倍率 =30。

11. 下行到 P2 点。

12. 暂停 0.5s。

13. 夹持工件。

14. 暂停 0.5s。

15. 设置速度倍率 =60。

16. 上行的近点。

17. 快速运行到 P10。

18. 快速运行回 PHOME 点。

19. 结束。

## 16.1 编制并启动运行含有速度设置、暂停的抓取工件程序

### 16.1.1 编程实例

图 16-1 所示为搬运工作示意图。操作者通过示教方法获得图 16-1 中初始位置 P100、过渡点 P10、工具 P2 点、工件 P3 点、工件 P4 点的位置数据。搬运工作编程流程图如图 16-2 所示。

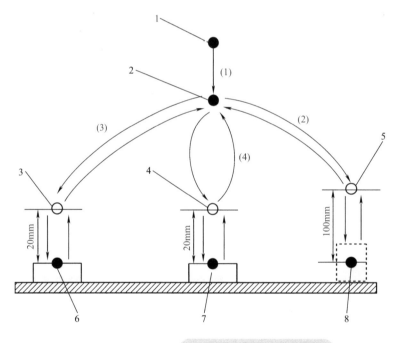

图 16-1　搬运工作示意图

1—初始位置 P100　2—过渡点 P10　3—P3 点的近点　4—P4 点的近点　5—P2 点的近点工具的上部位置
6—工件 P3 点　7—工件 P4 点　8—工具（吸盘）位置 P2 点

程序号：HF1501

（第一段取工具）

1. Servo ON' ——伺服 ON；

2. Dly 2' ——等待 2s。

3. ' ——移动到过渡点（示教确定）P10。

28　编制一个搬运程序

' ——设置快速速度 200mm/s。

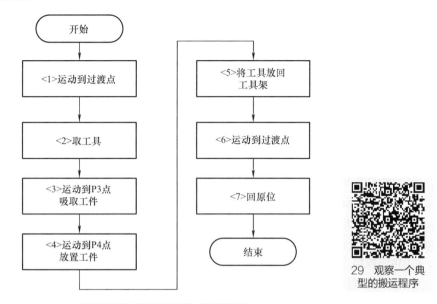

图 16-2　搬运工作编程流程图

' ——直线移动到工具 P2 点上方的近点。

' ——设置工进速度 50mm/s。

' ——打开抓手。

' ——暂停 1s。

Hlt' ——暂停观察抓手夹持位置是否准确。

——直线移动到夹持点 P2。

' ——暂停 0.5s。

' ——夹持工件。

' ——暂停 1s。

' ——直线移动到 P2 点上方 100mm。

' ——设置快速速度 200mm/s。

——直线移动到过渡点 P10。

Hlt' ——（第一阶段结束）

（第二阶段搬运工件）

（移动到 P3 点）

' ——设置速度比例 =50。

' ——移动到工件 P3 点上方近点。

' ——设置速度比例 =20。

' ——直线移动到 P3 点。

' ——关闭抓手吸取工件。

——暂停 0.5s。

' ——直线移动到 P3 点上方 20mm。

'——设置速度比例 =50。

'——移动到过渡点 P10。

（移动到 P4 点）

'——移动到工件 P4 点上方近点。

'——设置速度比例 =20。

'——直线移动到 P4 点（P4 点由示教获得）。

——暂停 0.5s。

'——打开抓手放置工件。

——暂停 0.5s。

'——直线移动到 P4 点上方 20mm。

'——设置速度比例 =50。

'——移动到过渡点 P10。

Hlt'——暂停（搬运结束）

（第三段将工具放置回工架）

'——设置快速速度 200mm/s。

'——直线移动到工具点 P2 点上方的近点。

'——设置工进速度 50mm/s。

——直线移动到夹持点 P2。

'——暂停 0.5s。

'——打开抓手 。

'——暂停 1s。

'——直线移动到 P2 点上方 100mm。

'——设置快速速度 200mm/s。

——直线移动到过渡点 P10。

'——移动到 P100 点。

END

## 16.2　抓手整列操作

参见 10.3 节。

# 第 17 章

# 圆弧指令的编程

## 17.1　Mvc（Move C）——三维真圆插补指令

（1）功能

Mvc 指令的运动轨迹是一个完整的真圆（所谓真圆就是一个完整的圆），需要指定起点和圆弧中的两个点，运动轨迹如图 17-1 所示。

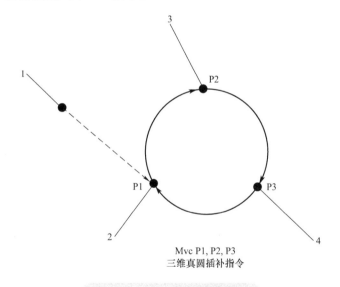

Mvc P1, P2, P3
三维真圆插补指令

**图 17-1　Mvc 指令的运动轨迹**

1—当前位置（P_CURR）　2—起点　3—通过点 1　4—通过点 2

（2）指令格式

Mvc □＜起点＞，＜通过点 1＞，＜通过点 2＞□附随语句

（3）指令说明

起点、通过点 1、通过点 2 是圆弧上的 3 个点。起点是真圆的起点和终点（3 个点可以确定一个圆的轨迹，这是中学几何的内容）。

（4）运动轨迹

从当前点运行到 P1 点，是直线轨迹。真圆的运动轨迹为 ＜P1＞＜P2＞＜P3＞＜P1＞。

（5）指令例句

1. Mvc P1，P2，P3' —— 真圆插补。

2. Mvc P1，J2，P3' —— 真圆插补（可以使用关节型位置点）。

3. Mvc P1，P2，P3 Wth M_Out（17）=1'——真圆插补，同时输出信号17=ON。

4. Mvc P3，（Plt 1，5），P4 WthIf M_In（20）=1，M_Out（21）=1'——真圆插补，同时如果输入信号20=1，则输出信号21=ON（"（Plt 1，5）"为用码垛指令表示的点）。

（6）说明

① 本指令的运动轨迹为由指定的3个点规定的完整的真圆。

② 圆弧插补的形位为起点形位，通过其余两个点的形位不计。

③ 从当前点运行到P1点，是直线插补轨迹。

## 17.2 Mvr（Move R）——三维圆弧插补指令

（1）功能

Mvr指令为三维圆弧插补指令，运动轨迹是一段圆弧。需要指定起点和圆弧中的通过点和终点，如图17-2所示。

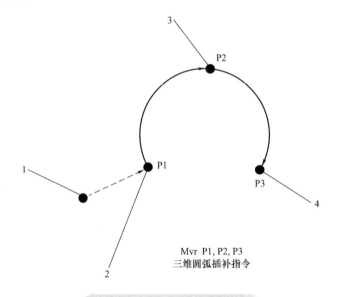

**图17-2 Mvr指令的运动轨迹**

1—当前位置（P_CURR） 2—起点 3—通过点 4—终点

（2）指令格式

Mvr□<起点>，<通过点>，<终点>□<轨迹类型1>，<插补类型>□附随语句

说明：

①<起点>——圆弧的起点。

②<通过点>——圆弧中的一个点。

③<终点>——圆弧的终点。

④<轨迹类型1>

规定运行轨迹是捷径还是绕行，捷径=0，绕行=1。

⑤<插补类型>

规定关节插补、3轴直交或通过特异点。

a. 关节插补 =0。

b.3 轴直交 =1。

c. 通过特异点 =2。

（3）指令例句

1. Mvr P1，J2，P3'——圆弧插补。

2. Mvr P1，P2，P3 Wth M_Out（17）=1'——圆弧插补，同时指令输出信号 17=ON。

3. Mvr P3，（Plt 1，5），P4 WthIf M_In（20）=1，M_Out（21）=1'—— 圆弧插补，同时如果输入信号 20=1，则输出信号 21=ON。

## 17.3　Mvr2（Move R2）——三维圆弧插补指令

（1）功能

Mvr2 指令是三维圆弧插补指令，需要指定起点、终点和参考点。运动轨迹是一段只通过起点和终点的圆弧，实际不通过参考点（参考点的作用只是用于构成圆弧轨迹），如图 17-3 所示。

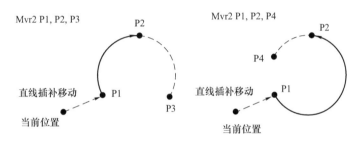

**图 17-3　Mvr2 指令的运动轨迹**

（2）指令格式

Mvr2 ＜起点＞，＜终点＞，＜参考点＞轨迹类型，插补类型附随语句

说明：

1）轨迹类型：

① 常数 1=1 绕行。

② 常数 1=0 捷径运行。

2）插补类型：

① 常数 =0：关节插补。

② 常数 =1：直交插补。

③ 常数 =2：通过特异点。

（3）指令例句

1. Mvr2 P1，P2，P3。

2. Mvr2 P1，J2，P3——可以使用"关节型位置点"。

3. Mvr2 P1，P2，P3 Wth M_Out（17）=1。

4. Mvr2 P3，（Plt 1，5），P4 WthIf M_In（20）=1，M_Out（21）=1——（Plt 1，5）为码垛指令规定的点。

## 17.4 Mvr3（Move R3）——三维圆弧插补指令

（1）功能

Mvr3 指令是三维圆弧插补指令，需要指定起点、终点和圆心点。运动轨迹是一段只通过起点和终点的圆弧，如图 17-4 所示。

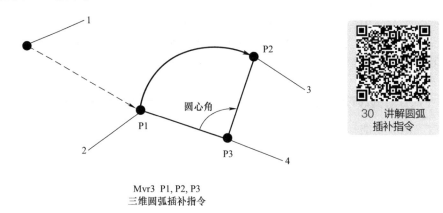

Mvr3 P1, P2, P3
三维圆弧插补指令

**图 17-4　Mvr3 指令的运动轨迹**

1—当前位置（P_CURR）　2—起点　3—终点　4—圆心点

（2）指令格式

Mvr3 □＜起点＞，＜终点＞，＜圆心点＞□轨迹类型，插补类型□附随语句

说明：

① 起点——圆弧起点。

② 终点——圆弧终点。

③ 圆心点——圆心。

④ 轨迹类型：

常数 1=1 绕行。

常数 1=0 捷径运行。

⑤ 插补类型：

常数 =0 关节插补。

常数 =1 直角插补。

常数 =2 通过特异点。

（3）指令例句

1. Mvr3 P1，P2，P3。

2. Mvr3 P1，J2，P3。

3. Mvr3 P1，P2，P3 Wth M_Out（17）=1。

4. Mvr3 P3，（Plt 1，5），P4 WthIf M_In（20）=1，M_Out（21）=1——（Plt 1，5）为"码垛指令"规定的点。

（4）注意事项

使用 Mvr3 指令，必须保证圆心点与圆弧上的两点的几何关系，如果在使用示教方式确定圆心点与圆弧上的两点的位置时，由于不能精确地保证其几何关系，因此可能在运行时出现报警，导致无法运行。

## 17.5　思考

① 什么是真圆？运行真圆轨迹用什么指令？

② 运行一段圆弧，只使用两个点行吗？

③ 知道圆心和圆弧上的一个点，可以构成一段圆弧吗？

④ Mvr2 指令作成的圆弧经过指令规定的 3 个点吗？

⑤ 根据图 17-5 编制机器人切割圆弧程序。

提示：示教获得 P1 点坐标，再求出各点的坐标，已知 R1=50，R2=150，Z=200。

例：P3=P1+（0，100，0，0，0，0）

⑥ 根据图 17-6 编制（已知 P1～P8 各点坐标）下列程序：

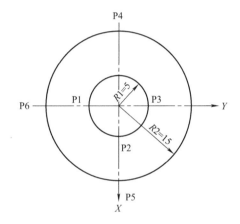

图 17-5　第⑤题示意图　　　　　　　　图 17-6　第⑥题示意图

1. 机器人沿 P1—P2—P6—P5—P8 轨迹运动的圆弧程序。

2. 机器人沿 P1—P2—P7—P5—P8 轨迹运动的圆弧程序。

3. 机器人沿 P2—P7—P5—P6—P2—P1 轨迹运动的圆弧程序。

4. 机器人沿 P1—P2—P7—P5—P6—P2—P3 轨迹运动的圆弧程序。

例：机器人沿 P1—P2—P7—P5—P6—P2—P3 轨迹运动的圆弧程序为

MVR　　P1，P2，P7

MVR2　P7，P5，P8

MVR　　P5，P6，P2

MVR　　P6，P2，P3

# 第 18 章

## 实操 9——编制圆弧指令程序并运行

## 18.1 根据工件图形编制程序

图 18-1 所示为圆弧运行要经过的各点位。

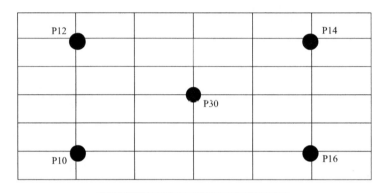

**图 18-1 圆弧运行要经过的各点位**

（夹持画笔，示教获得 P10，P12，P14，P16，P30 各点位置）

1. SERVO ON。

2. 等待 1s。

（第一段取画笔程序，参考程序号 HF1501）。

（第二段示教获得 P10，P12，P14，P16，P30 各点位置程序）。

20. Mov P10（示教）。

21. Mov P30（示教）。

22. Mov P12（示教）。

23. Mov P30。

24. Mov P14（示教）。

25. Mov P30。

26. Mov P16（示教）。

（第三段画圆程序）。

30. Mvc P10，P12，P14'——真圆插补。

31. Hlt（暂停，观察运动轨迹。思考：为什么会出现直线轨迹）。

32. Mvc P12，P14，P16'——真圆插补。

33. Hlt（暂停，观察运动轨迹）。

34. Mvc P14，P16，P10' ——真圆插补。

35. Hlt（暂停，观察运动轨迹）。

36. Mvr P10，P30，P12' ——圆弧插补。

37. Hlt（暂停，观察运动轨迹）。

38. Mvr P12，P30，P14' ——圆弧插补。

39. Hlt（暂停，观察运动轨迹）。

40. Mvr P14，P30，P16' ——圆弧插补。

41. Hlt（暂停，观察运动轨迹）。

42. Mvr2 P14，P30，P10' ——圆弧插补。

43. Hlt（暂停，观察运动轨迹，是否经过 P10 点）。

44. Mvr2 P12，P30，P10' ——圆弧插补。

45. Hlt（暂停，观察运动轨迹）。

（第三段　放置画笔程序，参考 16.1 程序 HF500）。

50. End。

31　触摸屏操作及画图程序

32　机器人的艺术工作

## 18.2　进行调试排错操作

参见 10.4 节。

（1）单步运行

（2）跳转运行

（3）单步后退

# 第 19 章

# 状态变量

机器人在工作时，有各种运动状态数据，如当前位置、瞬间速度、各关节轴的旋转角度、各轴的负载率、当前日期时间等，这些数据都是编程时所需要掌握的。

这些表示机器人工作状态的数据存放在机器人 CPU 存储区。各种工作状态数据由系统规定的助记符号代表。编程时只要使用这些助记符号，就获取了机器人的工作状态。

这些工作状态数据就称为状态变量（因为这些工作状态数据是随运动过程而变化的）。

本章将详细解释机器人各状态变量的定义、功能和使用方法。

## 19.1 基本数据

### 19.1.1 C_Date——当前日期（年月日）

（1）功能

变量 C_Date 表示当前时间，以年月日的方式表示。

（2）格式

< 字符串变量 >= C_Date

（3）例句

C1$=C_Date （假设当前日期是 2020/9/28）

则 C1$= "2020/9/28"。

### 19.1.2 C_Time——当前时间（以 24h 显示时 / 分 / 秒）

（1）功能

变量 C_Time 为以 "时 / 分 / 秒" 方式表示的当前时间。

（2）格式

< 字符串变量 >=C_Time

（3）例句

C2$=C_Time（假设当前时间是 "01/05/20"）

则 C2$= "01/05/20"。

### 19.1.3 M_BTime——电池可工作时间

（1）功能

M_BTime 为电池可工作时间。

（2）格式

< 数值型变量 >=M_BTime

（3）例句

M1=M_BTime'——M1 为电池可工作时间。

### 19.1.4　M_G——重力常数（9.80665）

（1）功能

M_G= 重力常数（9.80665）。

（2）例句

M1= M_G'—— M1= 重力常数（9.80665）

M1=9.80665

### 19.1.5　M_PI——圆周率

（1）功能

M_PI 表示圆周率。

（2）格式

M_PI=3.14159265358979

（3）例句

M1=M_PI'—— M1 = 3.14159265358979。

## 19.2　有关位置和速度的状态数据

### 19.2.1　P_Curr——当前位置（X，Y，Z，A，B，C，L1，L2）（FL1，FL2）

（1）功能

P_Curr 为直交型当前位置，是最为常用的一种工作状态数据。

（2）格式

< 位置变量 >= P_Curr　　< 机器人编号 >

< 位置变量 >：以 P 开头，表示"位置点"的变量。

< 机器人编号 >：1~3。省略时为 1。

33　讲解状态变
量——机器人的
当前位置

（3）　例句

101. P100=P_Curr'—— 读取当前位置。设置 P100= 当前位置。

102. Mov P100，-100'—— 移动到 P100 近点 -100 的位置。

103. End。

### 19.2.2　J_Curr——各关节轴的当前位置数据

（1）功能

J_Curr 是以各关节轴的旋转角度表示的当前位置数据。

（2）格式

< 关节型变量 >= J_Curr< 机器人编号 >

说明：

1）< 关节型变量 >。

注意：要使用关节型的位置变量 ——J 开头。

2）< 机器人编号 >。

设置范围 13。

（3）例句

J1=J_Curr'——设置 J1= 关节型当前位置点。

Mov J1。

## 19.2.3　P_Safe——待避点位置

（1）功能

待避点是安全工作位置点。P_Safe 是由参数 JSAFE 设置的待避点位置。

（2）格式

< 位置 变量 >=P_Safe< 机器人编号 >

< 机器人编号 >：13。省略时为 1。

（3）例句

1. P1= P_Safe'——设置 P1 点 = 待避点位置。

2. Mov P1' ——运行到待避点。

## 19.2.4　J_Origin——原点位置数据

（1）功能

J_Origin 是以关节轴数据表示的原点位置数据。

（2）格式

< 关节型变量 >=J_Origin < 机器人编号 >

说明：

1）< 关节型变量 >。

注意：要使用关节型的位置变量—J 开头。

2）< 机器人编号 >。

设置范围 13。

（3）例句

J1=J_Origin'——设置 J1 = 关节轴数据表示的原点位置。

## 19.2.5　P_Zero——零点（（0，0，0，0，0，0，0，0）（0，0））

（1）功能

P_Zero 为零点。

（2）格式 1 读取

< 位置 变量 >=P_Zero　>

（3）例句

1. P1=P_Zero'——P1=（0，0，0，0，0，0，0，0）（0，0）。

2. Mov P1。

P_Zero 一般用于将位置变量初始化。

## 19.2.6　M_Line——当前执行的程序行号

（1）功能

M_Line 为当前执行的程序行号。

（2）格式

<数值变量 >= M_Line <数式 >

<数式 >：任务区号，省略时为 1。

（3）例句

M1=M_Line（2）' —— M1= 任务区 2 内的当前执行的程序行号。

## 19.2.7　M_LdFact——各轴的负载率

（1）功能

负载率是指实际载荷与额定载荷之比（实际电流与额定电流之比）。

（2）格式

<数值变量 >= M_LdFact <轴号 >

说明：

1）<数值变量 >：负载率（0～100%）。

2）<轴号 >：各轴轴号。

（3）例句

1. Accel 100，100' —— 设置加减速时间 =100%。

2. *Label。

3. Mov P1。

4. Mov P2。

5. If M_LdFact（2）>90 Then' ——如果 J2 轴的负载率大于 90%，则

6. Accel 50，50'——将加速度降低到原来的 50%。

7. M_SetAdl（2）=50'。

8. Else 否则

9. Accel 100，100' ——将加速度调整到原来的 100%。

10. EndIf。

11. GoTo *Label。

（4）说明

如果负载率过大则必须延长加减速时间或改变机器人的工作状态。

34　讲解状态变量——机器人各轴的负载率

## 19.2.8　M_Spd/M_NSpd——插补速度

（1）功能

M_Spd：当前设定速度。

M_NSpd：初始速度。

（2）格式

<数值变量 >= M_Spd <数式 >

<数值变量 >= M_NSpd <数式 >

<数式 >：任务区号：132。省略时为当前任务区号。

（3）例句

1. M1=M_Spd' —— M1 = 当前设定速度。

2. Spd M_NSpd' —— 设置运行速度为初始速度。

## 19.2.9  M_Svo——伺服电源状态

（1）功能

M_Svo 为伺服电源状态。

M_Svo=1：伺服电源 =ON。

M_Svo=0：伺服电源 =OFF。

（2）格式

<数值变量 >=M_Svo <数式 >

（3）例句

M1=M_Svo（1）' —— M1= 伺服电源状态。

## 19.2.10   M_Timer——计时器

（1）功能

M_Timer 为计时器（以 ms 为单位），可以计测机器人的动作时间。

（2）格式

<数值变量 >=M_Timer <数式 >

<数式 >：计时器序号：18。不能省略括号。

（3）例句

1. M_Timer（1）=0' —— 计时器清零（从当前点计时）。

2. Mov P1。

3. Mov P2。

4. M1=M_Timer（1）' —— 从 P1、P2 所经过的时间（假设计时时间 =5.432s，则 M1=
5432ms）。

5. M_Timer（1）=1.5' —— 设置 M_Timer（1）= 1.5。

M_Timer 可以作为状态型函数，对某一过程进行计时，计时以 ms 为单位。也可以被设置，
设置时以 s 为单位。

## 19.2.11   M_In/M_Inb/M_In8/M_Inw/M_In16——输入信号状态

（1）功能

这是一类输入信号状态，是最常用的状态信号。

M_In——位信号。

M_Inb/M_In8——以字节为单位的输入信号（8 位）。

M_Inw/M_In16——以字为单位的输入信号（16 位）。

（2）格式

< 数值变量 >= M_In < 数式 >

< 数值变量 >= M_Inb < 数式 > 或 M_In8 < 数式 >

< 数值变量 >= M_Inw < 数式 > 或 M_In16 < 数式 >

（3）说明

< 数式 >——输入信号编号。输入信号的编号分配如图 19-1 所示。

① 0 ~ 255：通用输入信号（一般用户使用）。

② 716 ~ 731：多抓手输入信号。

③ 900 ~ 907：抓手输入信号。

④ 2000 ~ 5071：PROFIBUS 用输入信号。

⑤ 6000 ~ 8047：CC-Link 用输入信号。

⑥ 10000 ~ 18191：GOT 用输入信号。

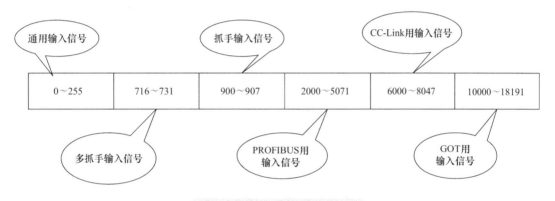

图 19-1　输入信号的编号分配

（4）例句

1. M1%=M_In（10010）'—— M1 = 输入信号 10010 的值（1 或 0。输入信号 10010 来自GOT）。

2. M2%=M_Inb（900）'—— M2 = 输入信号 900907 的 8 位数值（M_Inb（900）来自抓手输入信号）。

3. M3%=M_Inb（10300）And &H7 '—— M3 = 1030010307 与 H7 的逻辑和运算值。

4. M4%=M_Inw（15000）' —— M4= 输入 1500015015 构成的数据值（相当于一个 16 位的数据寄存器）。

## 19.2.12　M_In32——存储 32 位外部输入数据

（1）功能

M_In32 为 32 位外部输入数据的输入信号状态。

（2）格式

< 数值变量 >= M_In32 < 数式 >

（3）说明

<数式>：输入信号地址。

输入信号地址的范围定义：

① 0～255：通用输入信号。

② 716～731：多抓手输入信号。

③ 900～907：抓手输入信号。

④ 2000～5071：PROFIBUS 用输入信号。

⑤ 6000～8047：CC-Link 用输入信号。

（4）例句

1. *ack_wait。

2. If M_In（7）=0 Then *ack_check '——如果 7 号输入端 =0，则跳转到"1 *ack_wait"行。

3. M1&=M_In32（10000）'—— M1 = 由输入信号 1000010031 组成的 32 位数据。

4. P1.Y=M_In32（10100）/1000' —— P1.Y= 从外部输入信号 1010010131 组成的数据除以 1000 的值。这是将外部数据定义为位置点数据的一种方法。

## 19.2.13　M_On/M_Off

（1）功能

M_On/M_Off 表示 一种 ON/OFF 状态。

M_On=1，M_Off=0。

（2）格式

<数值变量 >= M_On

<数值变量 >= M_Off

（3）例句

1. M1=M_On'—— M1 = 1。

2. M2=M_Off'—— M2 = 0。

## 19.2.14　M_Out/M_Outb/M_Out8/M_Outw/M_Out16——输出信号状态（设定输出或读取输出信号状态）

（1）功能

输出信号状态。

① M_Out——以"位（bit）"为单位的输出信号状态。

② M_Outb/M_Out——以"字节（8 位）"为单位的输出信号数据。

③ M_Outw/M_Out16——以"字（16 位）"为单位的输出信号数据。

（2）格式

M_Out（<数式 1>）=< 数值 2>

M_Outb（<数式 1>）或 M_Out8（<数式 1>）=< 数值 3>

M_Outw（<数式 1>）或 M_Out16（<数式 1>）=< 数值 4>

M_Out（<数式 1>）=< 数值 2>dly< 时间 >

<数值变量 >=M_Out（<数式 1>）

（3）说明

< 数式 1>——用于指定输出信号的地址。

输出信号的编号分配如图 19-2 所示。

① 0 ~ 255：通用输出信号。

② 716 ~ 723：多抓手输出信号。

③ 900 ~ 907：抓手输出信号。

④ 2000 ~ 5071：PROFIBUS 用输出信号。

⑤ 6000 ~ 8047：CC-Link 用输出信号。

⑥ 10000 ~ 18191：多 CPU 用输出信号。

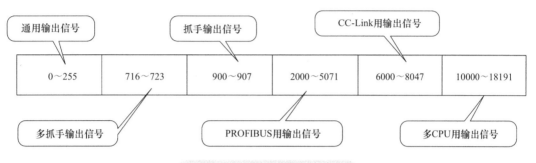

**图 19-2　输出信号的编号分配**

⑦ < 数值 2>，< 数值 3>，< 数值 4>——输出信号输出值。可以是常数、变量、数值表达式。

⑧ < 数值 2> 设置范围：0 或 1。

⑨ < 数值 3> 设置范围：−128+127。

⑩ < 数值 4> 设置范围：−32768 □ +32767。

⑪ < 时间 >：设置输出信号 =ON 的时间，单位为 s。

（4）例句

1. M_Out（902）=1' ——指令输出信号 902=ON。

2. M_Outb（10016）=&HFF' ——指令输出信号 1001610023 的 8 位 =ON。

3. M_Outw（10032）=&HFFFF' ——指令输出信号 1003210047 的 16 位 =ON。

4. M4=M_Outb（10200）And &H0F' —— M4=（输出信号 1020010207）与 H0F 的逻辑和。

（5）说明

输出信号与其他状态变量不同，可以对输出信号进行设置，也可以读取输出信号的状态。

## 19.2.15　P_Base/P_NBase——基本坐标系偏置值

（1）功能

① P_Base 为基本坐标系偏置值，即从当前世界坐标系观察到的基本坐标系原点的数据。

② P_NBase：基本坐标系初始值 =（0，0，0，0，0，0）（0，0）。当世界坐标系与基本坐标系一致时，即为初始值。

（2）格式

< 位置变量 >= P_Base< 机器人编号 >

< 位置变量 >= P_NBase

<位置变量>：以 P 开头，表示位置点的变量。

<机器人编号>：13。省略时为 1。

（3）例句

1. P1=P_Base '——P1 = 当前基本坐标系在世界坐标系中的位置。

2. Base P_NBase' ——以基本坐标系的初始位置为当前世界坐标系。

## 19.2.16　P_Tool/P_NTool——工具坐标系数据

（1）功能

① P_Tool 为工具坐标系数据。

② P_NTool 为工具坐标系初始数据（0，0，0，0，0，0，0，0）（0，0）。

（2）格式

<位置 变量 >= P_Tool　　<机器人编号 >

<位置 变量 >= P_NTool

<机器人编号 >：13 。省略时为 1。

（3）例句

P1=P_Tool' ——P1 = 当前使用的工具坐标系的偏置数据 。

## 19.3　思考

① 什么是状态变量？ 如何了解机器人的工作状态？

② P_Curr 表示的是机器人的当前位置吗？ 是在什么坐标系中的位置？

③ J_Curr 表示的是机器人的当前位置吗？ 表示的是什么数据？

④ 表示原点用哪个数据？

⑤ 编制下列程序：

1. P30= 当前位置。

2. P40= 当前位置旋转 90°（注：用位置点乘法）。

3. J50= 当前位置。

4. P60= 退避点位置。

5. 移动到退避点。

6. P70= 当前位置 + P40。

7. 移动到 P70 位置。

第 20 章

# 高级状态变量

## 20.1　工作状态

### 20.1.1　J_ECurr——当前编码器脉冲数

（1）功能

J_ECurr 为当前各轴编码器发出的脉冲数。

（2）格式

< 关节型变量 >= J_ECurr< 机器人编号 >

< 关节型变量 >-- 注意要使用关节型的位置变量，J 开头。

< 机器人编号 >-- 设置范围 1 ~ 3。

（3）例句

1. JA=J_ECurr（1）'—— JA 为各轴脉冲值。

2. MA=JA.J1 '—— MA 为 J1 轴脉冲值。

### 20.1.2　M_BsNo——当前基本坐标系编号

（1）功能

M_BsNo 为当前使用的世界坐标系编号。机器人使用的是世界坐标系，工件坐标系是世界坐标系的一种。机器人系统可设置 8 个工件坐标系。

M_BsNo 就是系统当前使用的坐标系编号。基本坐标系编号由参数 MEXBSNO 设置。

（2）格式

< 数值型变量 >=M_BsNo< 机器人号码 >

（3）例句

1. M1=M_BsNo'—— M1= 机器人 1 当前使用的坐标系编号。

2. If M1=1 Then'—— 如果当前坐标系编号 =1，就执行 Mov P1。

3. Mov P1。

4. Else'——否则，就执行 Mov P2。

5. Mov P2。

6. EndIf。

（4）说明

① M_BsNo=0—— 初始值。由 P_Nbase 确定的坐标系。

② M_BsNo=1 ~ 8 工件坐标系。由参数 WK1CORD ~ WK8CORD 设置的坐标系。

③ M_BsNo=−1 这种状态下，表示由 base 指令或参数 MEXBS 设置坐标系。

## 20.1.3　M_ColSts——碰撞检测结果

（1）功能

① M_ColSts 为碰撞检测结果。

② M_ColSts=1：检测到碰撞。

③ M_ColSts=0：未检测到碰撞。

（2）格式

M_ColSts（机器人号码）=1

M_ColSts（机器人号码）=0

＜机器人号码＞-1～3。省略时 =1

（3）例句

1. Def Act 1, M_ColSts（1）=1 GoTo *HOME, S' —— 如果检测到碰撞，就跳转到 *HOME, S。

2. Act 1=1' —— 以下为中断有效区间。

3. ColChk On，NOErr'——碰撞检测生效（非报警状态）。

4. Mov P1。

5. Mov P2。

6. Mov P3。

7. Mov P4。

8. Act 1=0' —— 中断区间结束（无效）。

…

100. *HOME' ——中断程序标记。

101. ColChk Off ' —— 碰撞检测无效。

102. Servo On'。

103. PESC=P_ColDir（1）*（-2）'——数据相乘。

104. PDST=P_Fbc（1）+PESC'——数据相加。

105. Mvs PDST'—— 运行到待避点。

106. Error 9100。

## 20.1.4　M_Cstp——检测程序是否处于"循环停止中"

（1）功能

① M_Cstp 表示程序的循环工作状态。

② M_Cstp=1：程序处于"循环停止中"。

③ M_Cstp=0：其他状态。

（2）格式

＜数值变量＞=M_Cstp

（3）例句

M1=M_Cstp

在程序自动运行中，如果在操作面板上按下"END"键，系统进入"循环停止中"状态，M_Cstp=1。

## 20.1.5　M_Cys——检测程序是否处于"循环中"

（1）功能

① M_Cys 表示程序的循环工作状态。

② M_Cys =1：程序处于"循环中"。

③ M_Cys =0：其他状态。

（2）格式

< 数值变量 >= M_Cys

（3）例句

1 M1= M_Cys

## 20.1.6　M_Err/M_ErrLvl/M_ErrNo——报警信息

（1）功能

M_Err/M_ErrLvl/M_ErrNo 用于表示是否有报警发生及报警等级。

1）M_Err——是否发生报警。

M_Err= 0 无报警，M_Err= 1 有报警。

2）M_ErrLvl——报警等级 0 ~ 6 级。

① M_ErrLvl=0 无报警。

② M_ErrLvl=1 警告。

③ M_ErrLvl=2 低等级报警。

④ M_ErrLvl=3 高等级报警。

⑤ M_ErrLvl=4 警告 1。

⑥ M_ErrLvl=5 低等级报警 1。

⑦ M_ErrLvl=6 高等级报警 1。

3）M_ErrNo——报警代码。

（2）格式

< 数值变量 >= M_Err

< 数值变量 >= M_ErrLvl

< 数值变量 >= M_ErrNo

（3）例句

1. *LBL：If M_Err=1 Then *LBL'—— 如果有报警发生，则停留在本程序行。

2. M2=M_ErrLvl'——M2 = 报警级别 Level。

3. M3=M_ErrNo'—— M3= 报警号。

## 20.1.7　M_Fbd——指令位置与反馈位置之差

（1）功能

M_Fbd 为指令位置与反馈位置之差。

（2）格式

< 数值变量 >=M_Fbd（机器人编号）

（3）例句

1. Def Act 1，M_Fbd>10 GoTo *SUB1'——如果偏差大于 10mm，则跳转到 *SUB1。

2. Act 1=1' —— 中断区间有效。

3. Torq 3，10' —— 设置 J3 轴的转矩限制在 10% 以下。

4. Mvs P1。

5. End。

…

10. *SUB1。

11. Mov P_Fbc'——移动到 P_Fbc，使实际位置与指令位置相同。

12. M_Out（10）=1。

13. End。

（4）说明

误差值为 XYZ 的合成值。

## 20.1.8　M_JOvrd/M_NJOvrd/M_OPovrd/M_Ovrd/M_NOvrd——速度倍率值

（1）功能

表示当前的速度倍率值。

① M_JOvrd——关节插补运动的速度倍率值。

② M_NJOvrd——关节插补运动速度倍率的初始值（100%）。

③ M_OPovrd——操作面板的速度倍率值。

④ M_Ovrd——当前速度倍率值（以 Overd 指令设置的值）。

⑤ M_NOvrd——速度倍率的初始值（100%）。

（2）格式

＜数值变量＞= M_JOvrd ＜数式＞

＜数值变量＞= M_NJOvrd ＜数式＞

＜数值变量＞= M_OPovrd ＜数式＞

＜数值变量＞= M_Ovrd ＜数式＞

＜数值变量＞= M_NOvrd ＜数式＞

＜数式＞——任务区号，省略时为 1。

（3）例句

1. M1=M_Ovrd'——设置 M1= 当前速度倍率值（以 Overd 指令设置的值）。

2. M2=M_NOvrd'——设置 M2= 速度倍率的初始值（100%）。

3. M3=M_JOvrd'——设置 M3= 关节插补运动的速度倍率值。

4. M4=M_NJOvrd'——设置 M4= 关节插补运动速度倍率的初始值（100%）。

5. M5=M_OPOvrd' ——设置 M5= 操作面板的速度倍率值。

6. M6=M_Ovrd（2）' ——设置 M6= 任务区 2 的当前速度倍率值。

## 20.1.9　M_Mode——操作面板的当前工作模式

（1）功能

① M_Mode 表示操作面板的当前工作模式。

② M_Mode=1 MANUAL（手动）。

③ M_Mode=2 AUTO（自动）。

（2）格式

＜数值变量＞= M_Mode

（3）例句

M1=M_Mode' —— M1= 操作面板的当前工作模式。

## 20.1.10　M_Ratio——在插补移动过程中当前位置与目标位置的比率

（1）功能

M_Ratio 为在插补移动过程中当前位置与目标位置的比率。

（2）格式

< 数值变量 >= M_Ratio < 数式 >

< 数式 >——任务区号：1~32。省略时为当前任务区号。

（3）例句

Mov P1 WthIf M_Ratio>80，M_Out（1）=1'——如果在向 P1 的移动过程中，当前位置与目标位置的比率大于 80%，则指令输出信号（1）=ON。

## 20.1.11　M_RDst——在插补移动过程中当前位置距离目标位置的剩余距离

（1）功能

M_RDst 为在插补移动过程中当前位置距离目标位置的剩余距离。M_RDst 多用于在特定位置需要动作时。

（2）格式

< 数值变量 >= M_RDst< 数式 >

< 数式 >——任务区号：1~32。省略时为当前任务区号。

（3）例句

Mov P1 WthIf M_RDst<10，M_Out（10）=1'——如果在向 P1 的移动过程中，剩余距离小于 10mm，则指令输出信号（10）=ON。

## 20.1.12　P_WkCord——设置或读取当前工件坐标系数据

（1）功能

P_WkCord 用于设置或读取当前工件坐标系数据，是双向型变量。

（2）格式 1 读取

< 位置变量 >= P_WkCord< 工件坐标系编号 >

（3）格式 2 设置

P_WkCord< 工件坐标系编号 >=< 工件坐标系数据 >

< 工件坐标系编号 >——设置范围 1~8。

< 工件坐标系数据 >——位置点类型数据。为从基本坐标系观察到的工件坐标系原点的位置数据。

（4）例句

1. PW=P_WkCord（1）'——PW=1 # 工件坐标系原点（WK1CORD）数据。

2. PW.X=PW.X+100'。

3. PW.Y=PW.Y+100'。

4. P_WkCord（2）=PW'——设置 2# 工件坐标系（WK2CORD）。

5. Base 2'——以 2# 工件坐标系为基准运行。

6. Mov P1。

设定工件坐标系时，结构标志无意义。

# 第 21 章

## 实操 10——编制带有状态变量的程序

### 21.1　编制并运行带有状态变量的程序

程序 HF400：

1. SERVO ON。

2. DLY 1.5。

3. MOV　J40（示教获得 J40）。

4. J41=J_CURR+(90，0，0，0，0，0)'——计算获得 J41 点。

5. MOV　J41。

6. HLT'——暂停，观察运行位置，J1 轴是否旋转了 90°。

7. J42=J_CURR+(0，60，0，0，0，0)'——计算获得 J42 点。

8. MOV　J42。

9. HLT'——暂停，观察 J2 轴是否旋转了 60°。

10. J43=J_CURR+(0，0，-90，0，0，0，)'——计算获得 J43 点。

11. MOV　J43。

12. HLT'——暂停，观察 J3 轴是否旋转了 –90°。

13. J44=J_CURR+(0，0，0，0，90，0，)'——计算获得 J44 点。

14. MOV　J44。

15. HLT'——暂停，观察 J4 轴是否旋转了 90°。

### 21.2　观察位置点的乘法加法运算

程序 HF410：

1. SERVO ON。

2. DLY 1.5。

3. MOV　P40（示教获得 P40）。

4. P41=P_CURR+(0，200，0，0，0，0)'——计算获得 P41 点。

5. MOV　P41。

6. HLT'——暂停，观察 P41 位置是否在 $Y$ 方向移动 200mm。

7. P42=P_CURR+(0，0，110，0，0，0)'——计算获得 P42 点。

8. MOV　P42。

9. HLT'——暂停，观察 P42 位置是否在 $Z$ 方向移动 110mm。

10. P43=P_CURR+(0，-200，0，0，0，0，)'——计算获得 P43 点。

11. MOV　P43。

12. HLT'——暂停，观察 P43 位置是否在 *Y* 方向移动 –200mm。

13. P44=P_CURR+(0，0，0，–110，0，0，)'——计算获得 P44 点。

14. MOV　P44。

15. HLT'——暂停，观察 P44 位置是否在 *Z* 方向移动 –110mm。

# 第 22 章

## 参数

在机器人的实际应用中，控制系统提供了大量的参数。为了赋予机器人不同的性能，就要设置不同的参数，或者对同一参数设置不同的数值。参数设置是实际应用机器人的主要工作之一。因此，必须对参数的功能、设置范围、设置方法有明确的认识，参数设置可以通过软件进行，也可以用手持单元设置参数。本章在介绍参数的功能和设置方法时，结合 RTToolBox 软件的画面进行说明，简单明了。读者可先通读本章，然后重点研读要使用的参数。

## 22.1 参数一览表

由于参数有很多，为了便于学习及使用，将所有参数进行了分类。机器人应用的参数可分为：

① 动作型参数。
② 程序型参数。
③ 操作型参数。
④ 专用输入输出信号参数。
⑤ 通信及现场网络参数。

本节先列出参数一览表，便于使用时参阅。

### 22.1.1 动作型参数一览表

动作型参数一览表见表 22-1。

表 22-1 动作型参数一览表

| 序号 | 参数符号 | 参数名称 | 参数功能 |
|---|---|---|---|
| 1 | MEJAR | 动作范围 | 用于设置各关节轴的旋转范围 |
| 2 | MEPAR | 各轴在直角坐标系的行程范围 | 设置各轴在直角坐标系内的行程范围 |
| 3 | Useprog | 用户设置的原点 | 用户自行设置的原点 |
| 4 | MELTEXS | 机械手前端行程限制 | 用于限制机械手前端对基座的干涉 |
| 5 | JOGJSP | JOG 步进行程和速度倍率 | 设置关节轴 JOG 的步进行程和速度倍率 |
| 6 | JOGPSP | JOG 步进行程和速度倍率 | 设置以直角坐标系表示的 JOG 的步进行程和速度倍率 |
| 7 | MEXBS | 基本坐标系偏置 | 设置基本坐标系原点在世界坐标系中的位置（偏置） |
| 8 | MEXTL | 标准工具坐标系偏置（工具坐标系也称为抓手坐标系） | 设置抓手坐标系原点在机械接口坐标系中的位置（偏置） |

（续）

| 序号 | 参数符号 | 参数名称 | 参数功能 |
|---|---|---|---|
| 9 | MEXBSNO | 世界坐标系编号 | 设置世界坐标系编号 |
| 10 | AREA*AT | 报警类型 | 设置报警类型 |
| | USRAREA | 报警输出信号 | 设置报警输出信号 |
| 11 | AREASP* | 空间的一个对角点 | 设置用户定义区的一个对角点 |
| 12 | AREA*CS | 基准坐标系 | 设置用户定义区的基准坐标系 |
| 13 | AREA*ME | 机器人编号 | 设置机器人编号 |
| 14 | SFC*AT | 平面限制区有效无效选择 | 设置平面限制区有效无效 |
| 15 | SFC*P1 SFC*P2 SFC*P3 | 构成平面的三点 | 设置构成平面的三点 |
| 16 | SFC*ME | 机器人编号 | 设置机器人编号 |
| 17 | JSAFE | 退避点 | 设置一个应对紧急状态的退避点 |
| 18 | MORG | 机械限位器基准点 | 设置机械限位器基准点 |
| 19 | MESNGLSW | 接近特异点是否报警 | 设置接近特异点是否报警 |
| 20 | JOGSPMX | 示教模式下 JOG 速度限制值 | 设置示教模式下 JOG 速度限制值 |
| 21 | WKnCORD n: 1　8 | 工件坐标系 | 设置工件坐标系 |
| 22 | WKnWO | 工件坐标系原点 | |
| 23 | WKnWX | 工件坐标系 X 轴位置点 | |
| 24 | WKnWY | 工件坐标系 Y 轴位置点 | |
| 25 | RETPATH | 程序中断（执行 JOG 动作）后的返回形式 | 设置程序中断（执行 JOG 动作）后的返回形式 |
| 26 | MEGDIR | 重力在各轴方向上的投影值 | 设置重力在各轴方向上的投影值 |
| 27 | ACCMODE | 最佳加减速模式 | 设置上电后是否选择最佳加减速模式 |
| 28 | JADL | 最佳加减速倍率 | 设置最佳加减速倍率 |
| 29 | CMPERR | 伺服柔性控制报警选择 | 设置伺服柔性控制报警选择 |
| 30 | COL | 碰撞检测 | 设置碰撞检测功能 |
| 31 | COLLVL | 碰撞检测级别 | 1500% |
| 32 | COLLVLJG | JOG 运行时的碰撞检测级别 | 1500% |
| 33 | WUPENA | 预热运行模式 | |
| 34 | WUPAXIS | 预热运行对象轴 | |
| 35 | WUPTIME | 预热运行时间 | |
| 36 | WUPOVRD | 预热运行速度倍率 | |
| 37 | HIOTYPE | 抓手用电磁阀输入信号源型 / 漏型选择 | |
| 38 | HANDTYPE | 设置电磁阀单线圈 / 双线圈及对应的外部信号 | |

## 22.1.2 程序型参数一览表

程序型参数一览表见表 22-2。

表 22-2 程序型参数一览表

| 序号 | 参数符号 | 参数名称 | 参数功能 |
|---|---|---|---|
| 1 | SLT* | 任务区内的程序名、运行模式、启动条件、执行程序行数 | 用于设置每一任务区内的程序名、运行模式、启动条件、执行程序行数 |
| 2 | TASKMAX | 多任务个数 | 设置同时执行程序的个数 |
| 3 | SLOTON | 程序选择记忆 | 设置已经选择的程序是否保持 |
| 4 | CTN | 继续工作功能 | |
| 5 | PRGMDEG | 程序内位置数据旋转部分的单位 | |
| 6 | PRGGBL | 程序保存区域大小 | |
| 7 | PRGUSR | 用户基本程序名称 | |
| 8 | ALWENA | 选择是否允许执行一些特殊指令 | 选择是否允许执行一些特殊指令 |
| 9 | JRCEXE | 设置是否可以执行 JRC 指令 | 设置是否可以执行 JRC 指令 |
| 10 | JRCQTT | JRC 指令的单位 | 设置 JRC 指令的单位 |
| 11 | JRCORG | JRC 指令后的原点 | 设置 JRC 0 时的原点位置 |
| 12 | AXUNT | 选择附加轴使用单位 | 设置附加轴的使用单位 |
| 13 | UER1 -UER20 | 用户报警信息 | 编写用户报警信息 |
| 14 | RLNG | 机器人使用的语言 | 设置机器人使用的语言 |
| 15 | LNG | 显示语言 | 设置显示语言 |
| 16 | PST | 程序号选择方式 | 在"START"信号输入的同时，使外部信号选择的程序号有效 |
| 17 | INB | "STOP"信号改"B 触点" | 可以对 STOP、STOP1、SKIP 信号进行修改 |
| 18 | ROBOTERR | EMGOUT 对应的报警类型和级别 | 设置"EMGOUT"报警接口对应的报警类型和级别 |

## 22.1.3 操作型参数一览表

操作型参数一览表见表 22-3。

表 22-3 操作型参数一览表

| 序号 | 参数符号 | 参数名称及功能 | 出厂值 |
|---|---|---|---|
| 1 | BZR | 设置报警时蜂鸣器音响 OFF/ON | 1（ON） |
| 2 | PRSTENA | 程序复位操作权<br>设置程序复位操作是否需要操作权 | 0（必要） |
| 3 | MDRST | 随模式转换进行程序复位 | 0（无效） |
| 4 | OPDISP | 操作面板显示模式 | |
| 5 | OPPSL | 操作面板为"AUTO"模式时的程序选择操作权 | 1（OP） |
| 6 | RMTPSL | 操作面板的按键为"AUTO"模式时的程序选择操作权 | 0（外部） |

（续）

| 序号 | 参数符号 | 参数名称及功能 | 出厂值 |
|---|---|---|---|
| 7 | OVRDTB | 手持单元上改变速度倍率的操作权选择（不必要 =0，必要 =1） | 1（必要） |
| 8 | OVRDMD | 模式变更时的速度设定 | |
| 9 | OVRDENA | 改变速度倍率的操作权（必要 =0，不必要 =1） | 0（必要） |
| 10 | ROMDRV | 切换程序的存取区域 | |
| 11 | BACKUP | 将 RAM 区域的程序复制到 ROM 区 | |
| 12 | RESTORE | 将 ROM 区域的程序复制到 RAM 区 | |
| 13 | MFINTVL | 维修预报数据的时间间隔 | |
| 14 | MFREPO | 维修预报数据的通知方法 | |
| 15 | MFGRST | 维修预报数据的复位 | |
| 16 | MFBRST | 维修预报数据的复位 | |
| 17 | DJNT | 位置回归相关数据 | |
| 18 | MEXDTL | 位置回归相关数据 | |
| 19 | MEXDTL1——5 | 位置回归相关数据 | |
| 20 | MEXDBS | 位置回归相关数据 | |
| 21 | TBOP | 是否可以通过手持单元进行程序启动 | |

## 22.1.4　专用输入输出信号参数一览表

专用输入输出信号参数一览表见表 22-4。

表 22-4　专用输入输出信号参数一览表

| 序号 | 参数符号 | 参数名称 | 参数功能 |
|---|---|---|---|
| 1 | AUTOENA | 可自动运行 | 自动使能信号 |
| 2 | Start | 启动 | 程序启动信号。在多任务时，启动全部任务区内的程序 |
| 3 | Stop | 停止 | 停止程序执行。在多任务时，停止全部任务区内的程序。STOP 信号地址是固定的 |
| 4 | STOP2 | 停止 | 功能与 STOP 信号相同，但输入信号地址可改变 |
| 5 | Slotinit | 程序复位 | 解除程序中断状态，返回程序起始行。对于多任务区，指令所有任务区内的程序复位，但对以 ALWAYS 或 ERROR 为启动条件的程序除外 |
| 6 | Errrset | 报错复位 | 解除报警状态 |
| 7 | Cycle | 单（循环）运行 | 选择停止"程序连续循环"运行 |
| 8 | Srvoff | 伺服 OFF | 指令全部机器人伺服电源 =OFF |
| 9 | Srvon | 伺服 ON | 指令全部机器人伺服电源 =ON |
| 10 | IOENA | 操作权 | 外部信号操作有效 |
| 11 | SAFEPOS | "回退避点"启动信号 | 退避点由参数设置 |
| 12 | OUTRESET | "输出信号复位"指令信号 | 复位方式由参数设置 |

（续）

| 序号 | 参数符号 | 参数名称 | 参数功能 |
|---|---|---|---|
| 13 | MELOCK | 机械锁定 | 程序运动，机器人机械不动作 |
| 14 | PRGSEL | 选择程序号 | 用于确认已经选择的程序号 |
| 15 | OVRDSEL | 选择速度倍率 | 用于确认已经选择的速度倍率 |
| 16 | PRGOUT | 请求输出程序号 | 请求输出程序号 |
| 17 | LINEOUT | 请求输出程序行号 | 请求输出程序行号 |
| 18 | ERROUT | 请求输出报警号 | 请求输出报警号 |
| 19 | TMPOUT | 请求输出控制柜内温度 | 请求输出控制柜内温度 |
| 20 | IODATA | 数据输入信号端地址 | 用一组输入信号端子表示选择的程序号或速度倍率（8421 码）<br>表示输出状态也是同样的方法 |
| 21 | JOGENA | 选择 JOG 运行模式 | JOGENA=0 无效，JOGENA=1 有效 |
| 22 | JOGM | 选择 JOG 运行的坐标系 | JOGM=0/1/2/3/4，分别为关节 / 直交 / 圆筒 /3 轴直交 / 工具 |
| 23 | JOG+ | JOG+ 指令信号 | 设置指令信号的起始 / 结束地址信号（8 轴） |
| 24 | JOG– | JOG– 指令信号 | 设置指令信号的起始 / 结束地址信号（8 轴） |
| 25 | JOGNER | JOG 运行时不报警 | 在 JOG 运行时即使有故障也不发出报警信号 |
| 26 | SnSTART | 各任务区程序启动信号 | 设置各任务区程序启动信号地址 |
| 27 | SnSTOP | 各任务区程序停止信号 | 设置各任务区程序停止信号地址 |
| 28 | SnSRVON | 各机器人伺服 ON | 设置各机器人伺服 ON |
| 29 | SnSRVOFF | 各机器人伺服 OFF | 设置各机器人伺服 OFF |
| 30 | SnMELOCK | 各机器人机械锁定 | 设置各机器人机械锁定信号 |
| 31 | MnWUPENA | 各机器人预热运行模式选择 | 设置各机器人预热运行模式 |

## 22.1.5　通信及现场网络参数一览表

通信及现场网络参数一览表见表 22-5。

表 22-5　通信及现场网络参数一览表

| 序号 | 参数符号 | 参数名称 | 参数功能 |
|---|---|---|---|
| 1 | COMSPEC | RT TOOL BOX2 通信方式 | 选择控制器与 RT TOOL BOX2 软件的通信模式 |
| 2 | COMDEV | 通信端口分配设置 | |
| 3 | NETIP | 控制器的 IP 地址 | 192.168.0.20 |
| 4 | NETMSK | 子网掩码 | 255.255.255.0 |
| 5 | NETPORT | 端口号码 | |

## 22.2　动作参数详解

为了使读者更清楚参数的意义和设置，本节将结合"RT TOOL BOX"软件的使用进一步解释各参数的功能（"RT TOOL BOX"是一款工业机器人编程设置专用软件）。

（1）MEJAR

| 类型 | 参数符号 | 参数名称 | 功　　能 |
|---|---|---|---|
| 动作 | MEJAR | 动作范围 | 用于设置各轴的行程范围<br>（关节轴的旋转范围） |
| 参见图 22-1 | | | |

（2）MEPAR

| 类型 | 参数符号 | 参数名称 | 功　　能 |
|---|---|---|---|
| 动作 | MEPAR | 各轴在直角坐标系的行程范围 | 设置各轴在直角坐标系内的行程范围 |
| 参见图 22-1 | | | |

（3）用户设置的原点 USERORG

| 类型 | 参数符号 | 参数名称 | 功　　能 |
|---|---|---|---|
| 动作 | USERORG | 用户设置的原点 | 用户自行设置的原点 |
| 用户设置的关节轴原点，以初始原点为基准，如图 22-1 所示 | | | |

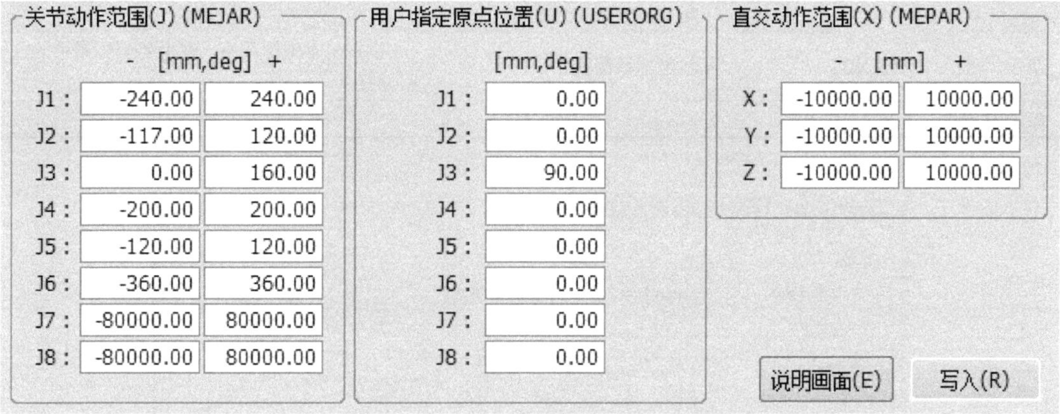

图 22-1　行程范围及原点的设置

（4）JOGJSP

| 类型 | 参数符号 | 参数名称 | 功　　能 |
|---|---|---|---|
| 动作 | JOGJSP | JOG 步进行程和速度倍率 | 设置关节轴 JOG 的步进行程和速度倍率 |
| 在 JOG 模式下，每按一次【JOG】键，（轴）旋转一个"定长角度"，就称为步进，如图 22-2 所示 | | | |

（5）JOGPSP

| 类型 | 参数符号 | 参数名称 | 功　　能 |
|---|---|---|---|
| 动作 | JOGPSP | JOG 步进行程和速度倍率 | 设置在直角坐标系内的 JOG 的步进行程和<br>速度倍率 |
| 参数 JOGPSP 与 JOGJSP 可用于示教时的精确动作，步进行程越小，调整越精确，如图 22-2 所示 | | | |

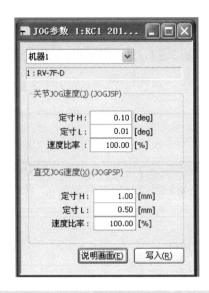

**图 22-2　参数 JOGPSP 与 JOGJSP 的设置**

（6）MEXBS——基本坐标系偏置

| 类型 | 参数符号 | 参数名称 | 功　能 |
|------|----------|----------|--------|
| 动作 | MEXBS | 基本坐标系偏置 | 设置基本坐标系原点在世界坐标系中的位置（偏置） |

参见图 22-3

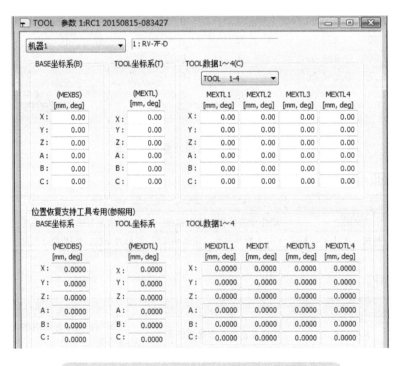

**图 22-3　基本坐标系偏置和工具坐标系偏置的设置**

（7）MEXTL

| 类型 | 参数符号 | 参数名称 | 功　　能 |
|---|---|---|---|
| 动作 | MEXTL | 标准工具坐标系偏置 | 设置工具坐标系原点在机械接口坐标系中的位置（偏置） |
| 参见图 22-3 | | | |

（8）工具坐标系偏置（16 个）

| 类型 | 参数符号 | 参数名称 | 功　　能 |
|---|---|---|---|
| 动作 | MEXTL16 | 工具坐标系偏置 | 设置工具坐标系。可设置 16 个，互相切换 |
| 参见图 22-3 | | | |

（9）世界坐标系编号

| 类型 | 参数符号 | 参数名称 | 功　　能 |
|---|---|---|---|
| 动作 | MEXBSNO | 世界坐标系编号 | 设置世界坐标系编号 |
| 设置 | MEXBSNO=0 初始设置，MEXBSNO=18 工件坐标系 如果是由 base 指令设置世界坐标系或直接设置为标准世界坐标系时，在读取状态下　MEXBSNO=–1 | | |
| 这样工件坐标系也可以理解为世界坐标系 | | | |

（10）用户定义区

用户定义区是用户自行设定的一个空间区域。如果机器人控制点进入设定的区域后，系统会做相关动作。

设置方法：以两个对角点设置一个空间区域，如图 22-4 所示。

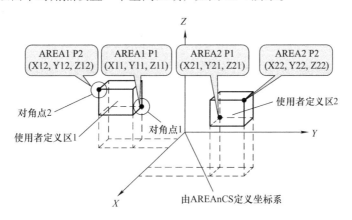

**图 22-4　用户定义区**

设置动作方法：设置机器人控制点进入设定的区域后，系统如何动作。可设置为无动作 /有输出信号 / 有报警输出。

0：无动作。

1：输出专用信号：进入区域 1，*** 信号 =ON，

进入区域 2，*** 信号 =ON，

进入区域 3，*** 信号 =ON。

（11）退避点

| 类型 | 参数符号 | 参数名称 | 功　　能 |
|------|----------|----------|----------|
| 动作 | JSAFE | 退避点 | 设置一个应对紧急状态的工作点 |
| 设置 | 以关节轴的度数为单位（deg）进行设置 | | |

参见图 22-5

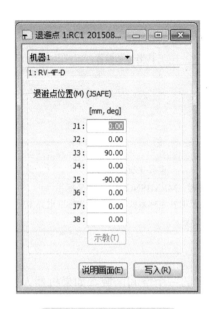

图 22-5　退避点的设置

操作时，可用手持单元设置退避点。如果通过外部信号操作，则必须分配好启动回退避点信号。如图 22-6 所示，输入信号 23 为启动回退避点信号。

图 22-6　启动回退避点信号

具体操作步骤为：

1）选择自动状态。

2）伺服 = ON。

3）启动回退避点信号 =ON。

（12）示教模式下 JOG 速度限制值——JOGSPMX

| 类型 | 参数符号 | 参数名称 | 功　能 |
|------|---------|---------|--------|
| 动作 | JOGSPMX | 示教模式下 JOG 速度限制值 | 设置示教模式下 JOG 速度限制值 |
| 设置 | 最大 250mm/s | | |

（13）RETPATH——程序中断（执行 JOG 动作）后的返回形式

| 类型 | 参数符号 | 参数名称 | 功　能 |
|------|---------|---------|--------|
| 动作 | RETPATH | 程序中断（执行 JOG 动作）后的返回形式 | 设置程序中断（执行 JOG 动作）后的返回形式 |
| 设置 | RETPATH=0，无效；RETPATH=1，以关节插补返回；RETPATH=2，以直交插补返回 | | |

在程序执行过程中，可能遇到不能满足工作要求的程序段，需要在线修改，系统提供了在中断后用 JOG 方式修改的功能。本参数设置在 JOG 修改完成后返回原自动程序的形式。

机器人在自动运行或单步进给时发生暂停，使用手持单元向某一位置 JOG 运动，在到达该位置后再重新自动运行，或重新执行单步进给，可使用参数 RETPATH 设置重新启动后的运行轨迹。

1）第一种返回轨迹。

启动回在自动程序中断进行 JOG 修正后返回的轨迹如图 22-7 所示。

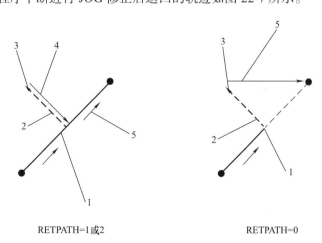

RETPATH=1或2　　　　　　　　　　　RETPATH=0

**图 22-7　启动回在自动程序中断进行 JOG 修正后返回的轨迹**

1—中断位置　2—点动进给　3—重启自动运行　4—返回原中断位置　5—运动到目标位置

2）第二种返回轨迹。

工件在连续轨迹运行 CNT 模式下的返回轨迹如图 22-8 所示。

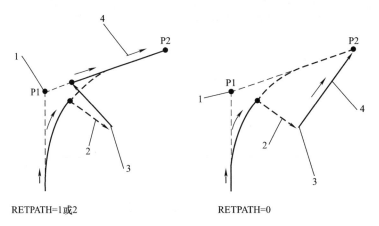

RETPATH=1或2　　　　　　　　RETPATH=0

图 22-8　工件在连续轨迹运行 CNT 模式下的返回轨迹

1—中断位置　2—点动进给　3—重启自动运行　4—运动到目标位置

（14）COL 碰撞检测

| 类　型 | 参数符号 | 参数名称 | 功　　能 |
|---|---|---|---|
| 动作 | COL | 碰撞检测 | 设置碰撞检测功能 |
|  | COLLVL | 碰撞检测级别 | 1500% |
|  | COLLVLJG | JOG 运行时的碰撞检测级别 | 1500% |
| 设置 | 数值越小，灵敏度越高 | | |
| 参见图 22-9 | | | |

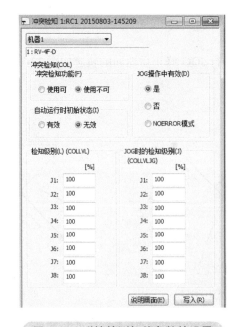

图 22-9　碰撞检测相关参数的设置

需要做以下设置：

① 设置碰撞检测功能 COL 功能的有效无效。

② 上电后的初始状态下碰撞检测功能 COL 功能的有效无效。

③ JOG 操作中，碰撞检测功能 COL 功能的有效无效。

（可选择无报警状态）

COLLVL——自动运行时的碰撞检测的量级。

COLLVLJG——JOG 运行时的碰撞检测的量级。

（15）机械锁定

| 类型 | 参数符号 | 参数名称 | 功　能 |
|------|---------|---------|--------|
| — | SnMELOCK | 各机器人机械锁定 | 设置各机器人机械锁定信号 |
| 设置 | 参见下图：N=1-3 | | |

机器锁定(各机器)参数 1:RC1 20150815-083427

|  | 输入信号(I) | 输出信号(U) |
|--|-----------|-----------|
| M1MELOCK | 机器锁定 机器 1 | 机器锁定中 机器 1 |
| M2MELOCK | 机器 2 | 机器 2 |
| M3MELOCK | 机器 3 | 机器 3 |

# 22.3　设置样例

## 22.3.1　设置工具坐标系

（1）设置参数

在机器人安装了抓手，机器人的控制点需要设置在抓手工作中心时，必须要设定工具（抓手）数据（以建立新的工具坐标系）。

设定方法如下：

① 以参数 MEXTL 设定。

② 在机器人程序内以 Tool 指令设定。图 22-10 所示为 6 轴机器人工具坐标系设置示意图。

出厂值设置为 0，控制点为机械接口（法兰面）原点。

工具坐标系数据的构成：$X$、$Y$、$Z$、$A$、$B$、$C$。

$X$、$Y$、$Z$ 轴：以机械接口坐标系为基准的抓手工作中心点（控制点）坐标值。

$A$ 轴：绕 $X$ 轴旋转的角度。

$B$ 轴：绕 $Y$ 轴旋转的角度。

$C$ 轴：绕 $Z$ 轴旋转的角度。

（2）6 轴机器人设置样例

1）参数的设置样例。

参数名：MEXTL。

参数值：0，0，95，0，0，0。

2）Tool 指令设置样例。

Tool (0，0，95，0，0，0)。

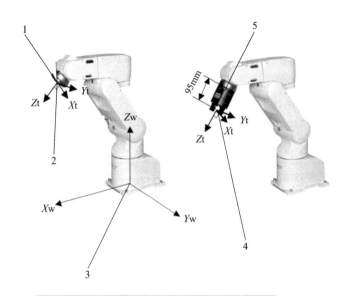

**图 22-10　6 轴机器人工具坐标系设置示意图**

1—机械接口界面　2—初始工具坐标系　3—世界坐标系　4—设置后的工具坐标系（Xt、Yt、Zt）　5—抓手

（3）5 轴机器人设置样例

5 轴机器人工具坐标系设置示意图如图 22-11 所示。

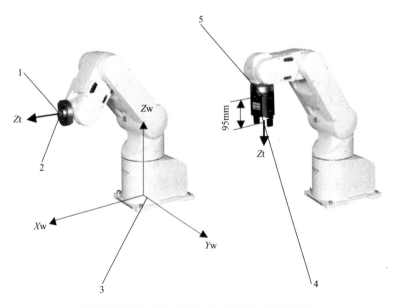

**图 22-11　5 轴机器人工具坐标系设置示意图**

1—机械接口界面　2—初始工具坐标系　3—世界坐标系　4—设置后的工具坐标系（Xt、Yt、Zt）　5—抓手

1）参数的设置样例。

参数名：MEXTL。

参数值：0，0，95，0，0，0。

2）Tool 指令的设置样例。

　　Tool（0，0，95，0，0，0）。

5 轴机器人因动作范围关系，只对 $Z$ 轴成份有效，其他轴输入数据无效。

（4）水平 4 轴机器人设置样例

水平 4 轴机器人工具坐标系设置示意图如图 22-12 所示。

1）参数设置样例。

　　参数名：MEXTL。

　　参数值：0，0，-10，0，0，0。

2）Tool 指令设置样例。

　　Tool（0，0，-10，0，0，0）。

水平 4 轴机器人基本上可以使用与工作轴运动方向平行的 OFFSET（补偿）设置。水平 4 轴机器人的设置与垂直机器人的工具坐标方向不同，必须特别注意。

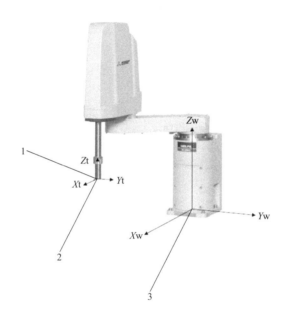

**图 22-12　水平 4 轴机器人工具坐标系设置示意图**

1—初始工具坐标系（$Xt$、$Yt$、$Zt$）　2—机械接口界面　3—世界坐标系

## 22.3.2　设置标准基本坐标系

1）机器人出厂时世界坐标系位置设置为 0，基本坐标系（机器人的安装位置）与世界坐标系一致。

设定世界坐标系的方法有以下 4 种：

① 使用参数：MEXBS 直接设定基本偏置数据。

② 使用参数：MEXBSNO 设置坐标系编号。

③ 使用参数：J1OFFSET 设定 J1 轴偏置角度（仅限垂直 5 轴型的机器人）。

④ 在机器人程序中执行 Base 指令进行设定。

如图 22-13 所示，基本坐标系数据的构成：$X$、$Y$、$Z$、$A$、$B$、$C$

$X$、$Y$、$Z$ 轴：从世界坐标系观察到的基本坐标系位置。

$A$ 轴：绕世界坐标系 $X$ 轴的旋转角度。

$B$ 轴：绕世界坐标系 $Y$ 轴的旋转角度。

$C$ 轴：绕世界坐标系 $Z$ 轴的旋转角度。

2）设置样例。

① 使用参数设置。

参数名：MEXBS。

参数值：100，150，0，0，0，−30。

② 使用 Base 指令设置。

Base（100，150，0，0，0，−30）。

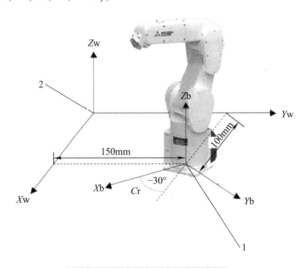

**图 22-13　世界坐标系的设置**

1—基本坐标系　2—世界坐标系

## 22.4　思考

① 如何设置机器人的行程范围？可以用各关节的旋转角度（限制）进行设置吗？

② 如何设置机器人在直交坐标系中的行程范围？

③ 如何设置退避点？

④ 如何设置示教模式下 JOG 的最大运动速度？

⑤ 如果世界坐标系与基本坐标系一致，则应该设置什么参数？怎样设置？

⑥ 如何设置一个新的世界坐标系？

⑦ 用户原点以什么基准设置？是以直交坐标系设置的吗？

⑧ 工具坐标系用什么参数设置？以哪一坐标系为基准进行设置？

⑨ 如何设置碰撞检测和碰撞检测量级？

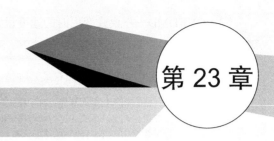

# 操作型和通信参数

## 23.1 操作参数详解

（1）BZR——报警时蜂鸣器音响 OFF/ON

| 类型 | 参数符号 | 参数名称 | 功　能 |
|------|----------|----------|--------|
| 1 | BZR | 报警时蜂鸣器音响 OFF/ON | 设置报警时蜂鸣器音响 |
| 设置 | OFF=0　ON=1 | | |

（2）OVRDTB——手持单元上改变速度倍率的操作权选择

| 类型 | 参数符号 | 参数名称 | 功　能 |
|------|----------|----------|--------|
| 2 | OVRDTB | 手持单元上改变速度倍率的操作权选择 | 设置手持单元上改变速度倍率是否需要操作权 |
| 设置 | 不必要 =0，必要 =1　出厂值：1 | | |

（3）OVRDMD——模式变更时的速度设定

| 类型 | 参数符号 | 参数名称 | 功　能 |
|---|---|---|---|
| 3 | OVRDMD | 模式变更时的速度设定 | 在示教模式变更为自动模式、自动模式变更为示教模式时自动设置的速度倍率 |
| 设置 | 第1栏：在示教模式变更为自动模式时自动设置的速度倍率<br>第2栏：在自动模式变更为示教模式时自动设置的速度倍率<br>设置数据 =0，保持原来的速度倍率 | | |

（4）TBOP——通过手持单元进行程序启动（重要参数）

| 类型 | 参数符号 | 参数名称 | 功　能 |
|---|---|---|---|
| 4 | TBOP | 通过手持单元进行程序启动 | 设置是否可以通过手持单元进行程序启动 |
| 设置 | 0= 不可以　　1= 可以 | | |

# 23.2　通信及网络参数详解

（1）RS-232 通信参数

| 类型 | 参数符号 | 参数名称 | 功　能 |
|---|---|---|---|
| 序号 | | RS-232 通信参数 | |
| 设置 | 如下图所示 | | |

（2）以太网参数

| 类型 | 参数符号 | 参数名称 | 功　　能 |
|------|----------|----------|----------|
| 序号 | | 以太网参数 | |
| 设置 | 如下图所示 | | |

## 23.3　思考

① 如何设置参数，选择可以或不可以使用手持单元启动自动程序？

② 设置报警时蜂鸣器的响声。

③ 如何设置 IP 地址？

# 第 24 章

## 实操 11——参数设置及编程

## 24.1　学习使用手持单元设置参数

设置参数如下：

① 关节轴行程范围，观察各轴旋转角度是否受到限制。

② 直交坐标系行程范围。观察各轴行程是否受到限制。

③ 设置退避点。

如图 24-1 所示，退避点位置为 JSAFE。

**图 24-1　设置退避点**

J1 =45　J2=30　J3 =120　J4=0　J5=–45　J6=0　J7=0　J8=0

操作回退避点，观察退避点位置是否变化。

编制程序：P100= P_Safe

　　P120=P_CURR

在手持单元观察 P100、P120 的数据是否与设置的参数相同，并照相保存数据。

④ 设置基本坐标系原点在世界坐标系中的位置（偏置）。设置 Y=100，移动 Y 轴，观察比较 Y 轴行程的变化。

（通过本参数的设置，要学懂基本坐标系与世界坐标系的相同与不同之处）

⑤ 设置 BZR=0，拍下急停开关，观察是否有报警声音。

再设置 BZR=1，观察是否有报警声音。

⑥ TBOP——通过手持单元进行程序启动。

设置 TBOP=0，观察是否能够启动程序。

设置 TBOP=1，观察是否能够启动程序。

（最后还原设置 TBOP=1，观察是否能够启动程序）

# 第 25 章

## 输入输出信号

## 25.1 输入输出信号的硬件连接

### 25.1.1 概述

除了控制器标配的（CNUSR1/ CNUSR2）输入输出信号（如急停信号、安全信号、模式选择信号）之外，为了实现更多的控制功能，包括对外部设备的控制和信号检测，实用的机器人系统需要使用更多的 I/O 信号。机器人系统可以扩展的外部 I/O 信号为 256/256 点（各品牌不同）。扩展外部 I/O 信号的方法可以通过配置 I/O 模块和 I/O 接口板来实现。I/O 接口板插入控制器槽中的方法如图 25-1 所示。

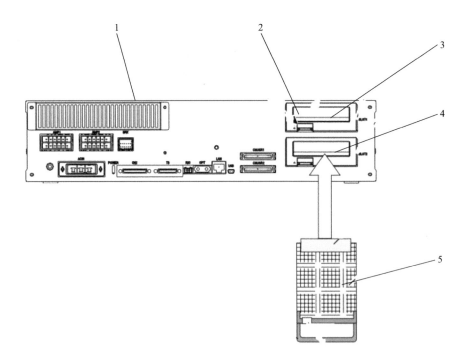

**图 25-1 I/O 接口板插入控制器槽中的方法**

1—控制器 2—插口盖板 3—1 号槽 4—2 号槽 5—I/O 卡

I/O 单元的连接样例如图 25-2 所示。

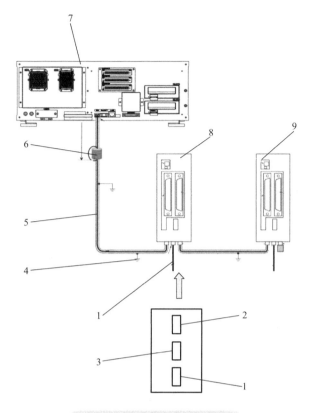

**图 25-2 I/O 单元的连接样例**

1—直流电源插口 2—RI/O1 插口 3—RI/O2 插口 4—接地 5—电缆 6—磁环 7—控制器
8—输入输出单元 1 9—输入输出单元 2

## 25.1.2 实用板卡配置

机器人系统配置的外部 I/O 模块有板卡型和模块型两种：

（1）板卡型

① 板卡型 2D-TZ368、2D-TZ378 可直接插接在控制器的 SLOT1/SLOT2 插口（32 点输入、32 点输出）。

② 板卡必须有对应的站号。这与一般控制系统相同，只有设置站号，才能分配确定 I/O 地址。使用板卡型 I/O 时，站号根据插入的 SLOT 来确定。

SLOT1= 站号 1，SLOT2= 站号 2。

（2）模块型

模块型输入输出单元配置有外壳，相对独立。通过专用电缆与控制器连接。

必须明确的是，可以从控制器通过板卡引出输入输出信号的接线。

## 25.1.3 硬件的插口与针脚定义

硬件的插口与针脚定义：

硬件插口 I/O 卡 2DTZ-368 插入安装在控制器的 SLOT1/SLOT2 插口中，由连接电缆引出。引出 I/O 信号如图 25-3 所示，在各硬件插口内输入输出编号范围见表 25-1。

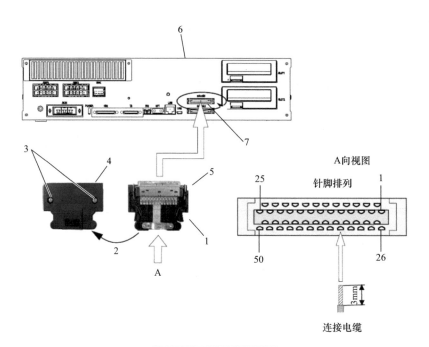

**图 25-3　引出 I/O 信号**

1—用户接线端　2—卸开盖板　3—盖板螺钉　4—盖板　5—插头　6—控制器　7—CNUSRI 插口

**表 25-1　在各硬件插口内输入输出编号范围**

| 插槽编号 | 站号 | 通用输入输出编号范围 | |
| --- | --- | --- | --- |
| | | 连接器（1） | 连接器（2） |
| SLOT1 | 0 | 输入 0~15<br>输出 0~15 | 输入 16~31<br>输出 16~31 |
| SLOT2 | 1 | 输入 32~47<br>输出 32~47 | 输入 48~63<br>输出 48~63 |

控制器上 I/O 卡的硬插口如图 25-4 所示。

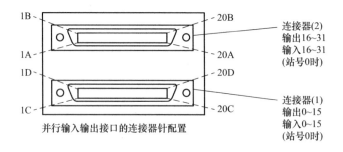

**图 25-4　控制器上 I/O 卡的硬插口**

现场连接时，注意电缆颜色与针脚的关系，见表 25-2 和表 25-3。

表 25-2　插口 1 针脚编号与颜色及信号名的关系

| 针脚编号 | 线色 | 信号名 | 针脚编号 | 线色 | 信号名 |
|---|---|---|---|---|---|
| 1C | 橙红 a | 0V（5D～20D 用） | 1D | 橙黑 a | 12/24V（5D~20D）用 |
| 2C | 灰红 a | COM（5C～20C 用） | 2D | 灰黑 a | 空端子 |
| 3C | 白红 a | 空端子 | 3D | 白黑 a | 空端子 |
| 4C | 黄红 a | 空端子 | 4D | 黄黑 a | 空端子 |
| 5C | 桃红 a | 通用输入 15 | 5D | 桃黑 a | 通用输出 15 |
| 6C | 橙红 b | 通用输入 14 | 6D | 橙黑 b | 通用输出 14 |
| 7C | 灰红 b | 通用输入 13 | 7D | 灰黑 b | 通用输出 13 |
| 8C | 白红 b | 通用输入 12 | 8D | 白黑 b | 通用输出 12 |
| 9C | 黄红 b | 通用输入 11 | 9D | 黄黑 b | 通用输出 11 |
| 10C | 桃红 b | 通用输入 10 | 10D | 桃黑 b | 通用输出 10 |
| 11C | 橙红 c | 通用输入 9 | 11D | 橙黑 c | 通用输出 9 |
| 12C | 灰红 c | 通用输入 8 | 12D | 灰黑 c | 通用输出 8 |
| 13C | 白红 c | 通用输入 7 | 13D | 白黑 c | 通用输出 7 |
| 14C | 黄红 c | 通用输入 6 | 14D | 黄黑 c | 通用输出 6 |
| 15C | 桃红 c | 通用输入 5 | 15D | 桃黑 c | 通用输出 5 |
| 16C | 橙红 d | 通用输入 4 | 16D | 橙黑 d | 通用输出 4 |
| 17C | 灰红 d | 通用输入 3 | 17D | 灰黑 d | 通用输出 3 |
| 18C | 白红 d | 通用输入 2 | 18D | 白黑 d | 通用输出 2 |
| 19C | 黄红 d | 通用输入 1 | 19D | 黄黑 d | 通用输出 1 |
| 20C | 桃红 d | 通用输入 0 | 20D | 桃黑 d | 通用输出 0 |

表 25-3　插口 2 针脚编号与颜色及信号名的关系

| 针脚编号 | 线色 | 信号名 | 针脚编号 | 线色 | 信号名 |
|---|---|---|---|---|---|
| 1A | 橙红 a | 0V（5B～20B 用） | 1B | 橙黑 a | 12/24V（5B~20B）用 |
| 2A | 灰红 a | COM（5A～20A 用） | 2B | 灰黑 a | |
| 3A | 白红 a | 空端子 | 3B | 白黑 a | |
| 4A | 黄红 a | 空端子 | 4B | 黄黑 a | |
| 5A | 桃红 a | 通用输入 31 | 5B | 桃黑 a | 通用输出 31 |
| 6A | 橙红 b | 通用输入 30 | 6B | 橙黑 b | 通用输出 30 |
| 7A | 灰红 b | 通用输入 29 | 7B | 灰黑 b | 通用输出 29 |
| 8A | 白红 b | 通用输入 28 | 8B | 白黑 b | 通用输出 28 |
| 9A | 黄红 b | 通用输入 27 | 9B | 黄黑 b | 通用输出 27 |
| 10A | 桃红 b | 通用输入 26 | 10B | 桃黑 b | 通用输出 26 |
| 11A | 橙红 c | 通用输入 25 | 11B | 橙黑 c | 通用输出 25 |
| 12A | 灰红 c | 通用输入 24 | 12B | 灰黑 c | 通用输出 24 |
| 13A | 白红 c | 通用输入 23 | 13B | 白黑 c | 通用输出 23 |
| 14A | 黄红 c | 通用输入 22 | 14B | 黄黑 c | 通用输出 22 |
| 15A | 桃红 c | 通用输入 21 | 15B | 桃黑 c | 通用输出 21 |
| 16A | 橙红 d | 通用输入 20 | 16B | 橙黑 d | 通用输出 20 |
| 17A | 灰红 d | 通用输入 19 | 17B | 灰黑 d | 通用输出 19 |
| 18A | 白红 d | 通用输入 18 | 18B | 白黑 d | 通用输出 18 |
| 19A | 黄红 d | 通用输入 17 | 19B | 黄黑 d | 通用输出 17 |
| 20A | 桃红 d | 通用输入 16 | 20B | 桃黑 d | 通用输出 16 |

### 25.1.4 与输入输出信号相关的参数

本节将叙述机器人系统所具备的输入输出功能，通过参数可将这些功能设置到输入输出端子。在没有进行参数设置前，I/O 卡上的输入输出端子是没有功能定义的，就像一台空白的 PLC 一样。

**1. 通用输入输出 1**

为了便于阅读和使用，将输入输出信号单独列出。在机器人系统中，专用输入输出的功能名称（英文）是一样的，即同一名称（英文）可能表示输入也可能表示输出。在刚开始阅读三菱指令手册时可能会感到困惑，本书将输入输出信号单独列出，便于读者阅读和使用。输入信号功能一览表 1 见表 25-4，这一部分信号是经常使用的。

**表 25-4　输入信号功能一览表 1**

| 类型 | 参数符号 | 参数名称 | 功　能 |
|---|---|---|---|
| 输入 | AUTOENA | 可自动运行 | 自动使能信号 |
| | START | 启动 | 程序启动信号。在多任务时，启动全部任务区内的程序 |
| | STOP | 停止 | 停止执行程序。在多任务时，停止执行全部任务区内的程序。STOP 信号地址是固定的 |
| | STOP2 | 停止 | 功能与 STOP 信号相同，但输入信号地址可改变 |
| | SLOTINIT | 程序复位 | 解除程序中断状态，返回程序起始行。对于多任务区，指令所有任务区内的程序复位 |
| | ERRRESET | 报错复位 | 解除报警状态 |
| | CYCLE | 单（循环）运行 | 执行程序单循环运行 |
| | SRVOFF | 伺服 OFF | 指令全部机器人伺服电源 =OFF |
| | SRVON | 伺服 ON | 指令全部机器人伺服电源 =ON |
| | IOENA | 操作权 | 外部信号操作有效 |
| 设置 | 参见图 25-5 | | |
| 设置就是将各功能分配到各端子 | | | |

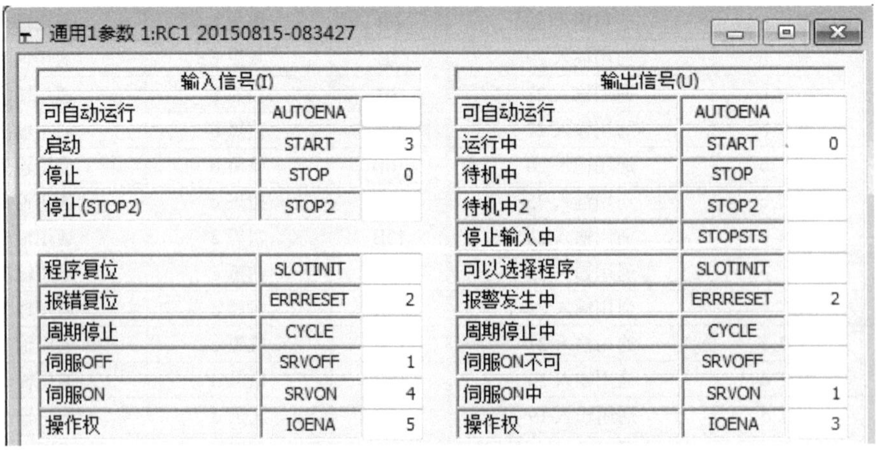

图 25-5　通用输入输出 1 相关参数的设置

① AUTOENA

自动使能信号。AUTOENA=1 允许选择自动模式。

AUTOENA=0 不允许选择自动模式, 选择自动模式则报警 ( L5010 )。但是如果不分配输入端子信号则不报警, 所以一般不设置 AUTOENA 信号。

② CYCLE ( 单循环执行模式 )

CYCLE=ON, 程序只执行一次 ( 执行到 END 即停止 )。

③ 伺服 ON

伺服 ON 信号在自动模式下才有效, 选择手动模式时无效。

④ STOP 暂停信号

STOP=ON, 程序停止。重新发 START 信号, 程序从断点启动。STOP 信号固定分配到输入信号端子 0。除了 STOP 信号, 其他输入信号地址可以任意设置修改。例如 START 信号可以从出厂值 3 改为 31。

**2. 通用输入信号 2**

输入信号功能一览表 2 见表 25-5。由于在 RT 软件设置画面上是同一画面, 因此将这些信号归作一类。

表 25-5　输入信号功能一览表 2

| 类型 | 参数符号 | 参数名称 | 功　能 |
|------|---------|---------|--------|
| 动作 | SAFEPOS | 回退避点 | 回退避点启动信号 |
|      | OUTRESET | 输出信号复位 | 输出信号复位指令信号 |
|      | MELOCK | 机器锁定 | 程序运动, 机器人机械不动 |
| 设置 | 参见图 25-6 | | |

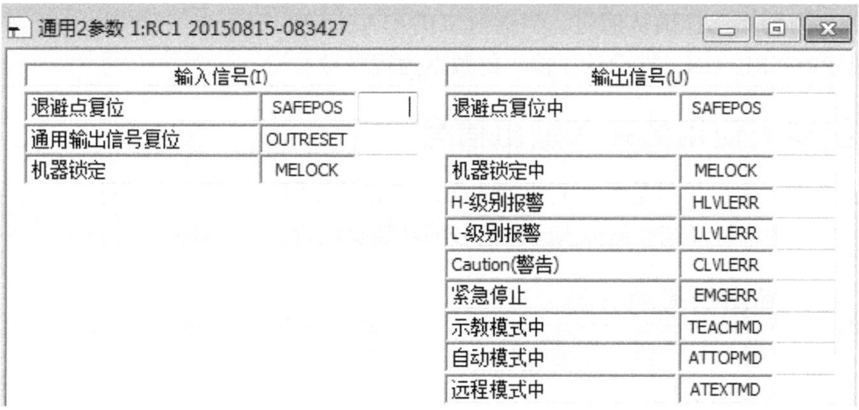

图 25-6　通用输入输出 2 相关参数的设置

**3. 数据参数**

输入信号功能一览表 3 见表 25-6。由于在 RT 软件设置画面上是同一画面, 因此将这些信号归作一类。

表 25-6　输入信号功能一览表 3

| 类型 | 参数符号 | 参 数 名 称 | 功 能 |
|------|----------|------------|-------|
| 信号 | PRGSEL | 选择程序号 | 用于确认输入的数据为程序号 |
| | OVRDSEL | 选择速度倍率 | 用于确认输入的数据为速度倍率 |
| | PRGOUT | 请求输出程序号 | 请求输出程序号 |
| | LINEOUT | 请求输出程序行号 | 请求输出程序行号 |
| | ERROUT | 请求输出报警号 | 请求输出报警号 |
| | TMPOUT | 请求输出控制柜内温度 | 请求输出控制柜内温度 |
| | IODATA | 数据输入信号端地址 | 用一组输入信号端子（8421 码）作为输入数据用 表示输出数据也是同样的方法 |
| 设置 | 参见图 25-7 | | |

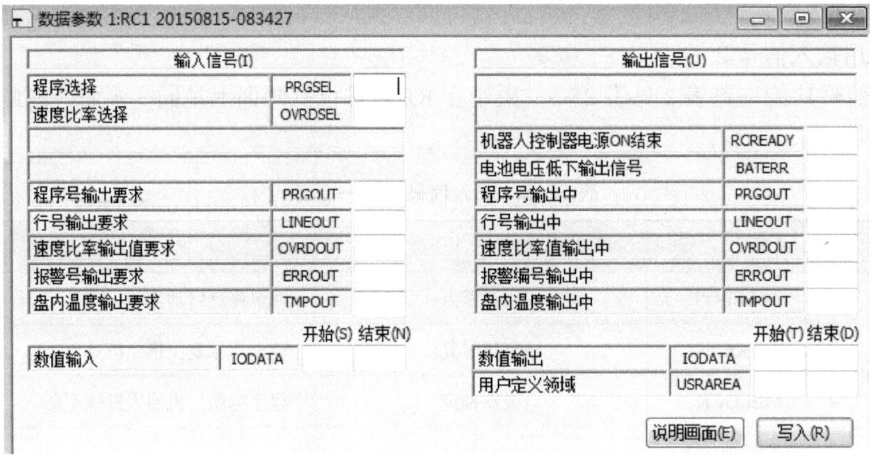

图 25-7　数据参数的设置

　　PRGSEL 为程序选择确认信号。当通过 IODATA 指定的输入端子（构成 8421 码）选择程序号后，将 PRGSEL=ON，即确认了输入的数据为程序号。

# 25.2　机器人使用的输入输出信号

　　由于外部输入输出信号是每一套机器人系统都必须使用的信号，也是每一套机器人系统的基本设置，所以本章将详细介绍输入输出信号的功能及设置。

## 25.2.1　输入输出信号的分类

　　机器人使用的输入输出信号分类如下：
　　（1）专用输入输出信号
　　这是机器人系统内置的输入输出信号。这类信号功能已经由系统内部规定，但是具体分配到哪个输入输出端子还需要由参数设置。这是使用最多的信号。
　　（2）通用输入输出信号
　　这类信号有"工件到位"，"定位完成"由设计者自行定义。接入外部信号，只与工程要求相关。

（3）抓手信号

与抓手相关的输入输出信号。

# 25.3 专用输入输出信号详解

## 25.3.1 专用输入输出信号一览表

（1）专用输入信号一览表

专用输入信号功能一览表见表 25-7。这一部分信号是在实际工程中经常使用。

表 25-7 专用输入信号功能一览表

| 序号 | 输入信号 | 功能 | 英文简称 | 出厂设定端子号 |
|---|---|---|---|---|
| 1 | 操作权 | 使外部信号操作权有效无效 | IOENA | 5* |
| 2 | 启动 | 程序启动 | START | 3* |
| 3 | 停止 | 程序停止 | STOP | 0（固定不变） |
| 4 | 停止 2 | 程序停止。功能与 STOP 相同，但输入端子号可以任意设置 | STOP2 | * |
| 5 | 程序复位 | 中断正执行的程序，回到程序起始行 | SLOTINIT | * |
| 6 | 报警复位 | 解除报警状态 | ERRRESET | * |
| 7 | 伺服 ON | 机器人伺服电源 =ON。多机器人时，全部机器人伺服电源 =ON | SRVON | * |
| 8 | 伺服 OFF | 机器人伺服电源 =OFF。多机器人时，全部机器人伺服电源 =OFF | SRVOFF | * |
| 9 | 自动模式使能 | 使自动程序生效 | AUTOENA | * |
| 10 | 单循环行 | 单循环运行 | CYCLE | * |
| 11 | 机械锁定 | 使机器人进入机械锁定状态 | MELOCK | * |
| 12 | 回待避点 | 回到预设置的待避点 | SAFEPOS | * |
| 13 | 通用输出信号复位 | 指令全部通用输出信号复位 | OUTRESET | * |
| 14 | 第 $N$ 任务区内程序启动 | 指令"第 $N$ 任务区内程序启动"，$N=1\sim32$ | SnSTART | * |
| 15 | 第 $N$ 任务区内程序停止 | 指令"第 $N$ 任务区内程序停止"，$N=1\sim32$ | SnSTOP | * |
| 16 | 第 $N$ 台机器人伺服电源 OFF | 指令"第 $N$ 台机器人伺服电源 OFF"，$N=13$ | SnSRVOFF | * |
| 17 | 第 $N$ 台机器人伺服电源 ON | 指令"第 $N$ 台机器人伺服电源 ON"，$N=13$ | SnSRVON | * |
| 18 | 第 $N$ 台机器人机械锁定 | 指令"第 $N$ 台机器人机械锁定"，$N=13$ | SnMELOCK | * |
| 19 | 选定程序生效 | 本信号用于使"选定的程序号"生效 | PRGSEL | * |
| 20 | 选定速度倍率生效 | 本信号用于使"选定的速度倍率"生效 | OVRDSEL | * |
| 21 | 数据输入 | 指定在选择"程序号"和"速度倍率"等数据量时使用的输入信号"起始号"和"结束号" | IODATA | * |
| 22 | 程序号输出请求 | 指令输出当前执行的"程序号" | PRGOUT | * |
| 23 | 程序行号输出请求 | 指令输出当前执行的"程序行号" | LINEOUT | * |
| 24 | 速度倍率输出请求 | 指令输出当前"速度倍率" | OVRDOUT | * |
| 25 | 报警号输出请求 | 指令输出当前"报警号" | ERROUT | * |
| 26 | JOG 使能信号 | 使 JOG 功能生效（通过外部端子使用 JOG 功能） | JOGENA | * |

（续）

| 序号 | 输入信号 | 功能 | 英文简称 | 出厂设定端子号 |
|------|---------|------|---------|--------------|
| 27 | 用数据设置 JOG 运行模式 | 设置在选择"JOG 模式"时使用的端子"起始号"和"结束号"<br>0/1/2/3/4= 关节 / 直交 / 圆筒 /3 轴直交 /TOOL | JOGM | * |
| 28 | JOG+ | 指定各轴的 JOG+ 信号 | JOG+ | * |
| 29 | JOG– | 指定各轴的 JOG– 信号 | JOG– | * |
| 30 | 工件坐标系编号 | 通过数据"起始位"与"结束位"设置"工件坐标系编号" | JOGWKND | * |
| 31 | JOG 报警暂时无效 | 本信号 = ON，JOG 报警暂时无效 | JOGNER | * |
| 32 | 是否允许外部信号控制抓手 | 本信号 = ON/OFF，允许 / 不允许外部信号控制抓手 | HANDENA | * |
| 33 | 控制抓手的输入信号范围 | 设置"控制抓手的输入信号范围" | HANDOUT | * |
| 34 | 第 $N$ 台机器人的抓手报警，$N=13$ | 发出"第 $N$ 台机器人抓手报警信号" | HNDERRn | * |
| 35 | 第 $N$ 台机器人的气压报警，$N=15$ | 发出"第 $N$ 台机器人的气压报警"信号 | AIRERRn | * |
| 36 | 第 $N$ 台机器人预热运行模式有效 | 发出"第 $N$ 台机器人预热运行模式有效"信号 | MnWUPENA（$N=13$） | * |
| 37 | 指定需要输出位置数据的"任务区"号 | 指定需要输出位置数据的"任务区"号 | PSSLOT | * |
| 38 | 位置数据类型 | 指定位置数据类型<br>1/0= 关节型变量 / 直交型变量 | PSTYPE | * |
| 39 | 指定用一组数据表示"位置变量号" | 指定用一组数据表示"位置变量号" | PSNUM | * |
| 40 | 输出位置数据指令 | 指令输出当前"位置数据" | PSOUT | * |
| 41 | 输出控制柜温度 | 指令输出控制柜实际温度 | TMPOUT | * |

注：* 表示可以由用户自行设置输入端子号。

（2）专用输出信号一览表

在（三菱）机器人系统中，对于同一功能，输入输出信号的英文简称是相同的。例如对于"A 功能"，输入信号的功能是指令"A 功能启动"。输出信号的功能是表示"A 功能已经启动或生效"。专用输出信号大多是表示机器人系统的工作状态。专用输出信号功能一览表见表 25-8。

表 25-8　专用输出信号功能一览表

| 序号 | 输出信号 | 功　能 | 英文简称 | 出厂设置 |
|------|---------|--------|---------|---------|
| 1 | 控制器电源 ON | 表示控制器电源 ON，可以正常工作 | RCREADY | |
| 2 | 远程模式 | 表示操作面板选择自动模式，外部 I/O 信号操作有效 | ATEXTMD | * |
| 3 | 示教模式 | 表示当前工作模式为"示教模式" | TEACHMD | * |
| 4 | 自动模式 | 表示当前工作模式为"自动模式" | ATTOPMD | * |
| 5 | 外部信号操作权有效 | 表示"外部信号操作权有效" | IOENA | 3 |

（续）

| 序号 | 输出信号 | 功　　能 | 英文简称 | 出厂设置 |
|---|---|---|---|---|
| 6 | 程序已启动 | 表示机器人进入"程序已启动"状态 | START | * |
| 7 | 程序停止 | 表示机器人进入"程序暂停"状态 | STOP | * |
| 8 | 程序停止 | 表示当前为"程序暂停"状态 | STOP2 | * |
| 9 | "STOP"信号输入 | 表示正在输入"STOP"信号 | STOPSTS | * |
| 10 | 任务区中的程序可选择状态 | 表示"任务区处于程序可选择状态" | SLOTINIT | * |
| 11 | 报警发生中 | 表示系统处于"报警发生"状态 | ERRRESET | * |
| 12 | 伺服 ON | 表示系统当前处于"伺服 ON"状态 | SRVON | 1 |
| 13 | 伺服 OFF | 表示系统当前处于"伺服 OFF"状态 | SRVOFF | * |
| 14 | 可自动运行 | 表示系统当前处于"可自动运行"状态 | AUTOENA | * |
| 15 | 循环停止信号 | 表示"循环停止信号"正输入中 | CYCLE | * |
| 16 | 机械锁定状态 | 表示机器人处于"机械锁定状态" | MELOCK | * |
| 17 | 回待避点状态 | 表示机器人处于"回待避点状态" | SAFEPOS | * |
| 18 | 电池电压过低 | 表示机器人"电池电压过低" | BATERR | * |
| 19 | 严重级故障报警 | 表示机器人出现"严重级故障报警" | HLVLERR | * |
| 20 | 轻量级故障报警 | 表示机器人出现"轻量级故障报警" | LLVLERR | * |
| 21 | 警告型故障 | 表示机器人出现"警告型故障" | CLVLERR | * |
| 22 | 机器人急停 | 表示机器人处于"急停状态" | EMGERR | * |
| 23 | 第 N 任务区程序在运行中 | 表示"第 N 任务区程序在运行中" | SnSTART | * |
| 24 | 第 N 任务区程序在暂停中 | 表示"第 N 任务区程序在暂停中" | SnSTOP | * |
| 25 | 第 N 台机器人伺服 OFF | 表示"第 N 台机器人伺服 OFF" | SnSRVOFF | * |
| 26 | 第 N 台机器人伺服 ON | 表示"第 N 台机器人伺服 ON" | SnSRVON | * |
| 27 | 第 N 台机器人机械锁定 | 表示"第 N 台机器人处于"机械锁定"状态 | SnMELOCK | * |
| 28 | 数据输出区域 | 对数据输出，指定输出信号的"起始位"和"结束位" | IODATA | * |
| 29 | 程序号数据输出中 | 表示当前正在输出"程序号" | PRGOUT | * |
| 30 | 程序行号数据输出中 | 表示当前正在输出"程序行号" | LINEOUT | * |
| 31 | 速度倍率数据输出中 | 表示当前正在输出"速度倍率" | OVRDOUT | * |
| 32 | 报警号输出中 | 表示当前正在输出"报警号" | ERROUT | * |
| 33 | JOG 有效状态 | 表示当前处于"JOG 有效状态" | JOGENA | * |
| 34 | JOG 模式 | 表示当前处于"JOG 模式" | JOGM | * |
| 35 | 当前工件坐标系编号 | 显示"当前工件坐标系编号" | JOGWKND | * |
| 36 | 抓手工作状态 | 输出抓手工作状态（输出信号部分） | HNDCNTLn | * |
| 37 | 抓手工作状态 | 输出抓手工作状态（输入信号部分） | HNDSTSn | * |
| 38 | 外部信号对抓手控制的有效无效状态 | 表示"外部信号对抓手控制的有效无效状态" | HANDENA | * |
| 39 | 第 N 台机器人抓手报警 | 表示"第 N 台机器人抓手报警" | HNDERRn | * |
| 40 | 第 N 台机器人气压报警 | 表示"第 N 台机器人气压报警" | AIRERRn | * |
| 41 | 用户定义区编号 | 用输出端子"起始位"和"结束位"表示"用户定义区编号" | USRAREA | * |
| 42 | 易损件维修时间 | 表示易损件到达"维修时间" | MnPTEXC | * |
| 43 | 机器人处于"预热工作模式" | 表示"机器人处于预热工作模式" | MnWUPENA | * |

（续）

| 序号 | 输出信号 | 功　能 | 英文简称 | 出厂设置 |
|---|---|---|---|---|
| 44 | 输出位置数据的任务区编号 | 用输出端子"起始位"和"结束位"表示"输出位置数据的任务区编号" | PSSLOT | * |
| 45 | 输出的"位置数据类型" | 表示输出的"位置数据类型"是关节型还是直交型 | PSTYPE | * |
| 46 | 输出的"位置数据编号" | 用输出端子"起始位"和"结束位"表示"输出位置数据的编号" | PSNUM | * |
| 47 | "位置数据"的输出状态 | 表示当前是否处于"位置数据的输出状态" | PSOUT | * |
| 48 | 控制柜温度输出状态 | 表示当前处于"控制柜温度输出状态" | TMPOUT | * |

注：* 表示可以由用户自行设置输出端子号。

## 25.3.2　专用输入信号详解

35　如何用参数定义输入输出信号？

本节将解释专用输入信号以及这些信号对应的参数。出厂值是指出厂时预分配的输入端子编号。机器人系统本身已经内置了专用的功能，使用时通过参数将这些功能赋予指定的输入端子，有些功能特别重要，所以出厂时已经预先设定了输入端子编号。即该输入端被指定了功能，不得更改（例如STOP 功能）。如果出厂值 = "–1"，则表示可以任意设置输入端子编号。设置参数可通过软件 RT TOOL BOX 或手持单元进行。所以本节使用了软件 RT TOOL BOX 的参数设置画面，这样更有助于对"专用功能"的理解（以下对参数进行详细解释，以参数编号为序，除必要外，不另外标其图序号和表序号）。

| 序号 | 名　称 | 功　能 | 对应参数 | 出厂值（端子号） |
|---|---|---|---|---|
| 1 | 操作权 | 使外部信号操作权有效无效 | IOENA | 5 |

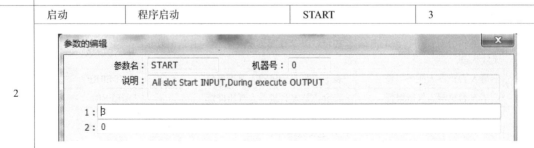

图中，设置对应本功能的输入端子号 =5，输入端子 5=ON/OFF，对应外部信号操作权有效 / 无效。输入端子 5=ON，从 I/O 卡输入的信号生效；输入端子 5=OFF，从 I/O 卡输入的信号无效。

| 2 | 启动 | 程序启动 | START | 3 |
|---|---|---|---|---|

图中，设置对应本功能的输入端子号 =3，如输入端子 3=ON，则所有任务区内程序启动。

（续）

| 序号 | 名　称 | 功　能 | 对应参数 | 出厂值（端子号） |
|---|---|---|---|---|
| 3 | 停止 | 程序停止 | STOP | 0（固定不变） |

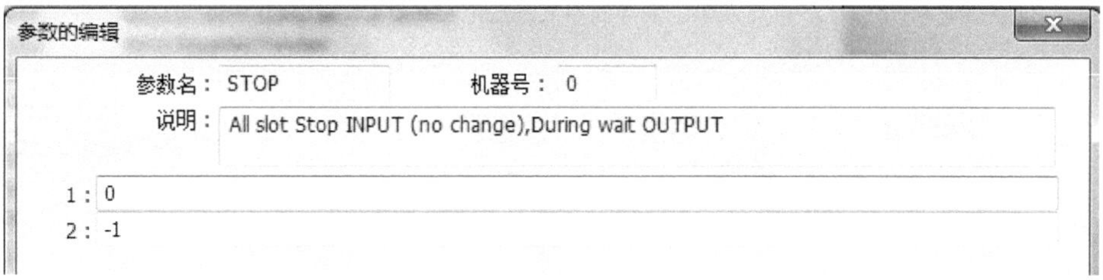

参数的编辑

参数名：STOP　　　　机器号：0

说明：All slot Stop INPUT (no change),During wait OUTPUT

1：0

2：-1

图中，设置对应本功能的输入端子号 =0，如输入端子 0=ON，则所有任务区内程序停止。STOP 功能对应的输入端子号固定设置 =0。

| 4 | 停止 2 | 程序停止。功能与 STOP 相同，但输入端子号可以任意设置 | STOP2 | |

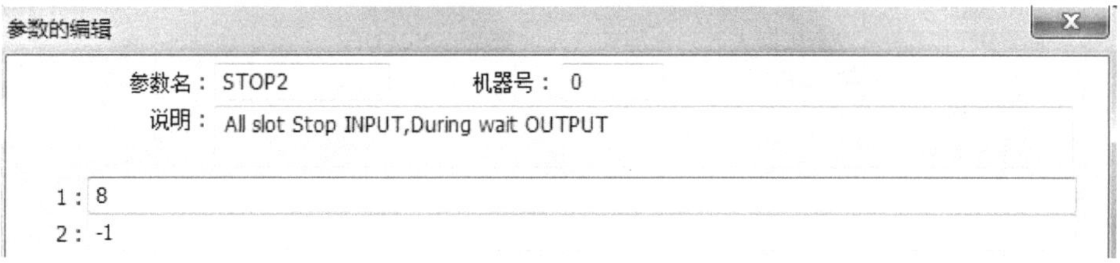

参数的编辑

参数名：STOP2　　　　机器号：0

说明：All slot Stop INPUT,During wait OUTPUT

1：8

2：-1

图中，设置对应本功能的输入端子号 =8，如输入端子 8=ON，则所有任务区内程序停止。STOP2 功能对应的输入端子号可以由用户设置。

| 5 | 程序复位 | 中断正执行的程序，回到程序起始行。对应多任务状态，使全部任务区程序复位。当对应启动条件为 ALWAYS 和 ERROR，则不能够执行复位 | SLOTINIT | |

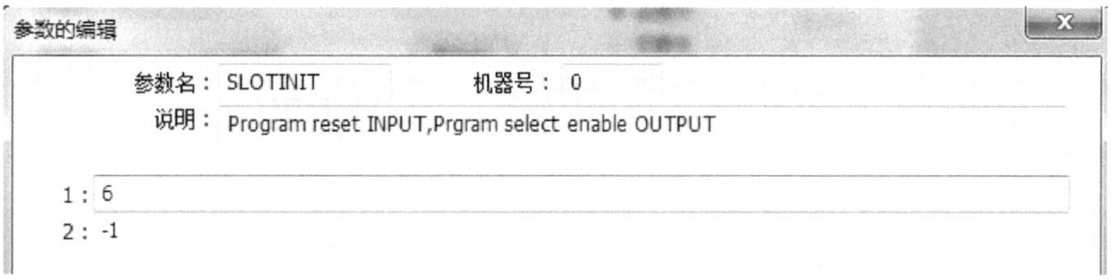

参数的编辑

参数名：SLOTINIT　　　　机器号：0

说明：Program reset INPUT,Prgram select enable OUTPUT

1：6

2：-1

图中，设置对应本功能的输入端子号 =6，如输入端子 6=ON，则所有任务区内程序复位。

| 6 | 报警复位 | 解除报警状态 | ERRRESET | 2 |

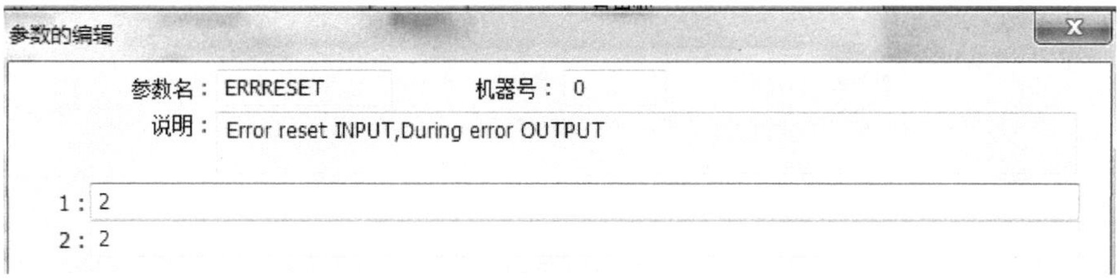

参数的编辑

参数名：ERRRESET　　　　机器号：0

说明：Error reset INPUT,During error OUTPUT

1：2

2：2

图中，设置对应本功能的输入端子号 =2，如输入端子 2=ON，则解除报警状态。

（续）

| 序号 | 名　称 | 功　能 | 对应参数 | 出厂值（端子号） |
|------|--------|--------|----------|------------------|
| 7 | 伺服 ON | 机器人伺服电源 =ON<br>多机器人时，全部机器人伺服电源 =ON | SRVON | 4 |

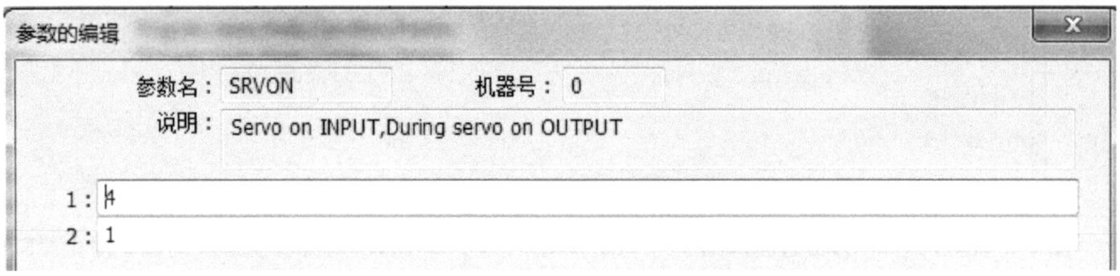

图中，设置对应本功能的输入端子号 =4，如输入端子 4=ON，则机器人伺服电源 =ON。

| 8 | 伺服 OFF | 机器人伺服电源 =OFF。<br>多机器人时，全部机器人伺服电源 =OFF | SRVOFF | |

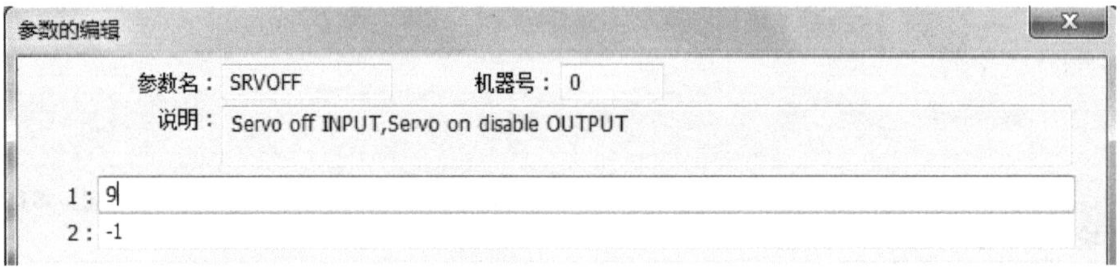

图中，设置对应本功能的输入端子号 =9，如输入端子 9=ON，则机器人伺服电源 =OFF。

| 9 | 自动使能模式 | 使自动程序生效 | AUTOENA | |

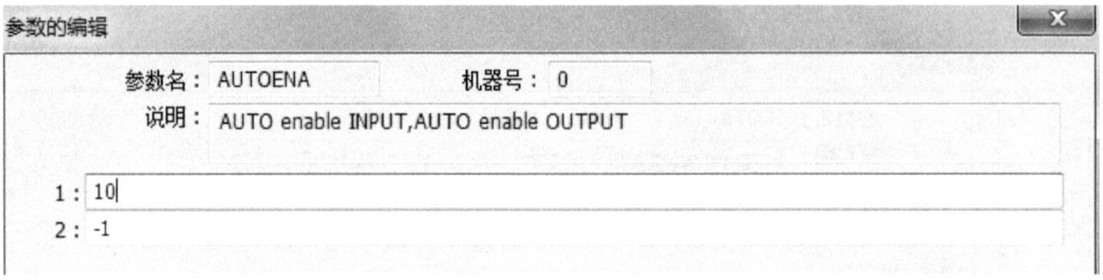

图中，设置对应本功能的输入端子号 =10，如输入端子 10=ON，则机器人进入自动使能模式。

| 10 | 停止循环运行 | 停止循环运行 | CYCLE | |

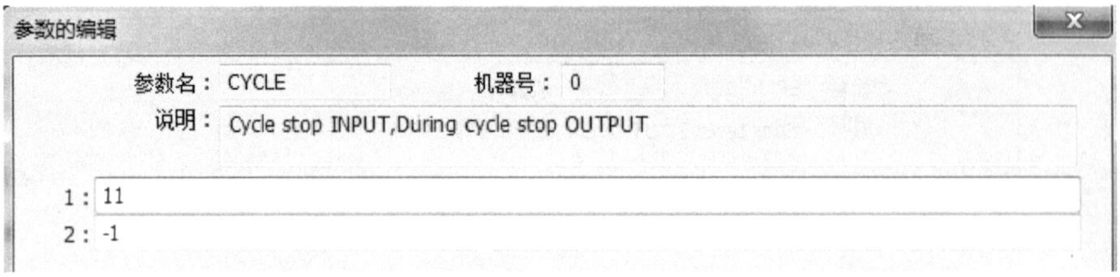

图中，设置对应本功能的输入端子号 =11，如输入端子 11=ON，则停止循环运行。

（续）

| 序号 | 名　称 | 功　能 | 对应参数 | 出厂值（端子号） |
|---|---|---|---|---|
| 11 | 机械锁定 | 使机器人进入机械锁定状态 | MELOCK | |

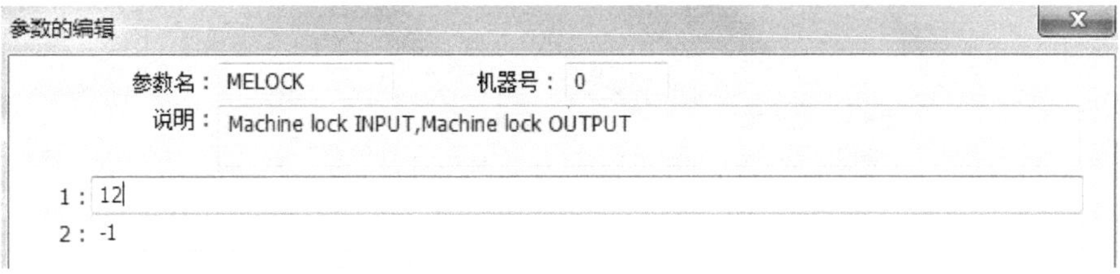

参数的编辑

参数名：MELOCK　　　机器号：0

说明：Machine lock INPUT,Machine lock OUTPUT

1：12
2：-1

图中，设置对应本功能的输入端子号 =12，如输入端子 12=ON，则机械锁定功能生效。

| 12 | 回待避点 | 回到预设置的"待避点" | SAFEPOS | |
|---|---|---|---|---|

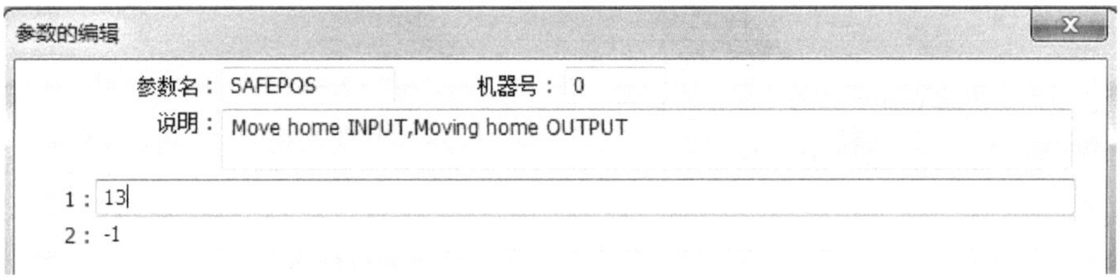

参数的编辑

参数名：SAFEPOS　　　机器号：0

说明：Move home INPUT,Moving home OUTPUT

1：13
2：-1

图中，设置对应本功能的输入端子号 =13，如输入端子 13=ON，则执行"回待避点"动作。

| 13 | 通用输出信号复位 | 指令全部"通用输出信号复位" | OUTRESET | |
|---|---|---|---|---|

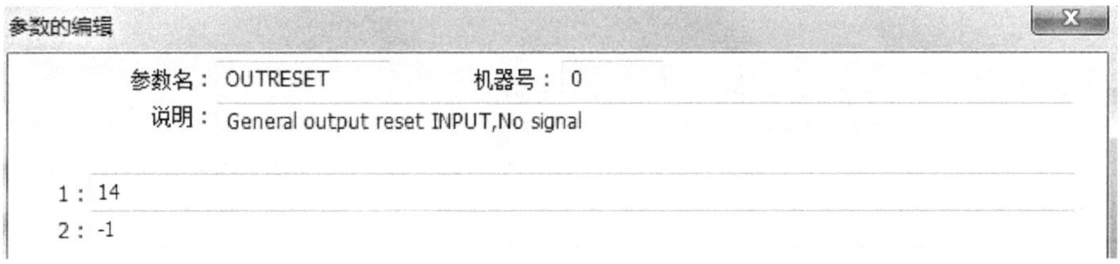

参数的编辑

参数名：OUTRESET　　　机器号：0

说明：General output reset INPUT,No signal

1：14
2：-1

图中，设置对应本功能的输入端子号 =14，如输入端子 14=ON，则执行"通用输出信号复位"动作。

| 14 | 第 $N$ 任务区内程序启动 | 指令"第 $N$ 任务区内程序启动"，$N$=132 | S2START | |
|---|---|---|---|---|

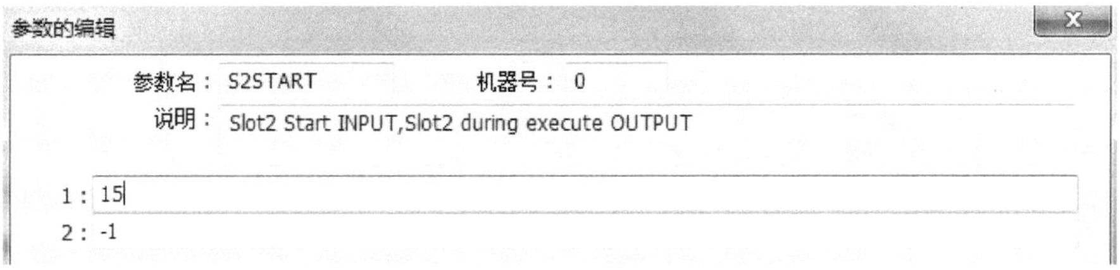

参数的编辑

参数名：S2START　　　机器号：0

说明：Slot2 Start INPUT,Slot2 during execute OUTPUT

1：15
2：-1

图中，设置对应本功能的输入端子号 =15，如输入端子 15=ON，则执行"第 2 任务区内程序启动"。

（续）

| 序号 | 名称 | 功能 | 对应参数 | 出厂值（端子号） |
|---|---|---|---|---|
| 15 | 第 $N$ 任务区内程序停止 | 指令"第 $N$ 任务区内程序停止"，$N$=132 | S2STOP | |

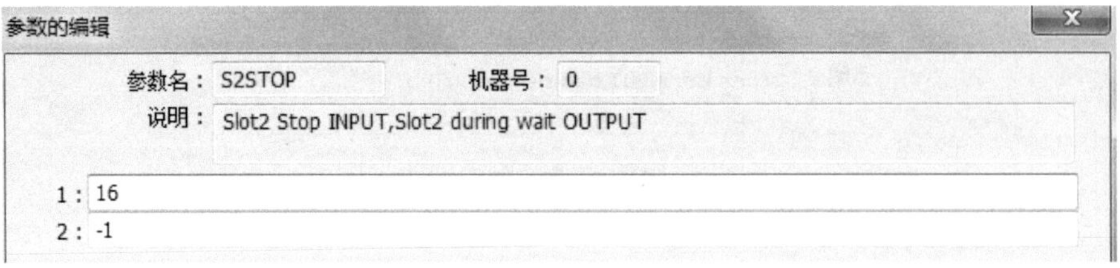

参数的编辑

参数名：S2STOP    机器号：0
说明：Slot2 Stop INPUT,Slot2 during wait OUTPUT

1：16
2：-1

图中，设置对应本功能的输入端子号 =16，如输入端子 16=ON，则执行"第 2 任务区内程序停止"。

| 16 | 第 $N$ 台机器人伺服电源 OFF | 指令"第 $N$ 台机器人伺服电源 OFF"，$N$=13 | SnSRVOFF | |
| 17 | 第 $N$ 台机器人伺服电源 ON | 指令"第 $N$ 台机器人伺服电源 ON"，$N$=13 | SnSRVON | |
| 18 | 第 $N$ 台机器人机械锁定 | 指令"第 $N$ 台机器人机械锁定"，$N$=13 | SnMELOCK | |
| 19 | "选定速度倍率"生效 | 本信号用于使"选定的速度倍率"生效 | OVRDSEL | |

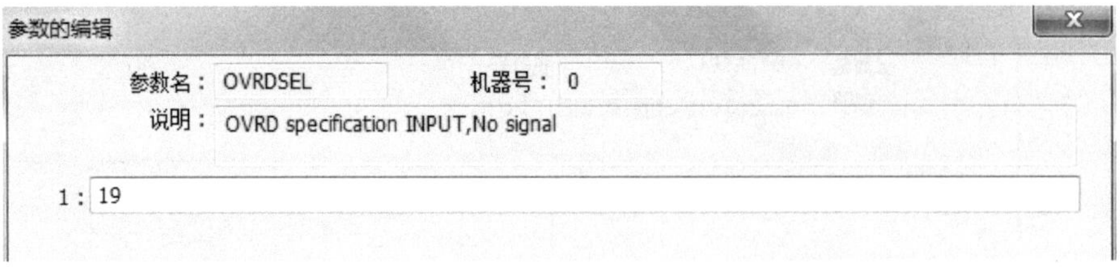

参数的编辑

参数名：OVRDSEL    机器号：0
说明：OVRD specification INPUT,No signal

1：19

图中，设置对应本功能的输入端子号 =19，如输入端子 19=ON，则"选定的速度倍率"生效。

| 20 | 选定程序生效 | 本信号用于使"选定的程序号"生效 | PRGSEL | |

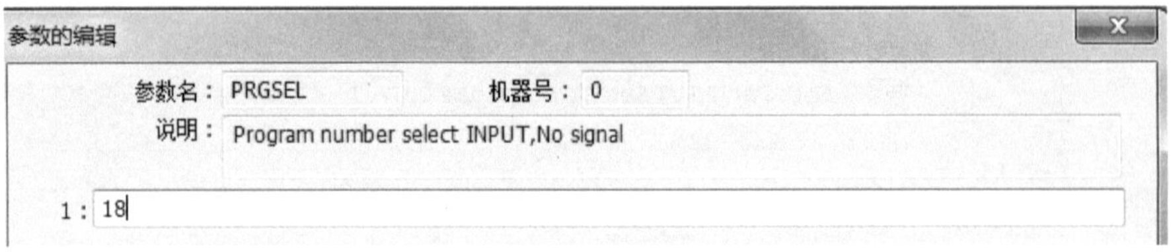

参数的编辑

参数名：PRGSEL    机器号：0
说明：Program number select INPUT,No signal

1：18

图中，设置对应本功能的输入端子号 =18，如输入端子 18=ON，则"选定的程序号"生效。

（续）

| 序号 | 名　称 | 功　能 | 对应参数 | 出厂值（端子号） |
|---|---|---|---|---|
| 21 | 数据输入 | 指定在选择程序号和速度倍率等数据量时使用的输入信号"起始号"和"结束号" | IODATA | |

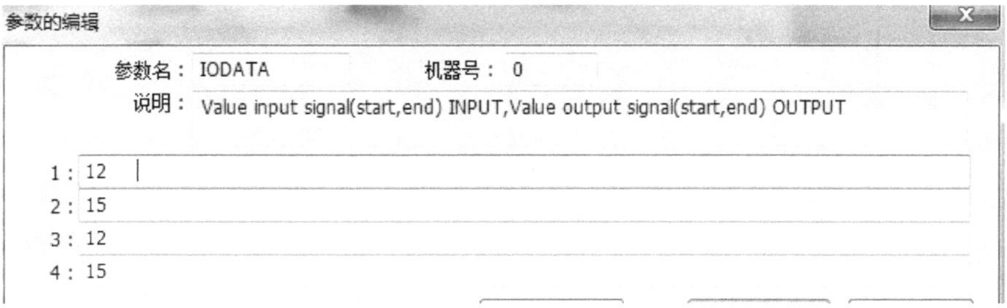

图中，设置对应本功能的输入端子号 =1215，输入端子号 =1215 组成的（二进制）数据可以为程序号、速度倍率等数据输入量。

| 22 | 程序号输出请求 | 指令输出当前执行的"程序号" | PRGOUT | |
|---|---|---|---|---|

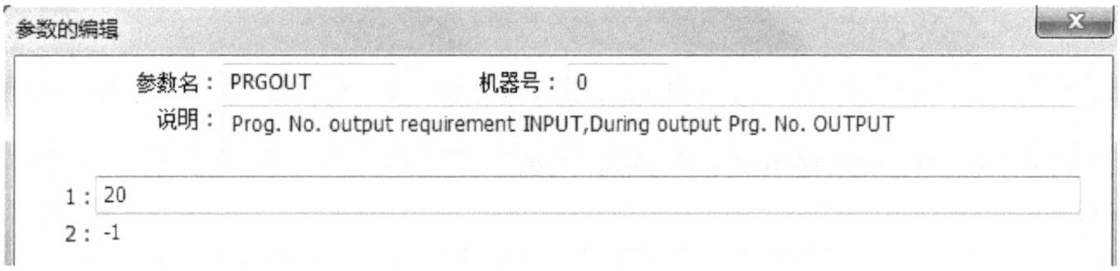

图中，设置对应本功能的输入端子号 =20，如输入端子 20=ON，则指令输出当前执行的"程序号"。

| 23 | 请求输出"程序行号" | 指令输出当前执行的"程序行号" | LINEOUT | |
|---|---|---|---|---|

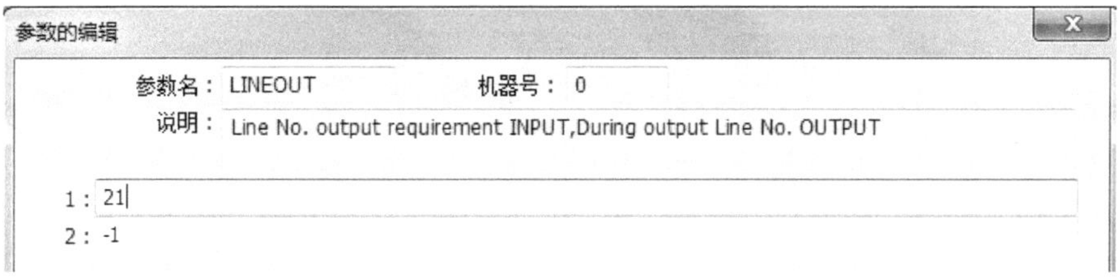

图中，设置对应本功能的输入端子号 =21，如输入端子 21=ON，则指令输出当前执行的"程序行号"。

| 24 | 指令输出"速度倍率" | 指令输出当前的"速度倍率" | OVRDOUT | |
|---|---|---|---|---|

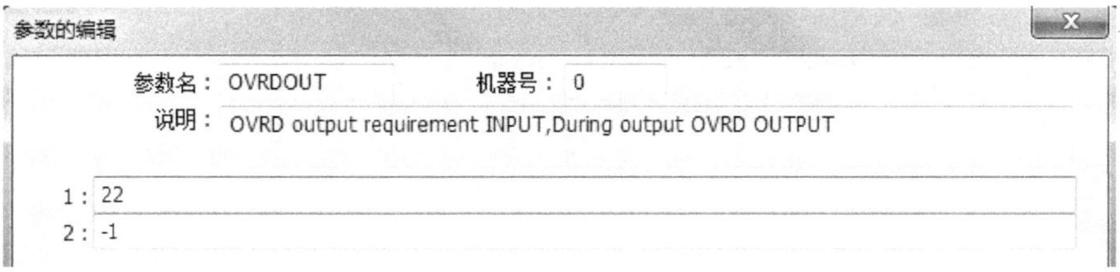

图中，设置对应本功能的输入端子号 =22，如输入端子 22=ON，则指令输出当前执行的"速度倍率"。

（续）

| 序号 | 名　称 | 功　能 | 对应参数 | 出厂值（端子号） |
|------|--------|--------|----------|------------------|
| 25 | 指令输出"报警号" | 指令输出当前的"报警号" | ERROUT | |

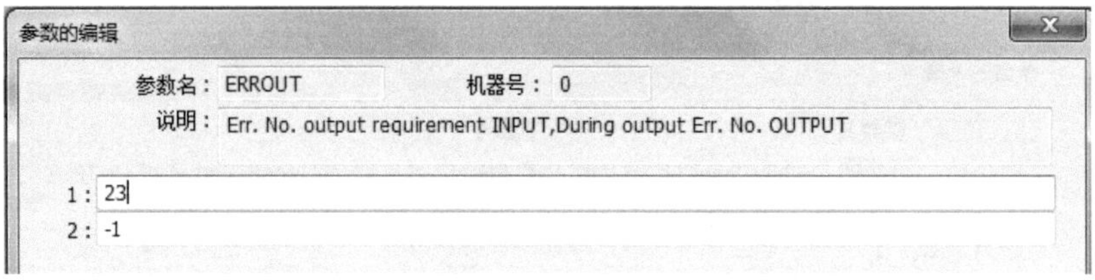

图中，设置对应本功能的输入端子号 =23，如输入端子 23=ON，则指令输出当前的"报警号"。

| 序号 | 名　称 | 功　能 | 对应参数 | 出厂值（端子号） |
|------|--------|--------|----------|------------------|
| 26 | JOG 使能信号 | 使 JOG 功能生效（通过外部端子使用 JOG 功能） | JOGENA | |

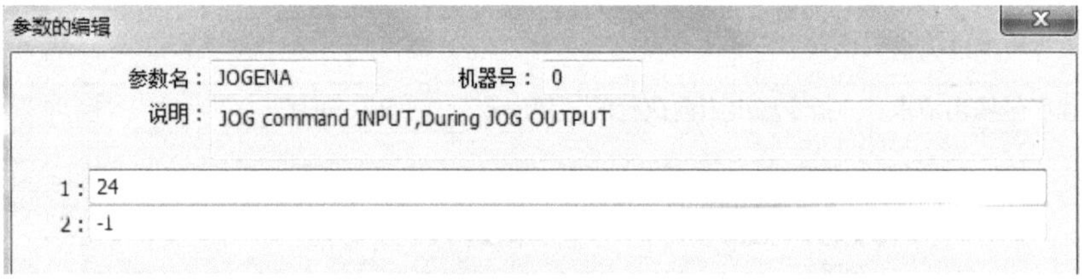

图中，设置对应本功能的输入端子号 =24，如输入端子 24=ON，则 JOG 功能生效（通过外部端子使用 JOG 功能）。

| 序号 | 名　称 | 功　能 | 对应参数 | 出厂值（端子号） |
|------|--------|--------|----------|------------------|
| 27 | 用数据设置 JOG 运行模式 | 设置在选择"JOG 模式"时使用的端子"起始号"和"结束号" 0/1/2/3/4= 关节 / 直交 / 圆筒 /3 轴直交 /TOOL | JOGM | |

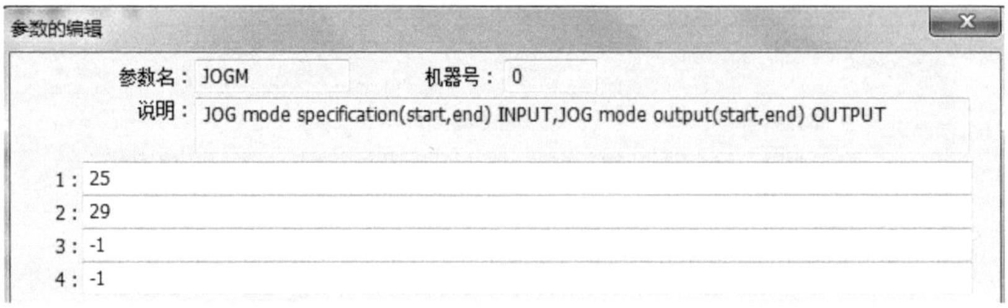

图中，设置对应本功能的输入端子号 =2529，输入端子号 =2529 组成的数据为"JOG 运行的工作模式"。0/1/2/3/4= 关节 / 直交 / 圆筒 /3 轴直交 /TOOL。例如，输入端子号 =2529 组成的数据 =1，则选择直交模式。

| 序号 | 名　称 | 功　能 | 对应参数 | 出厂值（端子号） |
|------|--------|--------|----------|------------------|
| 28 | JOG+ | 指定各轴的 JOG+ 信号 | JOG+ | |

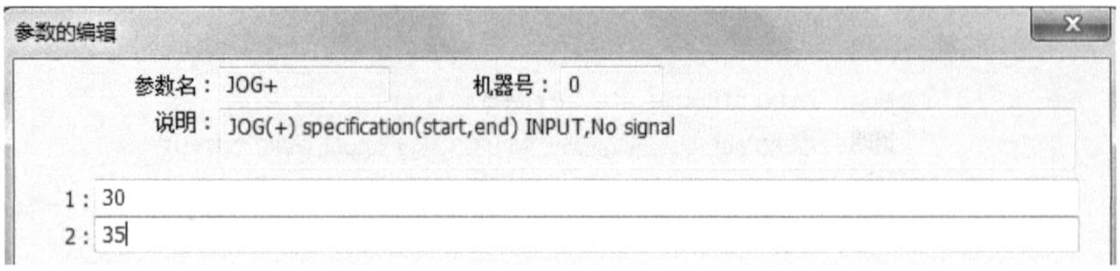

图中，设置对应本功能的输入端子号 =3035，即输入端子 30=J1 轴 JOG+，输入端子 31=J2 轴 JOG+，…，输入端子 35=J6 轴 JOG+。

（续）

| 序号 | 名　称 | 功　能 | 对应参数 | 出厂值（端子号） |
|---|---|---|---|---|
| 29 | JOG– | 指定各轴的 JOG– 信号 | JOG– | |

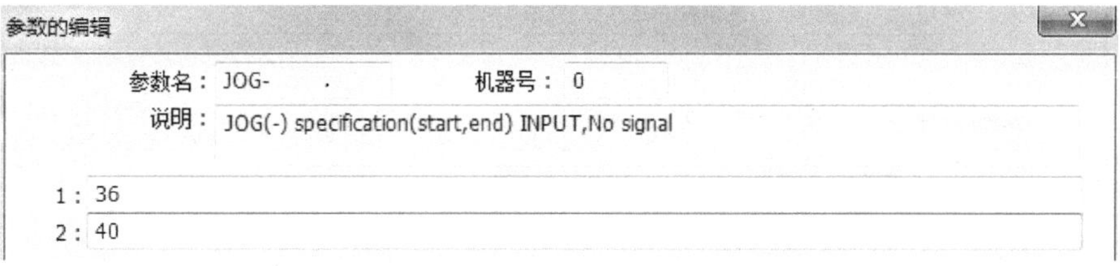

参数的编辑　　　　　　　　　　　　　　　　　×

参数名：JOG-　　　　机器号：0

说明：JOG(-) specification(start,end) INPUT,No signal

1：36

2：40

图中，设置对应本功能的输入端子号 =3640，即输入端子 36=J1 轴 JOG–，输入端子 37=J2 轴 JOG–，…，输入端子 40=J6 轴 JOG–。

| 30 | 工件坐标系编号 | 使用数据"起始位"与"结束位"，设置"工件坐标系编号" | JOGWKND | |

| 31 | JOG 报警暂时无效 | 本信号 =ON，JOG 报警暂时无效 | JOGNER | |

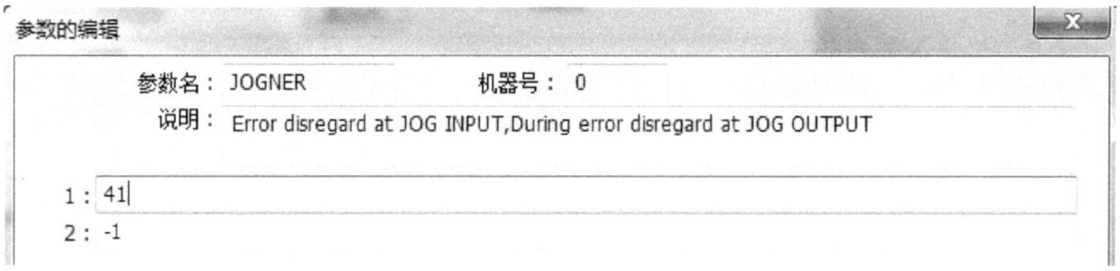

参数的编辑　　　　　　　　　　　　　　　　　×

参数名：JOGNER　　　　机器号：0

说明：Error disregard at JOG INPUT,During error disregard at JOG OUTPUT

1：41

2：-1

图中，设置对应本功能的输入端子号 =41，如输入端子 41=ON，则 JOG 报警暂时无效。

| 32 | 是否允许外部信号控制抓手 | 本信号 =ON/OFF，允许 / 不允许外部信号控制抓手 | HANDENA | |

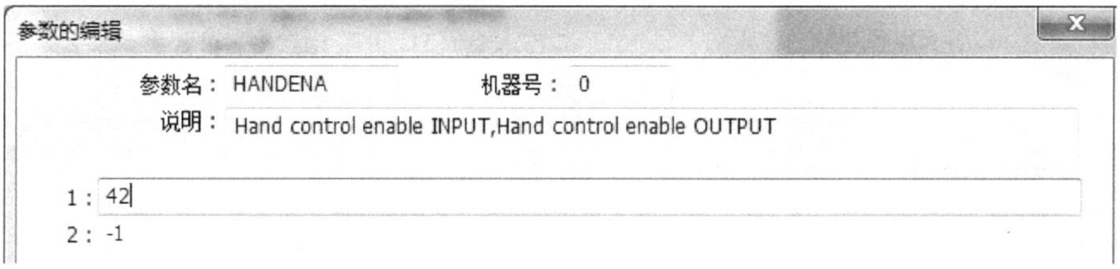

参数的编辑　　　　　　　　　　　　　　　　　×

参数名：HANDENA　　　　机器号：0

说明：Hand control enable INPUT,Hand control enable OUTPUT

1：42

2：-1

图中，设置对应本功能的输入端子号 =42，如输入端子 42=ON，则允许外部信号控制抓手；如输入端子 42=OFF，则不允许外部信号控制抓手。

| 33 | 控制抓手的输入信号范围 | 设置"控制抓手的输入信号范围" | HANDOUT | |

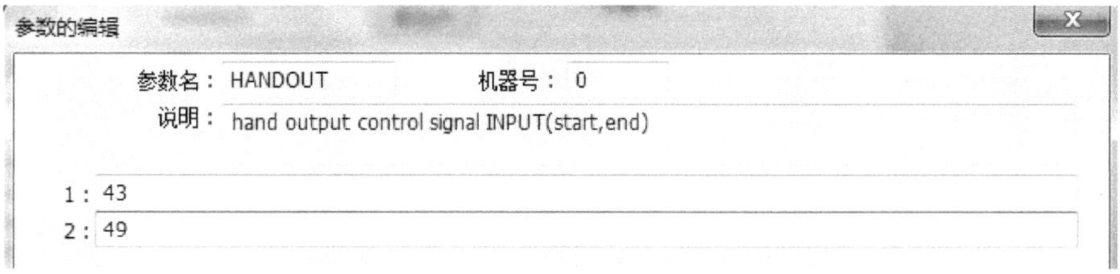

参数的编辑　　　　　　　　　　　　　　　　　×

参数名：HANDOUT　　　　机器号：0

说明：hand output control signal INPUT(start,end)

1：43

2：49

图中，设置对应本功能的输入端子号 =4349，即输入端子 4349 为"控制抓手的输入信号范围"。

（续）

| 序号 | 名　称 | 功　能 | 对应参数 | 出厂值（端子号） |
|---|---|---|---|---|
| 34 | 第 $N$ 台机器人的抓手报警，$N$=13 | 发出"第 $N$ 台机器人抓手报警信号" | HNDERRn | |

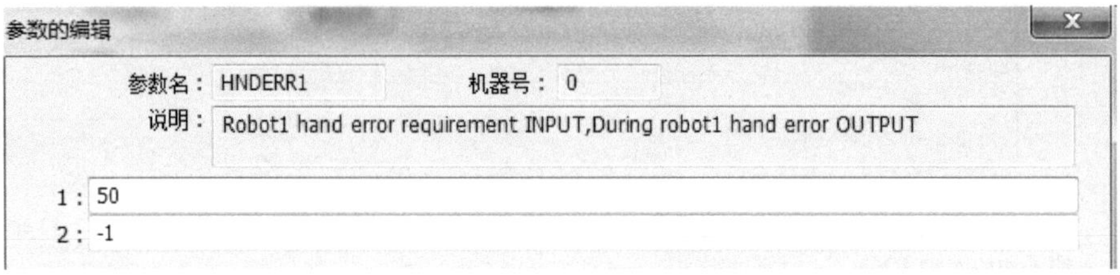

参数名：HNDERR1　　机器号：0

说明：Robot1 hand error requirement INPUT,During robot1 hand error OUTPUT

1：50
2：-1

图中，设置对应本功能的输入端子号 =50，如输入端子 50=ON，则发出"第 $N$ 台机器人抓手报警信号"。

| 序号 | 名称 | 功能 | 对应参数 | 出厂值 |
|---|---|---|---|---|
| 35 | 第 $N$ 台机器人的气压报警，$N$=15 | 发出"第 $N$ 台机器人的气压不足报警"信号 | AIRERRn | |
| 36 | 第 $N$ 台机器人预热运行模式有效 | 发出"第 $N$ 台机器人预热运行模式有效"信号 | MnWUPENA（$N$=13） | |

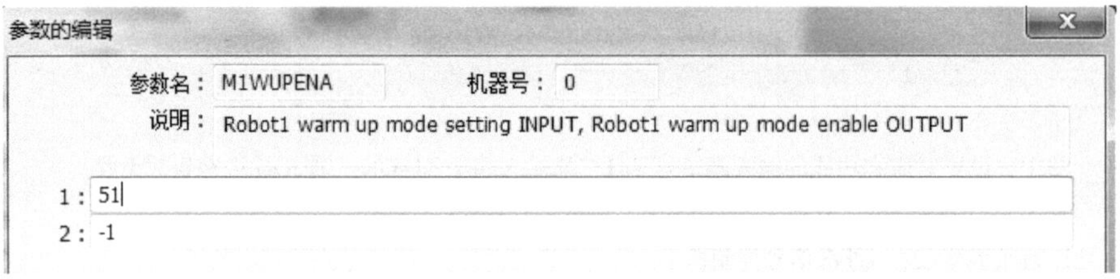

参数名：M1WUPENA　　机器号：0

说明：Robot1 warm up mode setting INPUT, Robot1 warm up mode enable OUTPUT

1：51
2：-1

图中，设置对应本功能的输入端子号 =51，如输入端子 51=ON，则发出"第 $N$ 台机器人预热运行模式有效"信号。

| 序号 | 名称 | 功能 | 对应参数 | 出厂值 |
|---|---|---|---|---|
| 37 | 指定需要输出位置数据的"任务区"号 | 指定需要输出位置数据的"任务区"号 | PSSLOT | |

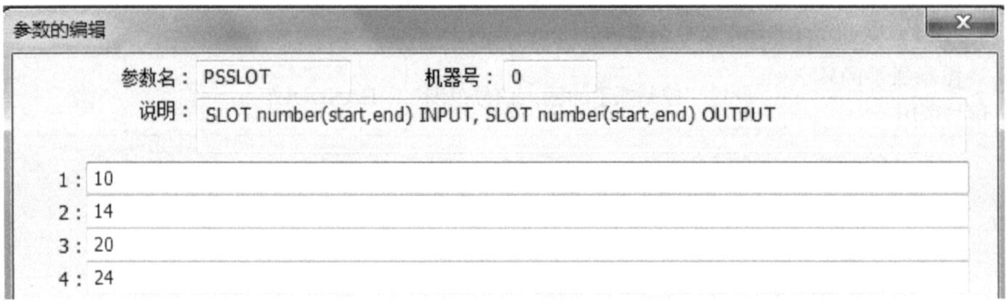

参数名：PSSLOT　　机器号：0

说明：SLOT number(start,end) INPUT, SLOT number(start,end) OUTPUT

1：10
2：14
3：20
4：24

图中，设置对应本功能的输入端子号 =1014，即输入端子 1014 构成的数据为需要输出位置数据的"任务区"号。

（续）

| 序号 | 名　称 | 功　能 | 对应参数 | 出厂值（端子号） |
|---|---|---|---|---|
| 38 | 位置数据类型 | 指定位置数据类型<br>1/0= 关节型变量 / 直交型变量 | PSTYPE | |

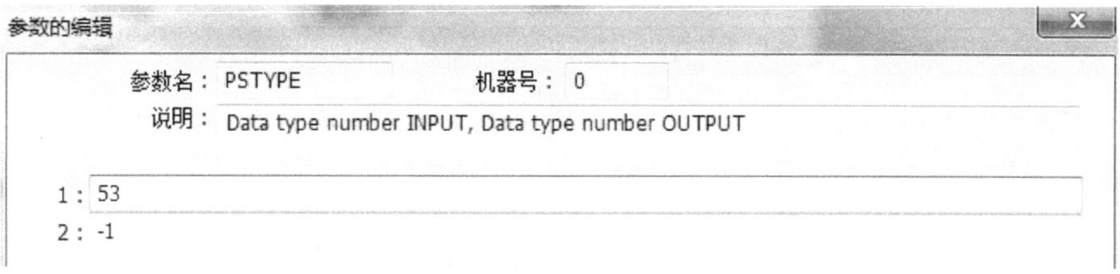

参数的编辑 ☒

参数名：PSTYPE　　机器号：0

说明：Data type number INPUT, Data type number OUTPUT

1：53

2：-1

图中，设置对应本功能的输入端子号 =53，输入端子 53=1/0，对应"关节型变量 / 直交型变量"。

| 39 | 指定用一组数据表示"位置变量号" | 指定用一组数据表示"位置变量号" | PSNUM | |
|---|---|---|---|---|

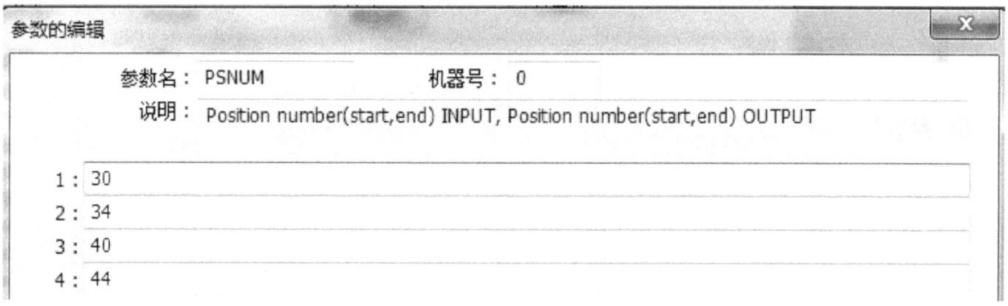

参数的编辑 ☒

参数名：PSNUM　　机器号：0

说明：Position number(start,end) INPUT, Position number(start,end) OUTPUT

1：30

2：34

3：40

4：44

图中，设置对应本功能的输入端子号 =3034，即输入端子 3034 构成的数据表示"位置变量号"。

| 40 | 输出位置数据指令 | 指令输出当前的"位置数据" | PSOUT | |
|---|---|---|---|---|

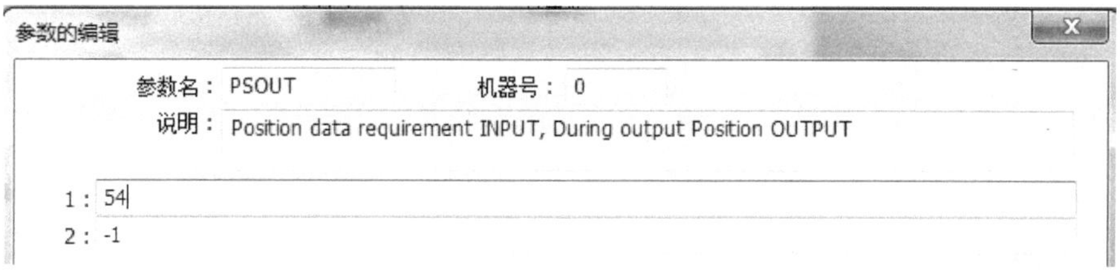

参数的编辑 ☒

参数名：PSOUT　　机器号：0

说明：Position data requirement INPUT, During output Position OUTPUT

1：54

2：-1

图中，设置对应本功能的输入端子号 =54，如输入端子 54=ON，则指令输出当前的"位置数据"。

| 41 | 输出控制柜温度 | 指令输出控制柜实际温度 | TMPOUT | |
|---|---|---|---|---|

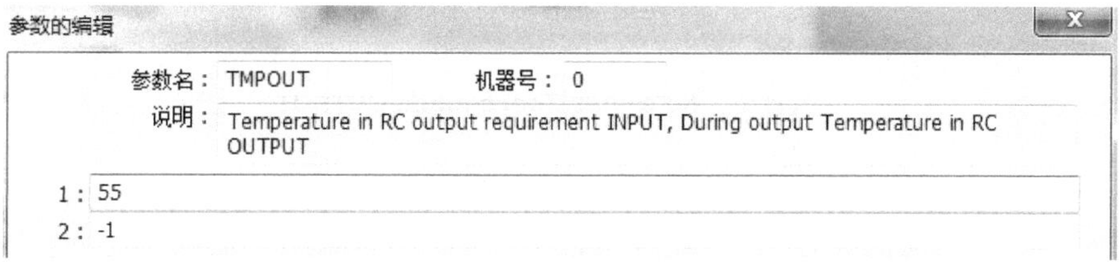

参数的编辑 ☒

参数名：TMPOUT　　机器号：0

说明：Temperature in RC output requirement INPUT, During output Temperature in RC OUTPUT

1：55

2：-1

图中，设置对应本功能的输入端子号 =55，如输入端子 55=ON，则指令输出控制柜温度。

### 25.3.3 专用输出信号详解

本节将解释专用输出信号以及这些信号对应的参数。出厂值是指出厂时预分配的输出端子序号。由于同一参数包含了输入信号与输出信号的内容，因此必须理解：参数只是表示某一功能，输入信号驱动这一功能生效，输出信号表示这一功能是否已经生效。

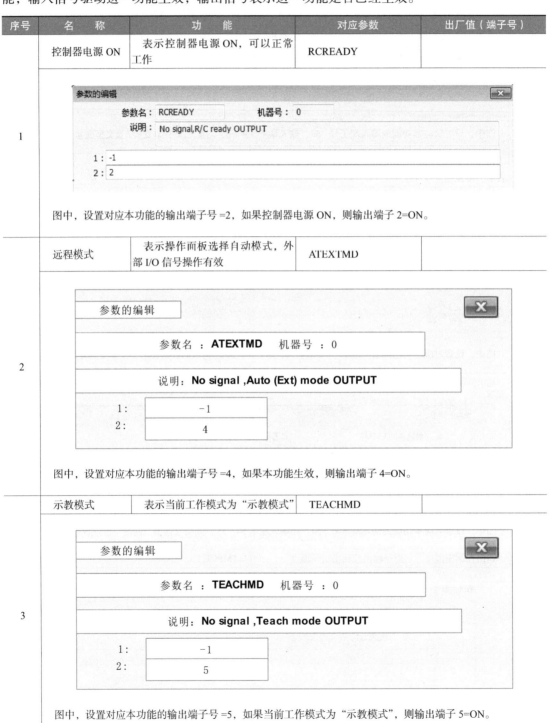

| 序号 | 名 称 | 功 能 | 对应参数 | 出厂值（端子号） |
|---|---|---|---|---|
| 1 | 控制器电源 ON | 表示控制器电源 ON，可以正常工作 | RCREADY | |

图中，设置对应本功能的输出端子号 =2，如果控制器电源 ON，则输出端子 2=ON。

| | 远程模式 | 表示操作面板选择自动模式，外部 I/O 信号操作有效 | ATEXTMD | |
|---|---|---|---|---|
| 2 | | | | |

图中，设置对应本功能的输出端子号 =4，如果本功能生效，则输出端子 4=ON。

| | 示教模式 | 表示当前工作模式为"示教模式" | TEACHMD | |
|---|---|---|---|---|
| 3 | | | | |

图中，设置对应本功能的输出端子号 =5，如果当前工作模式为"示教模式"，则输出端子 5=ON。

（续）

| 序号 | 名　称 | 功　能 | 对应参数 | 出厂值（端子号） |
|---|---|---|---|---|
| 4 | 自动模式 | 表示当前工作模式为"自动模式" | ATTOPMD | |

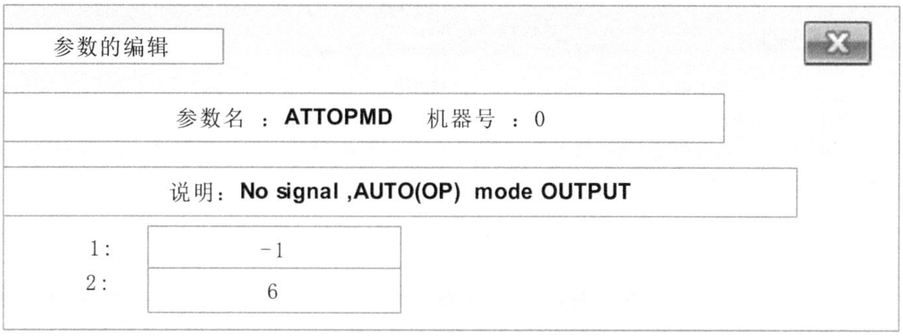

参数的编辑 ✕

参数名 ： **ATTOPMD**　　机器号 ： 0

说明： **No signal ,AUTO(OP) mode OUTPUT**

1：　　　　−1

2：　　　　6

图中，设置对应本功能的输出端子号 =6，如果当前工作模式为"自动模式"，则输出端子 6=ON。

| 5 | 外部信号操作权有效 | 表示"外部信号操作权有效"。如下图所示，当输出 3=ON，表示外部操作权有效 | IOENA | 3 |

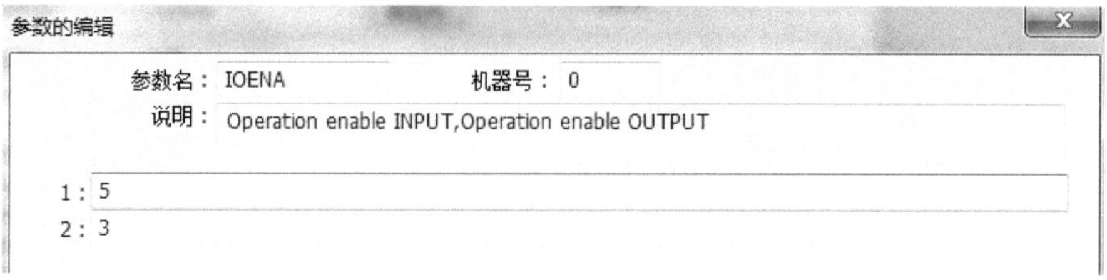

参数的编辑 ✕

参数名： IOENA　　机器号 ： 0

说明： Operation enable INPUT,Operation enable OUTPUT

1： 5

2： 3

图中，设置对应本功能的输出端子号 =3，如果外部操作权已经有效，则输出端子 3=ON。

| 6 | 程序已启动 | 表示机器人进入"程序已启动"状态 | START | |

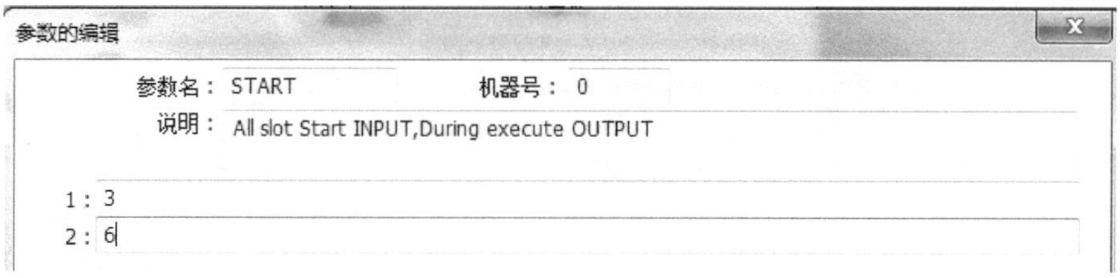

参数的编辑 ✕

参数名： START　　机器号 ： 0

说明： All slot Start INPUT,During execute OUTPUT

1： 3

2： 6

图中，设置对应本功能的输出端子号 =6，如果机器人进入"程序已启动"状态，则输出端子 6=ON。

| 7 | 程序停止 | 表示机器人进入"程序暂停"状态 | STOP | |

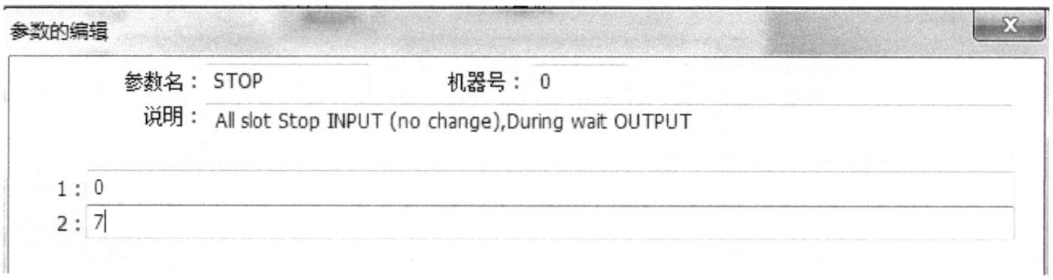

参数的编辑 ✕

参数名： STOP　　机器号 ： 0

说明： All slot Stop INPUT (no change),During wait OUTPUT

1： 0

2： 7

图中，设置对应本功能的输出端子号 =7，如果机器人进入"程序暂停"状态，则输出端子 7=ON。

（续）

| 序号 | 名 称 | 功 能 | 对应参数 | 出厂值（端子号） |
|---|---|---|---|---|
| 8 | 程序停止 | 表示"程序暂停"状态 | STOP2 | |

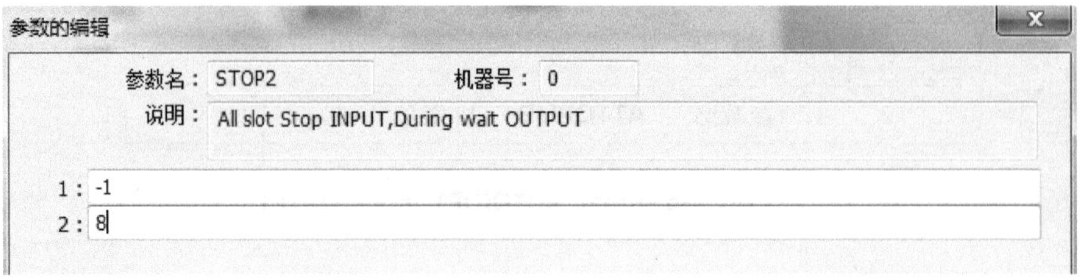

参数的编辑　×
参数名：STOP2　　机器号：0
说明：All slot Stop INPUT,During wait OUTPUT
1: -1
2: 8

图中，设置对应本功能的输出端子号 =8，如果机器人进入"程序暂停 2"状态，则输出端子 8=ON。

| 9 | "STOP"信号输入 | 表示正在输入"STOP"信号 | STOPSTS | |

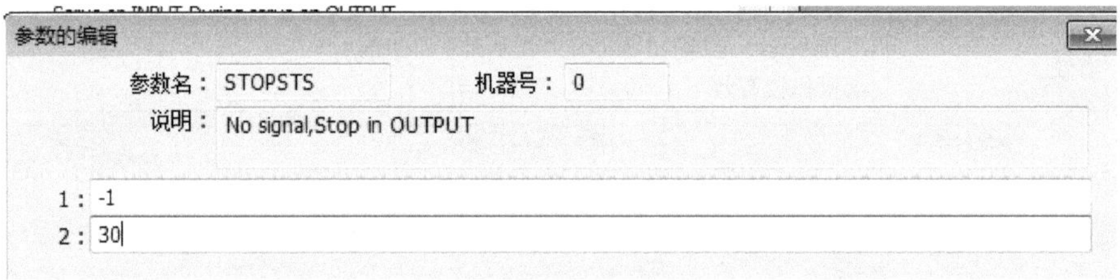

参数的编辑　×
参数名：STOPSTS　　机器号：0
说明：No signal,Stop in OUTPUT
1: -1
2: 30

图中，设置对应本功能的输出端子号 =30，如果正在输入"STOP"信号，则输出端子 30=ON。

| 10 | 任务区中的程序可选择状态 | 表示"任务区处于程序可选择状态" | SLOTINIT | |

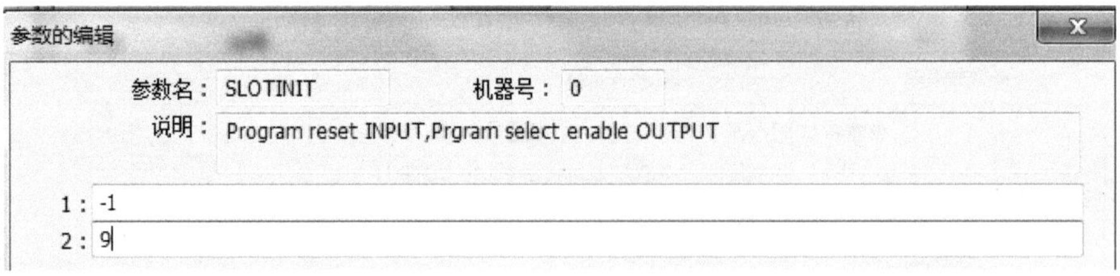

参数的编辑　×
参数名：SLOTINIT　　机器号：0
说明：Program reset INPUT,Prgram select enable OUTPUT
1: -1
2: 9

图中，设置对应本功能的输出端子号 =9，如果"任务区处于程序可选择状态"，则端子 9=ON。

| 11 | 发生报警 | 表示系统处于"发生报警"状态 | ERRRESET | |

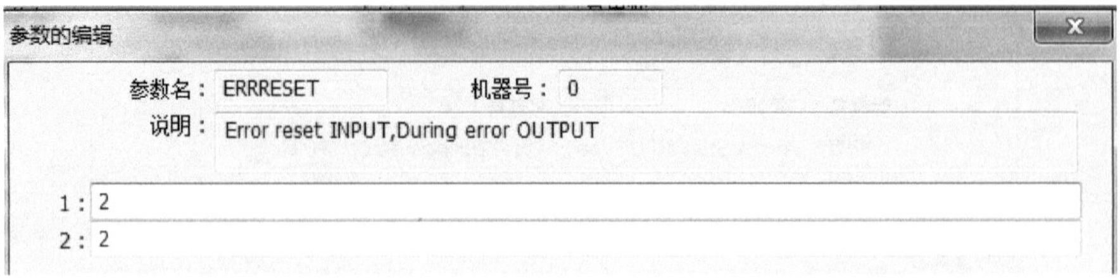

参数的编辑　×
参数名：ERRRESET　　机器号：0
说明：Error reset INPUT,During error OUTPUT
1: 2
2: 2

图中设置的输出端子号 =2，如系统处于"发生报警"，则输出端子 2=ON。

（续）

| 序号 | 名 称 | 功 能 | 对应参数 | 出厂值（端子号） |
|------|-------|-------|----------|------------------|
| 12 | 伺服 ON | 表示当前处于"伺服 ON"状态 | SRVON | 1 |

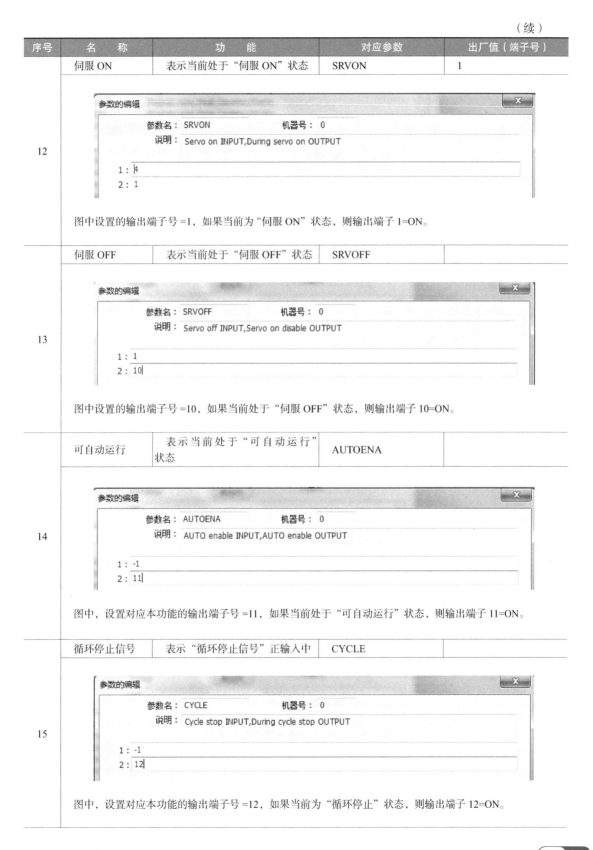

图中设置的输出端子号 =1，如果当前为"伺服 ON"状态，则输出端子 1=ON。

| 序号 | 名 称 | 功 能 | 对应参数 | 出厂值（端子号） |
|------|-------|-------|----------|------------------|
| 13 | 伺服 OFF | 表示当前处于"伺服 OFF"状态 | SRVOFF | |

图中设置的输出端子号 =10，如果当前处于"伺服 OFF"状态，则输出端子 10=ON。

| 序号 | 名 称 | 功 能 | 对应参数 | 出厂值（端子号） |
|------|-------|-------|----------|------------------|
| 14 | 可自动运行 | 表示当前处于"可自动运行"状态 | AUTOENA | |

图中，设置对应本功能的输出端子号 =11，如果当前处于"可自动运行"状态，则输出端子 11=ON。

| 序号 | 名 称 | 功 能 | 对应参数 | 出厂值（端子号） |
|------|-------|-------|----------|------------------|
| 15 | 循环停止信号 | 表示"循环停止信号"正输入中 | CYCLE | |

图中，设置对应本功能的输出端子号 =12，如果当前为"循环停止"状态，则输出端子 12=ON。

（续）

| 序号 | 名　称 | 功　能 | 对应参数 | 出厂值（端子号） |
|---|---|---|---|---|
| 16 | 机械锁定状态 | 表示机器人处于"机械锁定状态"。"机械锁定状态"是程序运行，机器人不动作 | MELOCK | |

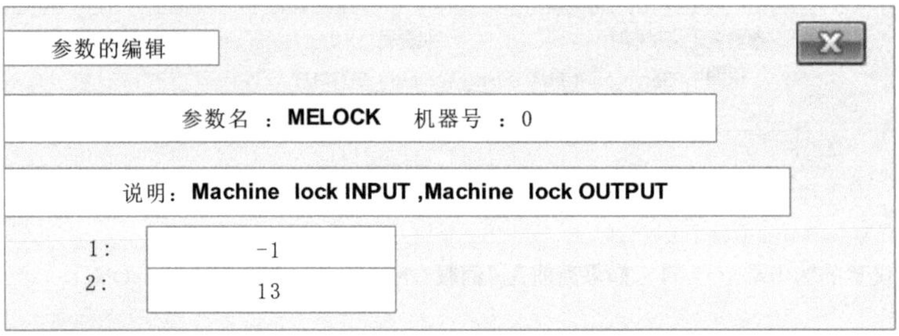

参数的编辑

参数名：**MELOCK**　机器号：0

说明：**Machine lock INPUT ,Machine lock OUTPUT**

1：　　　-1
2：　　　13

图中，设置对应本功能的输出端子号=13，如果机器人处于"机械锁定状态"，则输出端子13=ON。

| 17 | 回待避点状态 | 表示机器人处于"回待避点状态" | SAFEPOS | |

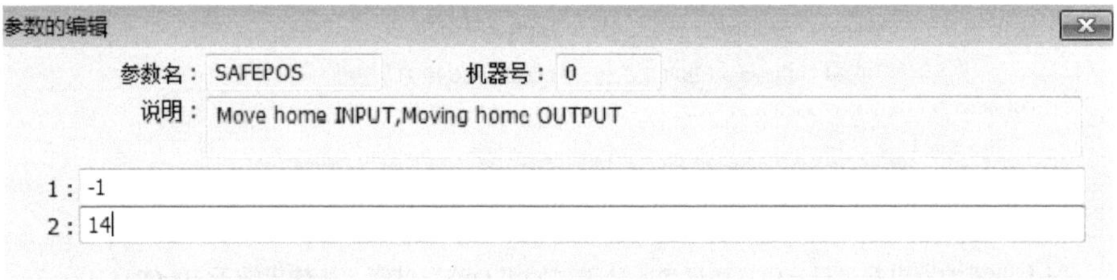

参数的编辑

参数名：SAFEPOS　　机器号：0

说明：Move home INPUT,Moving home OUTPUT

1：-1
2：14

图中，设置对应本功能的输出端子号=14，如果机器人处于"回待避点状态"，则输出端子14=ON。

| 18 | 电池电压过低 | 表示机器人"电池电压过低" | BATERR | |

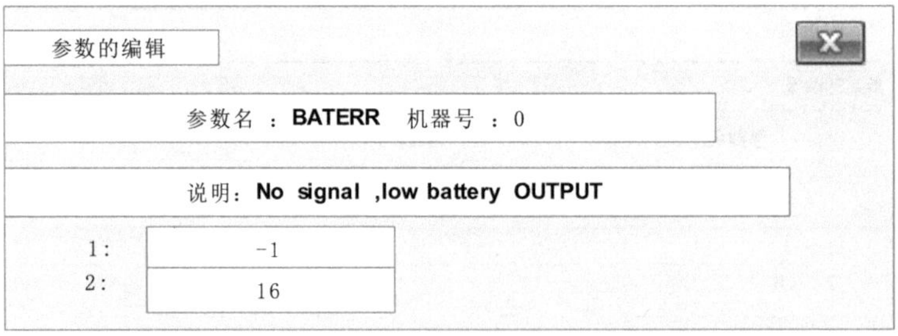

参数的编辑

参数名：**BATERR**　机器号：0

说明：**No signal ,low battery OUTPUT**

1：　　　-1
2：　　　16

图中，设置对应本功能的输出端子号=16，如果机器人处于"电池电压过低状态"，则输出端子16=ON。

| 19 | 严重级故障报警 | 表示机器人出现"严重级故障报警" | HLVLERR | |

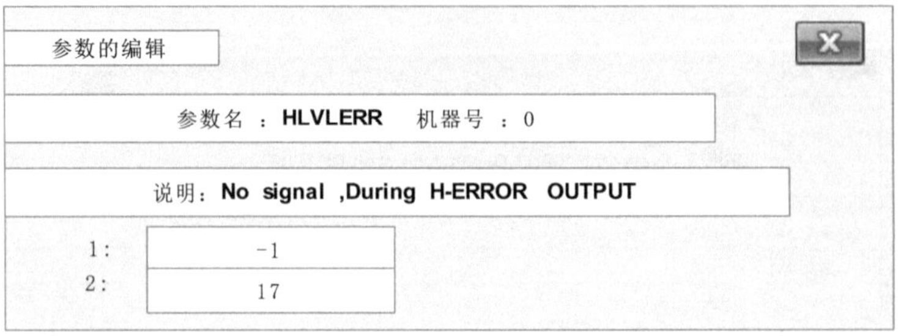

参数的编辑

参数名：**HLVLERR**　机器号：0

说明：**No signal ,During H-ERROR OUTPUT**

1：　　　-1
2：　　　17

图中，设置对应本功能的输出端子号=17，如果机器人处于"严重级故障报警"，则输出端子17=ON。

（续）

| 序号 | 名　称 | 功　能 | 对应参数 | 出厂值（端子号） |
|------|--------|--------|----------|------------------|
| 20 | 轻微级故障报警 | 表示机器人出现"轻微级故障报警" | LLVLERR | |

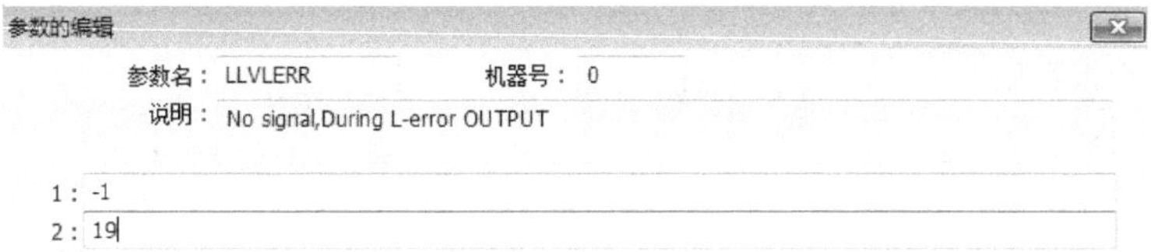

参数的编辑

参数名：LLVLERR　　机器号：0

说明：No signal,During L-error OUTPUT

1：-1
2：19

图中，设置对应本功能的输出端子号 =19，如果机器人处于"轻微级故障报警"，则输出端子 19=ON。

| 21 | 警告型故障 | 表示机器人出现"警告型故障" | CLVLERR | |
| 22 | 机器人急停 | 表示机器人处于"急停状态" | EMGERR | |

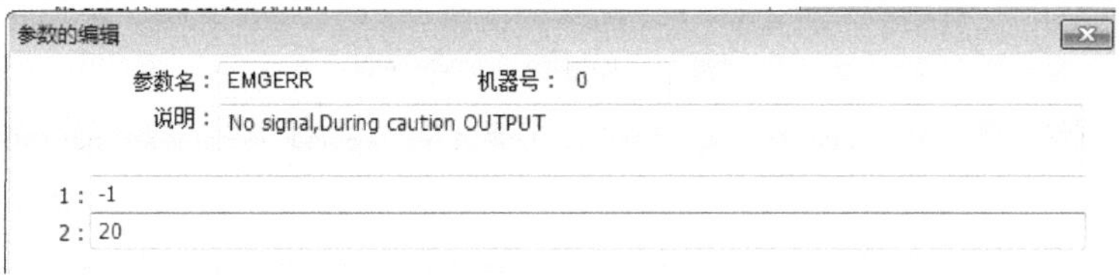

参数的编辑

参数名：EMGERR　　机器号：0

说明：No signal,During caution OUTPUT

1：-1
2：20

图中，设置对应本功能的输出端子号 =20，如果机器人处于"急停状态"，则输出端子 20=ON。

| 23 | 第 N 任务区程序在运行中 | 表示"第 N 任务区程序在运行中" | SnSTART | |

参数的编辑

参数名：**S1START**　机器号：0

说明：**Slot1 start INPUT ,Slot1 During Execute   OUTPUT**

1：　　　-1
2：　　　21

图中，设置对应本功能的输出端子号 =21，如果机器人处于"第 1 任务区程序运行状态"，则输出端子 21=ON。

| 24 | 第 N 任务区程序在暂停中 | 表示"第 N 任务区程序在暂停中" | SnSTOP | |

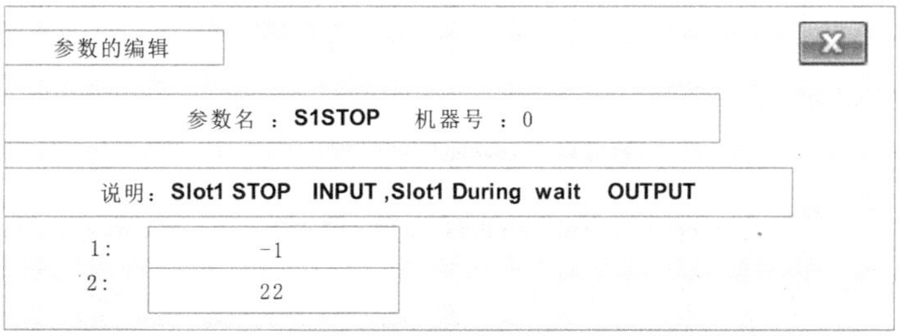

参数的编辑

参数名：**S1STOP**　机器号：0

说明：**Slot1 STOP   INPUT ,Slot1 During wait   OUTPUT**

1：　　　-1
2：　　　22

图中，设置对应本功能的输出端子号 =22，如果机器人处于"第 1 任务区程序暂停中状态"，则输出端子 22=ON。

（续）

| 序号 | 名　称 | 功　能 | 对应参数 | 出厂值（端子号） |
|---|---|---|---|---|
| 25 | 第 $N$ 台机器人伺服 OFF | 表示"第 $N$ 台机器人伺服 OFF" | SnSRVOFF | |
| 26 | 第 $N$ 台机器人伺服 ON | 表示"第 $N$ 台机器人伺服 ON" | SnSRVON | |
| 27 | 第 $N$ 台机器人机械锁定 | 表示"第 $N$ 台机器人处于机械锁定"状态 | SnMELOCK | |
| 28 | 数据输出区域 | 对数据输出，指定输出信号的"起始位"和"结束位" | IODATA | |

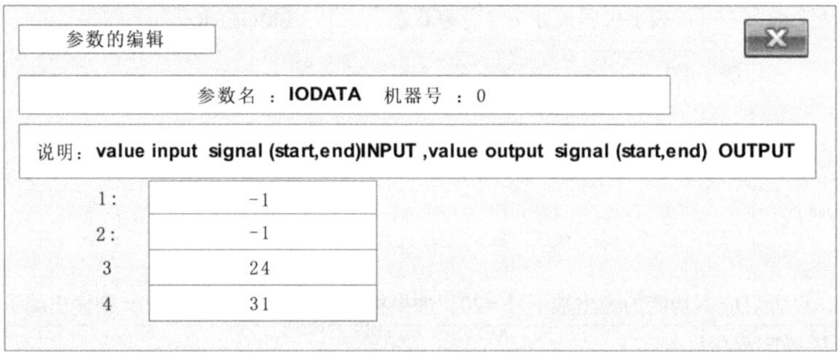

参数的编辑

参数名 ： IODATA　机器号 ： 0

说明： value input signal (start,end)INPUT ,value output signal (start,end) OUTPUT

| 1: | −1 |
|---|---|
| 2: | −1 |
| 3 | 24 |
| 4 | 31 |

　　图中，设置对应本功能的输出端子号 =2431，则输出端子 2431 的 ON/OFF 状态构成了一组数据用于表示相关信息。

| 29 | "程序号"数据输出中 | 表示当前正在输出"程序号" | PRGOUT | |
|---|---|---|---|---|

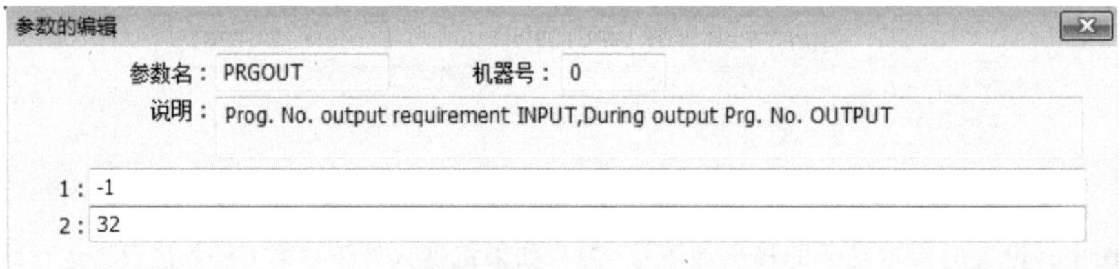

参数的编辑

参数名： PRGOUT　　　机器号： 0

说明： Prog. No. output requirement INPUT,During output Prg. No. OUTPUT

1： -1

2： 32

　　图中，设置对应本功能的输出端子号 =32，如果机器人当前正在输出"程序号"，则输出端子 32=ON。

| 30 | "程序行号"数据输出中 | 表示当前正在输出"程序行号" | LINEOUT | |
|---|---|---|---|---|

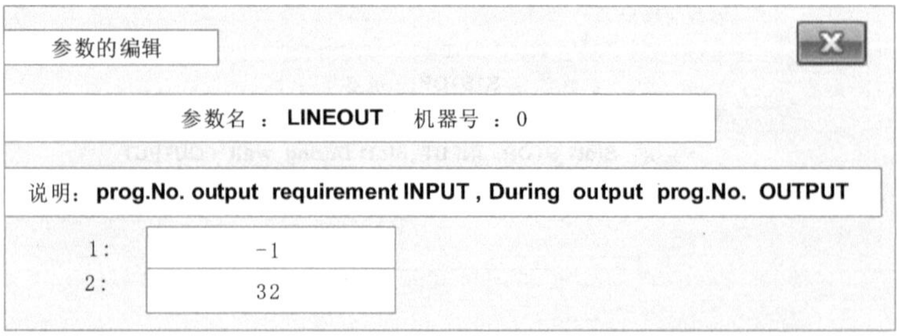

参数的编辑

参数名 ： LINEOUT　机器号 ： 0

说明： prog.No. output requirement INPUT , During output prog.No. OUTPUT

| 1: | −1 |
|---|---|
| 2: | 32 |

　　图中，设置对应本功能的输出端子号 =33，如果机器人当前正在输出"程序行号"，则输出端子 33=ON。

（续）

| 序号 | 名　称 | 功　能 | 对应参数 | 出厂值（端子号） |
|---|---|---|---|---|
| 31 | "速度倍率"数据输出中 | 表示当前正在输出"速度倍率" | OVRDOUT | |

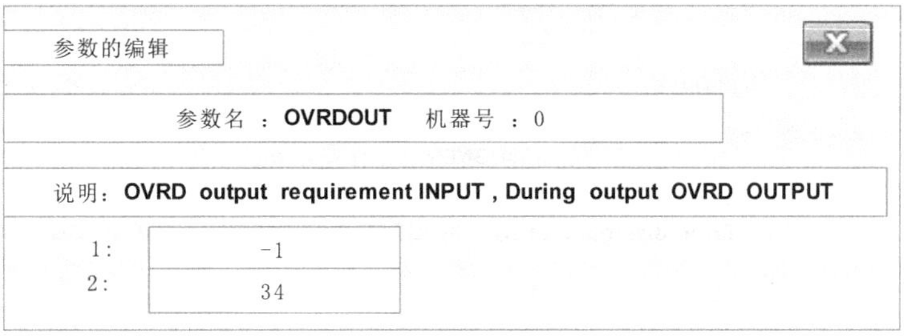

参数的编辑 ✕

参数名：**OVRDOUT**　机器号：0

说明：**OVRD output requirement INPUT，During output OVRD OUTPUT**

| 1： | −1 |
|---|---|
| 2： | 34 |

图中，设置对应本功能的输出端子号 =34，如果机器人当前正在输出"速度倍率"，则输出端子 34=ON。

| 32 | "报警号"输出中 | 表示当前正在输出"报警号" | ERROUT | |
|---|---|---|---|---|

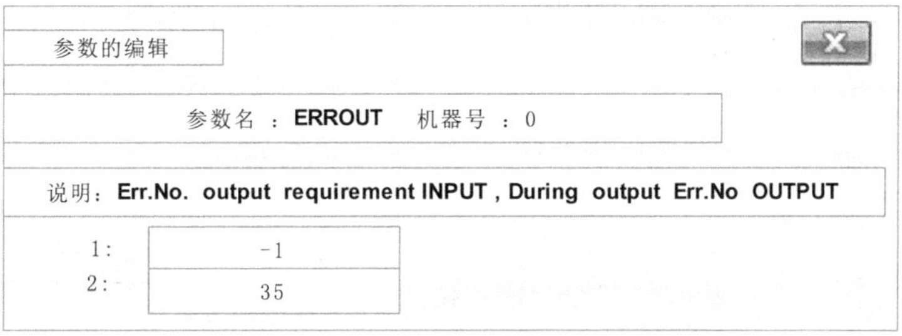

参数的编辑 ✕

参数名：**ERROUT**　机器号：0

说明：**Err.No. output requirement INPUT，During output Err.No OUTPUT**

| 1： | −1 |
|---|---|
| 2： | 35 |

图中，设置对应本功能的输出端子号 =35，如果机器人当前正在输出"报警号"，则输出端子 35=ON。

| 33 | JOG 有效状态 | 表示当前处于"JOG 有效状态" | JOGENA | |
|---|---|---|---|---|

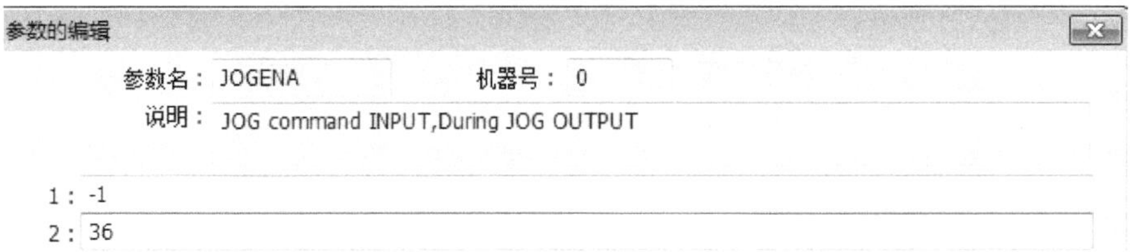

参数的编辑 ✕

参数名：JOGENA　　机器号：0
说明：JOG command INPUT,During JOG OUTPUT

1: -1
2: 36

图中，设置对应本功能的输出端子号 =36，如果机器人当前处于"JOG 有效状态"，则输出端子 36=ON

| 34 | JOG 模式 | 表示当前的"JOG 模式" | JOGM | |
|---|---|---|---|---|

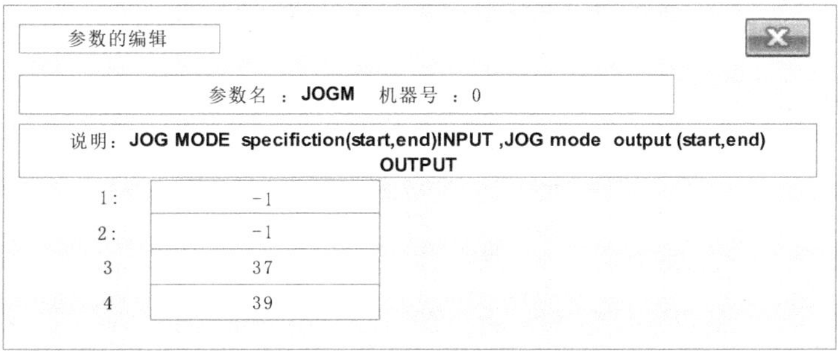

参数的编辑 ✕

参数名：**JOGM**　机器号：0

说明：**JOG MODE specifiction(start,end)INPUT ,JOG mode output (start,end) OUTPUT**

| 1： | −1 |
|---|---|
| 2： | −1 |
| 3 | 37 |
| 4 | 39 |

图中，设置对应本功能的输出端子号 =3739，输出端子 3739 构成的数据表示了 JOG 的工作模式。

（续）

| 序号 | 名　称 | 功　能 | 对应参数 | 出厂值（端子号） |
|---|---|---|---|---|
| | "JOG 报警无效状态" | "JOG 报警有效无效状态" | JOGNER | |
| 35 | | | | |

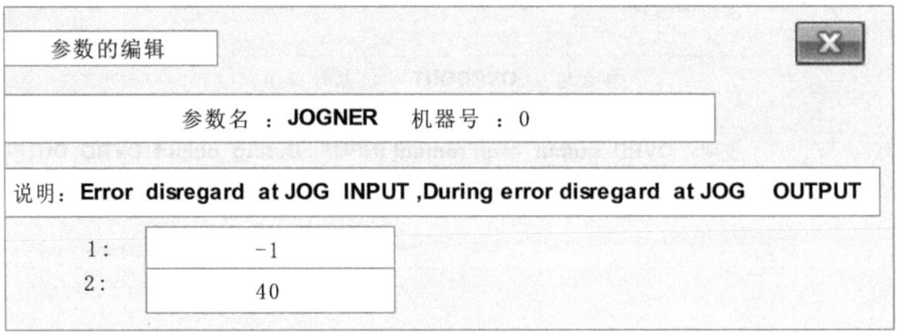

参数的编辑　　　　　　　　　　　　　✕

参数名：**JOGNER**　机器号：0

说明：**Error disregard at JOG INPUT ,During error disregard at JOG OUTPUT**

1:　　　−1

2:　　　40

图中，设置对应本功能的输出端子号 =40，如果机器人当前处于"JOG 报警无效状态"，则输出端子 40=ON。

| 36 | 抓手工作状态 | 输出抓手工作状态<br>（输出信号部分） | HNDCNTLn | |
| 37 | 抓手工作状态 | 输出抓手工作状态<br>（输入信号部分） | HNDSTSn | |
| 38 | 外部信号对抓手控制的有效无效状态 | 表示"外部信号对抓手控制的有效无效状态" | HANDENA | |

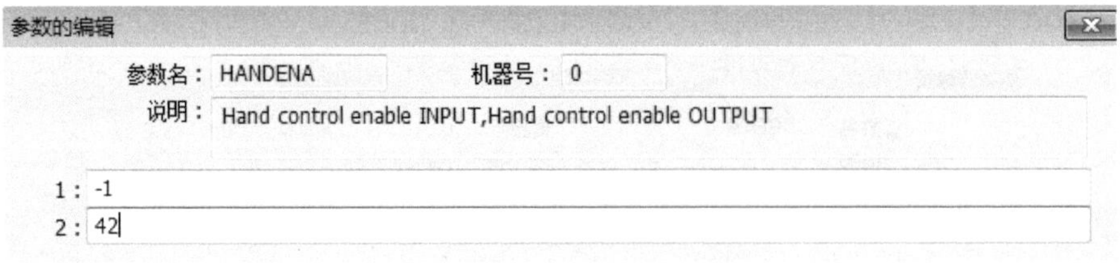

参数的编辑　　　　　　　　　　　　　✕

参数名：HANDENA　　　机器号：0

说明：Hand control enable INPUT,Hand control enable OUTPUT

1: -1

2: 42

图中，设置对应本功能的输出端子号 =42，如果机器人当前处于"外部信号对抓手控制有效状态"，则输出端子 42=ON。

| 39 | 第 N 台机器人抓手报警 | 表示"第 N 台机器人抓手报警" | HNDERRn | |

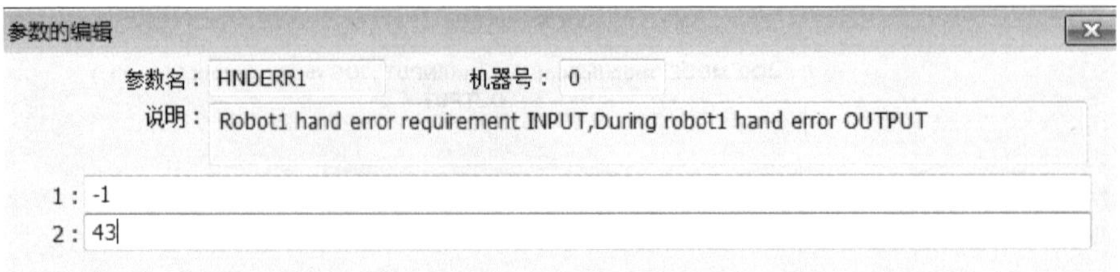

参数的编辑　　　　　　　　　　　　　✕

参数名：HNDERR1　　　机器号：0

说明：Robot1 hand error requirement INPUT,During robot1 hand error OUTPUT

1: -1

2: 43

图中，设置对应本功能的输出端子号 =43，如果 1# 机器人当前处于"抓手报警"，则输出端子 43=ON。

（续）

| 序号 | 名　称 | 功　能 | 对应参数 | 出厂值（端子号） |
|---|---|---|---|---|
| 40 | 第 N 台机器人气压报警 | 表示"第 N 台机器人气压报警" | AIRERRn | |

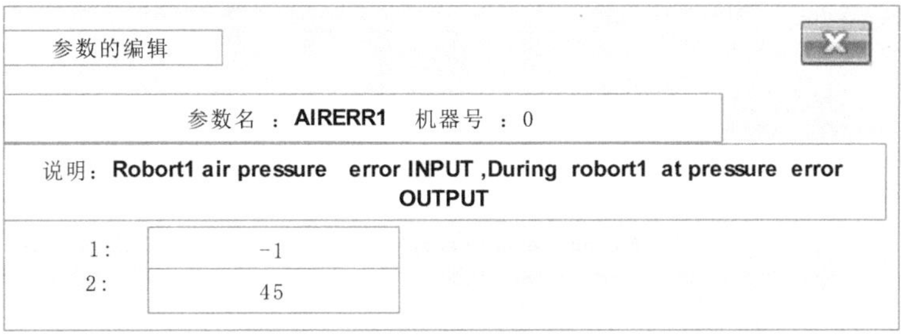

| | 参数的编辑 |
|---|---|
| | 参数名：**AIRERR1**　机器号：0 |
| | 说明：**Robort1 air pressure error INPUT ,During robort1 at pressure error OUTPUT** |
| | 1：　　−1 |
| | 2：　　45 |

图中，设置对应本功能的输出端子号 =45，如果 1# 机器人当前处于"气压报警状态"，则输出端子 45=ON。

| 41 | 用户定义区编号 | 用输出端子"起始位"和"结束位"表示"用户定义区编号" | USRAREA | |
|---|---|---|---|---|

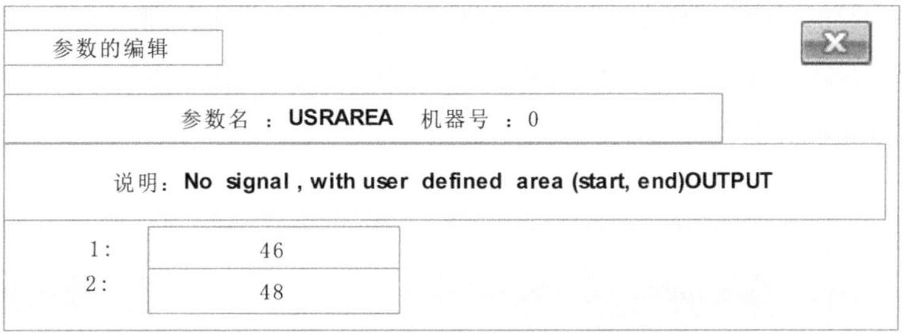

| | 参数的编辑 |
|---|---|
| | 参数名：**USRAREA**　机器号：0 |
| | 说明：**No signal , with user defined area (start, end)OUTPUT** |
| | 1：　　46 |
| | 2：　　48 |

图中，设置对应本功能的输出端子号 =4648，输出端子 4648 构成的数据表示了"用户定义区编号"。

| 42 | 易损件维修时间 | 表示易损件到达"维修时间" | MnPTEXC | |
|---|---|---|---|---|

| | 参数的编辑 |
|---|---|
| | 参数名：**M1PTEXC**　机器号：0 |
| | 说明：**No signal , robot1 warning which urges exchange of parts** |
| | 1：　　−1 |
| | 2：　　49 |

图中，设置对应本功能的输出端子号 =49，如果机器人易损件到达"维修时间"，则输出端子 49=ON。

| 43 | 机器人处于"预热工作模式" | 表示"机器人处于预热工作模式" | MnWUPENA | |
|---|---|---|---|---|

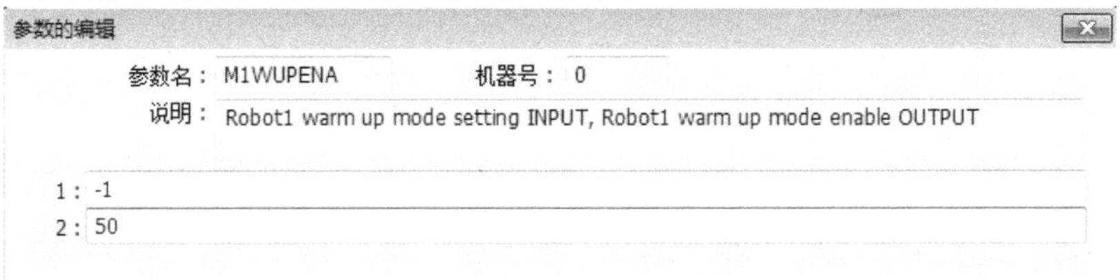

| | 参数的编辑 |
|---|---|
| | 参数名：M1WUPENA　机器号：0 |
| | 说明：Robot1 warm up mode setting INPUT, Robot1 warm up mode enable OUTPUT |
| | 1: -1 |
| | 2: 50 |

图中，设置对应本功能的输出端子号 =50，如果机器人处于"预热工作模式""，则输出端子 50=ON。

（续）

| 序号 | 名　称 | 功　能 | 对应参数 | 出厂值（端子号） |
|---|---|---|---|---|
| 44 | 输出位置数据的任务区编号 | 用输出端子"起始位"和"结束位"表示"输出位置数据的任务区编号" | PSSLOT | |

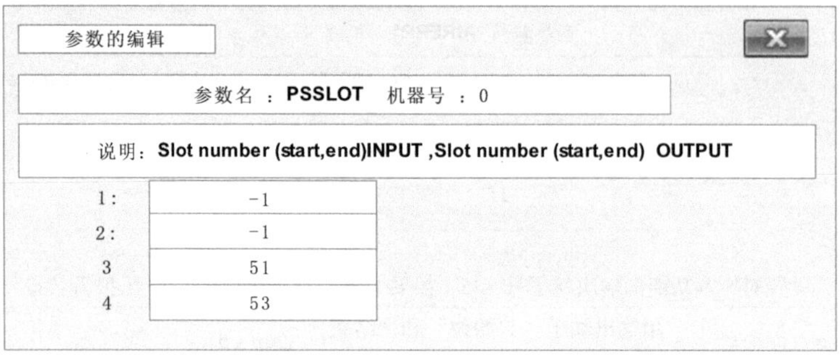

参数的编辑

参数名：**PSSLOT**　机器号：0

说明：**Slot number (start,end)INPUT ,Slot number (start,end) OUTPUT**

1:　−1
2:　−1
3　51
4　53

图中，设置对应本功能的输出端子号 =5153，输出端子 5153 构成的数据表示了"输出位置数据的任务区编号"。

| 45 | 输出的"位置数据类型" | 表示输出的"位置数据类型"是关节型还是直交型 | PSTYPE | |
|---|---|---|---|---|

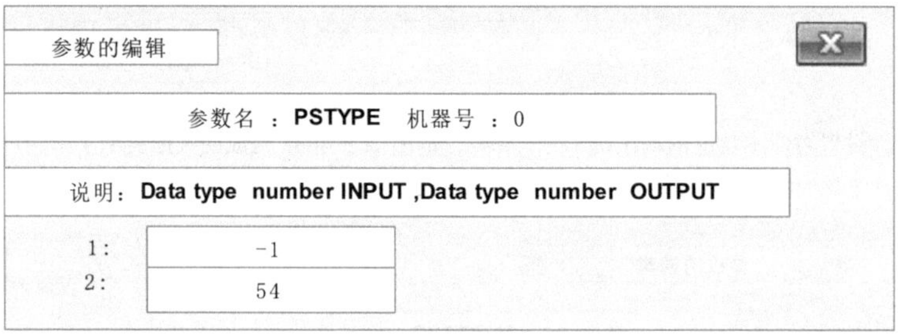

参数的编辑

参数名：**PSTYPE**　机器号：0

说明：**Data type　number INPUT ,Data type　number　OUTPUT**

1:　−1
2:　54

图中，设置对应本功能的输出端子号 =54，如果"位置数据类型 = 关节型"，则输出端子 54=ON；如果"位置数据类型 = 直交型"，则输出端子 54=OFF。

| 46 | 输出的"位置数据编号" | 用输出端子"起始位"和"结束位"表示"输出位置数据的编号" | PSNUM | |
|---|---|---|---|---|

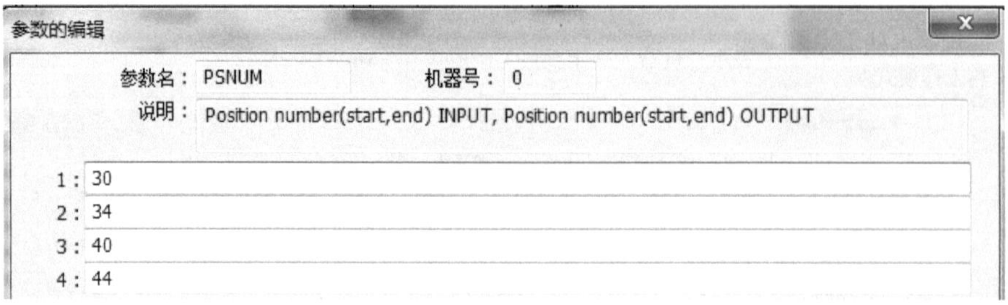

参数的编辑

参数名：PSNUM　　机器号：0
说明：Position number(start,end) INPUT, Position number(start,end) OUTPUT

1:30
2:34
3:40
4:44

图中，设置对应本功能的输出端子号 =4044，输出端子 4044 构成的数据表示了"输出位置数据的编号"。

（续）

| 序号 | 名　称 | 功　能 | 对应参数 | 出厂值（端子号） |
|---|---|---|---|---|
| 47 | "位置数据"的输出状态 | 表示当前是否处于"位置数据的输出状态" | PSOUT | |

参数的编辑

参数名：PSOUT　　机器号：0

说明：Position data requirement INPUT, During output Position OUTPUT

1： -1
2： 55

图中，设置对应本功能的输出端子号 =55，如果机器人当前处于"位置数据的输出状态"，则输出端子 55=ON。

| 48 | 控制柜温度输出状态 | 表示当前处于"控制柜温度输出状态" | TMPOUT | |
|---|---|---|---|---|

参数的编辑

参数名：TMPOUT　　机器号：0

说明：Temperature in RC output requirement INPUT, During output Temperature in RC OUTPUT

1： 0
2： 7

图中，设置对应本功能的输出端子号 =7，如果机器人当前处于"控制柜温度输出状态"，则输出端子 7=ON。

## 25.4　思考

进入参数【START】界面和【STOP】界面，观察参数"START"和"STOP"的设置值并记录。

### 25.4.1　参考:【输入信号监视】界面的功能及操作方法

① 进入【输入信号监视】界面。

② 在【监视】界面直接按数字键 [1]，即进入【输入信号监视】界面，在【输入信号监视】界面可以观察到各输入信号的 ON/OFF 状态，如图 25-8 所示。

③ 按下急停按键:

分别按下操作台上的"启动""停止""复位"按键。观察对应的"输入信号"的 ON/OFF 状态，记录对应的输入端子序号。

观察与参数"START"和"STOP"的设置是否对应。

36　机器人启动停止操作方法

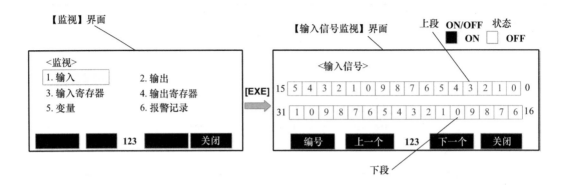

**图 25-8 【输入信号监视】界面**

## 25.4.2 参考:【输出信号监视】界面的功能及操作方法

（1）进入【输出信号监视】界面

在【监视】界面直接按数字键 [2]，即进入【输出信号监视】界面。在【输出信号监视】界面可以观察到各输出信号的 ON/OFF 状态，如图 25-9 所示。

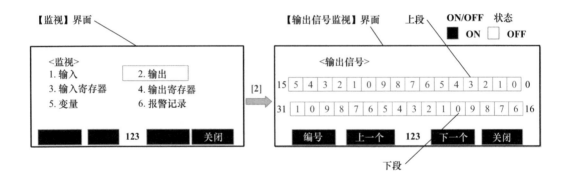

**图 25-9 【输出信号监视】界面**

（2）试验操作

按下急停按键:

分别按下操作台上的"启动""停止""复位"按键。观察对应的"输出信号"的 ON/OFF 状态，记录对应的输出端子序号。

观察与参数"START"和"STOP"的设置是否对应。

（3）强制输出信号 ON/OFF 的方法

① 如图 25-10 所示，在【输出信号监视】界面按 [F1]（编号），进入【编号设置】界面。

② 设置监视的输出信号编号（如图中输出信号 =8，观察输出信号 8 的 ON/OFF 状态，输出信号 8=1）。

③ 如果要强制输出信号 8=OFF，则设置输出信号 8=0，按下 [ 输出 ] 键，则输出信号 8=OFF。

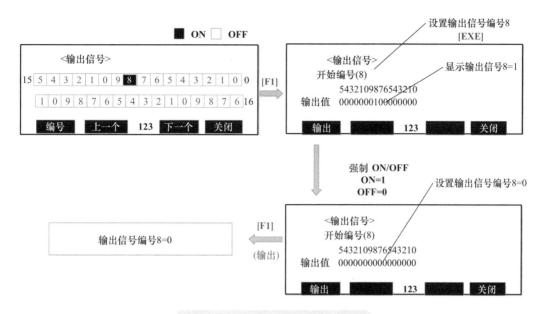

图 25-10　强制输出信号 ON/OFF

# 第 26 章

# 编程指令的进阶学习

一般程序可分为三种结构：

① 步进型——例如上楼梯，一步一步向前走，直到程序结束。

② 分支型——有多个程序块，根据条件判断跳到不同的程序块。

③ 循环型——反复执行某个程序段。

机器人的工作程序也是这三种程序类型的结合。

## 26.1 程序结构指令

程序流程相关指令一览表见表 26-1。

表 26-1 程序流程相关指令一览表

| 序号 | 指令名称 | 简要说明 |
|---|---|---|
| 1 | Rem(Remarks) | 注释开始标志 |
| 2 | If...Then...Else...EndIf(If Then Else) | 根据条件进行分支跳转 |
| 3 | Select Case(Select Case) | 多选 1 指令 |
| 4 | GoTo(Go To) | 跳转指令 |
| 5 | GoSub(Return)(Go Subroutine) | 调用子程序指令 |
| 6 | Reset Err(Reset Error) | 报警复位指令 |
| 7 | CallP(Call P) | 调用子程序指令 |
| 8 | FPrm(FPRM) | 子程序内定义自变量指令 |
| 9 | Dly(Delay) | 暂停指令 |
| 10 | Hlt(Halt) | 程序暂停指令 |
| 11 | On...GoSub(ON Go Subroutine) | 根据条件调用子程序指令 |
| 12 | On...GoTo(On Go To) | 根据条件跳转到某程序分支指令 |
| 13 | For - Next(For-next) | 循环指令 |
| 14 | While - WEnd(While End) | 根据条件执行循环的指令 |
| 15 | Open(Open) | 开启通信口或文件指令 |
| 16 | Print(Print) | 输出数据指令 |
| 17 | Input(Input) | 输入数据指令 |
| 18 | Close(Close) | 关闭通信口或文件指令 |
| 19 | ColChk(Col Check) | 碰撞检测功能有效 / 无效指令 |
| 20 | On Com GoSub(ON Communication Go Subroutine) | 根据外部通信口信息调用子程序指令 |
| 21 | Com On/Com Off/Com Stop (Communication ON/OFF/STOP) | 开启 / 关闭 / 停止外部通信口指令 |
| 22 | HOpen/HClose(Hand Open/Hand Close) | 抓手的开闭指令 |

（续）

| 序号 | 指令名称 | 简要说明 |
|---|---|---|
| 23 | Error(Error) | 报警指令 |
| 24 | Skip(Skip) | 动作中的跳转指令 |
| 25 | Wait(Wait) | 等待指令 |
| 26 | Clr(Clear) | 清零指令 |

## 26.1.1　If...Then...Else...EndIf(If Then Else)

37　讲解判断选
择指令 If...Then

（1）功能

本指令是根据"条件"执行"程序分支跳转"的指令，是改变程序流程的基本指令。

（2）指令格式 1

If 判断条件式 Then　流程 1　　[Else　流程 2 ]

这种指令格式是在程序一行里书写的"判断 - 执行语句"。如果"条件成立"就执行"Then"后面的程序流程；如果"条件不成立"则执行"Else"后面的程序流程。

指令例句 1：

10 If M1>100 Then *L100 '——如果 M1 大于 100，则跳转到 *L100 行。

11 If M1>10 Then GoTo *L20 Else GoTo *L30'——如果 M1 大于 10，则跳转到 *L20 行，否则跳转到 *L30 行。

（3）指令格式 2

如果本指令的处理内容较多，无法在一行程序里表示，就使用指令格式 2。

If 判断条件式

Then

流程 1

[Else

流程 2 ]

EndIf

如果"条件成立"则执行 Then 开始一直到 Else 的程序行；如果"条件不成立"则执行 Else 开始到 EndIf 的程序行。EndIf 用于表示流程 2 的程序结束。

If...Then...Else 指令的程序流程如图 26-1 所示。

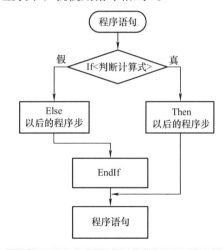

图 26-1　If...Then...Else 指令的程序流程

① 指令例句 1：

10 If M1>10 Then'—— 如果 M1 大于 10，则执行以下程序。

11 M1=10

12 Mov P1

13 Else'—— 否则执行以下程序。

14 M1=−10

15 Mov P2

16 EndIf

② 指令例句 2（多级 If…Then…Else…EndIf 嵌套）：

30 If M1>10 Then'——（第 1 级判断——执行语句）。

31 If M2>20 Then'——（第 2 级判断——执行语句）。

32 M1 = 10

33 M2 = 10

34 Else

35 M1 = 0

36 M2 = 0

37 EndIf '——（第 2 级判断——执行语句结束）。

38 Else'——（第 1 级判断——执行语句）。

39 M1 = −10

40 M2 = −10

41 EndIf '——（第 1 级判断——执行语句结束）。

③ 指令例句 3。

在对"Then"及"Else"的流程处理中，以"Break"指令跳转到"EndIf"的下一行（即跳出判断－执行语句），如图 26-2 所示。不要使用 GoTo 指令跳转。

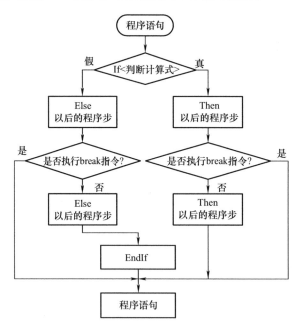

**图 26-2   If...Then...Else 指令中使用 break 指令的流程图**

30 If M1>10 Then'——（第 1 级判断——执行语句）。

31 If M2>20 Then Break'——如果 M2  20 就跳转出本级判断执行语句（本例中为 39 行）。

32 M1 = 10

33 M2 = 10

34 Else

35 M1 = −10

36 If M2  20 Then Break '——如果 M2  20 就跳转出本级判断执行语句（本例中为 39 行）。

37 M2 = −10

38 EndIf

39 If M_BrkCq=1 Then Hlt

40 Mov P1

（4）说明

① 多行型指令 If... Then... Else... EndIf，必须书写 EndIf，不得省略，否则无法确定"流程 2"的结束位置。

② 不要使用 GoTo 指令跳转到本指令之外。

③ 嵌套多级指令最大为 8 级。

④ 在对 Then 及 Else 的流程处理中，以 Break 指令跳转到 EndIf 的下一行。

## 26.1.2　GoTo(Go To)

（1）功能

无条件的跳转到指定的程序行。

（2）格式

GoTo □ 程序分支标记

（3）术语

<程序分支标记> 标记程序分支

38　讲解无条件
跳转 GoTo 指令

（4）指令样例

10 GoTo *LBL '—— 跳转到有 *LBL 标记的程序行。

32 M1 = 10

33 M2 = 100

100 *LBL

101 Mov P1

（5）说明

① 必须在程序分支处写标记符号。

② 无程序分支处标记符，执行时会发生报警。

## 26.1.3　GoSub (Go Subroutine)

（1）功能

GoSub 指令为调用子程序指令。子程序前有 * 标志，在子程序中必须要有返回指令——Return。这种调用方法与 Callp 指令的区别是：GoSub 指令指定的"子程序"写在"同一程序"内。用"标签"标定"起始行"，以"Return"作为子程序结束并返回"主程序"。而 Callp 指令调用的程序可以是一个独立的程序。

（2）指令格式

GoSub 子程序标签。

（3）指令例句

10 GoSub *LBL

11 End

…

100 *LBL

101 Mov P1

102 Return '——务必写 Return 指令。

（4）说明

① 子程序结束务必写 Return 指令，不能使用 GoTo 指令。

② 在子程序中还可使用 GoSub 指令。

## 26.1.4 Select Case

（1）功能

Select Case 指令用于根据不同的条件选择执行不同的程序块，其流程如图 26-3 所示。

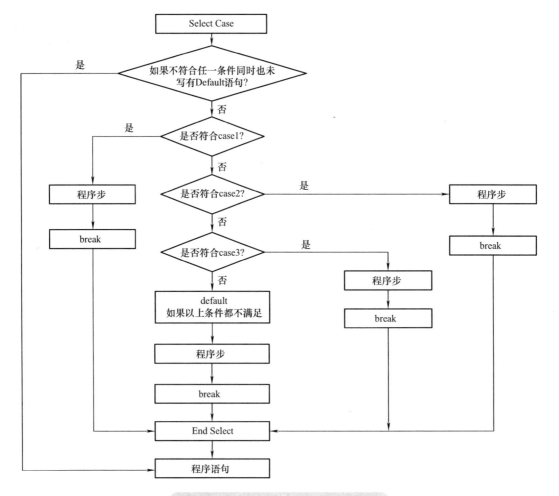

图 26-3 Select Case 语句的执行流程

（2）指令格式

Select　条件

Case　计算式

［处理］

Break

Case　计算式

［处理］

Break

Default

［处理］

Break

End　Select

条件——数值表达式。

（3）指令例句

1 Select MCNT

2 M1=10'——此行不执行。

3 Case Is = 10'—— 如果 MCNT=10。

4 Mov P1

5 Break

6 Case 11'——如果 MCNT=11 或 MCNT=12。

7 Case 12

8 Mov P2

9 Break

10 Case 13 To 18 ' —— 如果 13<MCN<18。

11 Mov P4

12 Break

13 Default' ——除上述条件以外。

14 M_Out(10)=1

15 Break

16 End Select

（4）说明

① 如果"条件"的数据与某个"case"的数据一致，则执行到"Break"行然后跳转到 End Select 行。

② 如果条件都不符合，就执行 Default 规定的程序。

③ 如果没有 Default 指令规定的程序，就跳转到 End Select 的下一行。

## 26.1.5　CallP

（1）功能

CallP 指令用于调用子程序。

（2）指令格式及说明

CALL P [ 程序名 ][ 自变量 1][ 自变量 2]

① [ 程序名 ]——被调用的"子程序"名字。

② [ 自变量 1][ 自变量 2]——设置在子程序中使用的变量，类似于"局部变量"，只在被调用的子程序中有效。

（3）指令例句 1

调用子程序时同时指定"自变量"。

1 M1=0

2 CallP "10"，M1，P1，P2 ' ——调用"10"号子程序，同时指定 M1、P1、P2 为子程序中使用的变量。

3 M1=1

4 CallP "10"，M1，P1，P2 ' ——调用"10"号子程序，同时指定 M1、P1、P2 为子程序中使用的变量。

10 CallP "10"，M2，P3，P4 ' ——调用"10"号子程序，同时指定 M2、P3、P4 为子程序中使用的变量。

15 End

"10" 号子程序：

1 FPrm M01，P01，P02 ' ——规定与主程序中对应的"变量"。

2 If M01<>0 Then GoTo *LBL1

3 Mov P01

4 *LBL1

5 Mvs P02

6 End ' —— 结束（返回主程序）。

注：在主程序第 1 步和第 4 步调用子程序时，"10" 子程序变量 M01、P01、P02 与主程序指定的变量 M1、P1、P2 相对应。

在主程序第 10 步调用子程序时，"10" 子程序变量 M01、P01、P02 与主程序指定的变量 M2、P3、P4 相对应。

主程序与子程序的关系如图 26-4 所示。

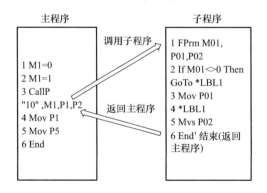

**图 26-4　主程序与子程序的关系**

（4）指令例句 2

调用子程序时不指定"自变量"。

1 Mov P1

2 CallP "20'" —— 调用 "20" 号子程序。

3 Mov P2

4 CallP "20'" ——调用 "20" 号子程序。

5 End

"20" 号子程序：

1 Mov P1' —— 子程序中的 P1 与主程序中的 P1 不同。

2 Mvs P002

3 M_Out(17)=1

End'

（5）说明

① 子程序以 End 结束并返回主程序。如果没有 End 指令，则在最终行返回主程序。

② CallP 指令指定自变量时，在子程序一侧必须用 FPrm 定义自变量，而且数量、类型必须相同，否则发生报警。

③ 可以执行 8 级子程序调用。

④ TOOL 数据在子程序中有效。

## 26.1.6　FPrm

（1）功能

从主程序中调用子程序指令时，如果规定有自变量，就用本指令使主程序定义的"局部变量"在子程序中有效。

（2）指令格式

FPrm<假设自变量 >，<假设自变量 >

（3）指令例句

主程序

1. M1=1

2. P2=P_Curr

3. P3=P100

4. CallP "100"，M1，P2，P3　'—— 调用子程序 "100"，同时指定与子程序对应的变量 M1，P2，P3。

子程序 "100"

1. FPrm M1，P2，P3　'——指令从主程序中定义的变量在子程序中有效。

2. If M1=1 Then GoTo *LBL

3. Mov P1

4. *LBL

5. Mvs P2

6. End '

### 26.1.7 On...GoTo(On Go To)

（1）功能

On...GoTo 指令的功能是根据不同的条件跳转到不同的程序分支处。判断条件是计算式，可能有不同的计算结果，根据不同的计算结果跳转到不同的程序分支处。On...GoTo 指令与 On...GoSub 指令的区别是：On...GoSub 是跳转到子程序，On...GoTo 指令是跳转到某一程序行。On...GoTo 指令的流程图如图 26-5 所示。

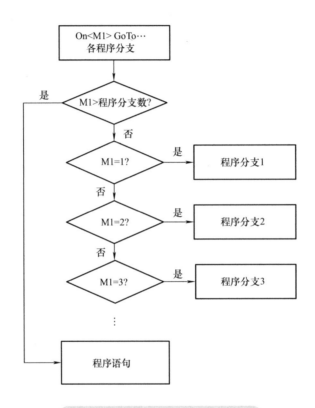

**图 26-5 On ...GoTo 指令的流程图**

（2）指令格式

On ＜条件计算式＞ GoTo＜程序行标签 1＞ ＜程序行标签 2＞

（3）指令例句

On M1 GoTo *ABC1，*LJMP，*LM1_345，*LM1_345，*LM1_345，*L67，*L67

'——如果 M1=1，就跳转到 *ABC1 行。

如果 M1=2，就跳转到 * LJMP 行。

如果 M1=3，M1=4，M1=5，就跳转到 *LM1_345 行。

如果 M1=6，M1=7，就跳转到 * L67 行。

11. MOV P500'—— M1 不等于 1～7，就跳转到本行。

100. *ABC1

101. MOV P100 '

102. ' …….

110. MOV P200 '

111. *LJMP

112. MOV P300 '

113. ' …….

170. *L67

171. MOV P600 '

172. ' …….

200. *LM1_345

201. ' MOV P400 '

202. ' …….

## 26.1.8　On ... GoSub (On Go Subroutine)

（1）功能

根据不同的条件调用不同的子程序。On...GoSub 指令的流程图如图 26-6 所示。

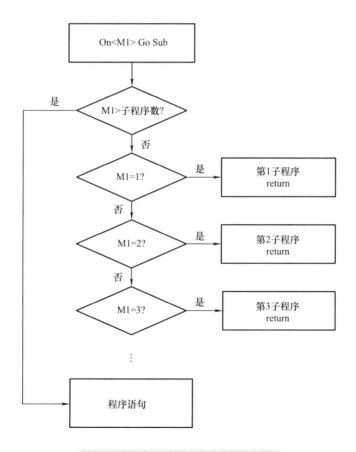

**图 26-6　On...GoSub 指令的流程图**

（2）格式

On 式 GoSub［子程序标记］［［子程序标记］］...

（3）［术语］

<式 > 数值运算式（作为判断条件）。

<子程序标记> 记述子程序标记名。最大数为 32。

（4）指令样例

根据 M1 数值 (1 ~ 7) 调用不同的子程序。

(M1 = 1 时调用子程序 ABC1、

M1 = 2 时调用子程序 Lsub、

M1 = 3、4、5 时调用子程序 LM1_345、

M1 = 6、7 时调用子程序 L67 )


1. M1 = M_Inb(16) And &H7

2. On M1 GoSub *ABC1，*Lsub，*LM1_345，*LM1_345，*LM1_345，*L67，*L67（注意，有 7 个子程序）

100. *ABC1

101. '—— M1=1 时的程序处理。

102. Return '——务必以 Return 返回主程序。

121. *Lsub

122. '—— M1=2 时的程序处理。

123. Return'——务必以 Return 返回主程序。

170. *L67

171. '—— M1=6、M1=7 时的程序处理。

172. Return '——务必以 Return 返回主程序。

200. *LM1_345

201. '—— M1=3、M1=4、M1=5 时的子程序。

202. Return '——务必以 Return 返回主程序。

（5）说明

① 以 < 数值运算式 > 的值决定调用某个子程序。

例如： < 数值运算式 > 的值 =2，即调用第 2 号记述的子程序。

② < 数值运算式 > 的值大于 < 调用子程序 > 个数时，就跳转到下一行。例如 < 数值运算式 > 的值 =5，< 调用子程序 > =3 个的情况下，会跳转到下一行。

③ 子程序结束处必须写 Return，以 Return 返回主程序。

## 26.1.9　While - WEnd(While End)

（1）功能

While-WEnd 指令为循环动作指令。如果满足循环条件，则循环执行 While-WEnd 之间的动作；如果不满足循环条件，则跳出循环。

（2）指令格式

While　＜循环条件＞

处理动作

WEnd

＜循环条件＞——数据表达式

（3）指令例句

（如果 M1 在 −5 和 5 之间，则循环执行）

1. While (M1>=−5) And (M1<=5) '——如果 M1 在 −5 和 5 之间，则循环执行。

2. M1=−(M1+1) '—— 循环条件处理。

3. M_Out(8)=M1 '——指令输出端子 8 的 ON/OFF。

4. WEnd '—— 循环结束指令。

End '

While-WEnd 指令的循环过程如图 26-7 所示。

## 26.1.10　Skip——跳转指令

（1）功能

Skip 指令的功能是中断执行当前的程序行，跳转到下一程序行。

（2）指令格式

Skip

（3）指令例句

1. Mov P1 WthIf M_In(17)=1，Skip'—— 如果执行 Mov P1 的过程中 M_In(17)=1，则中断 Mov P1 的执行，跳转到下一程序行。

2. If M_SkipCq=1 Then Hlt'—— 如果发生了跳转，则程序暂停。

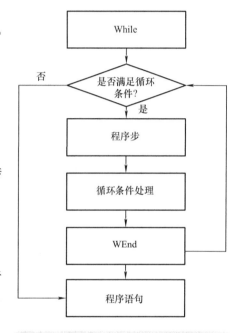

图 26-7　While-WEnd 指令的循环过程

## 26.1.11　For-Next——循环指令

（1）功能

For - Next 为循环指令。

（2）指令格式

For ＜计数器＞=＜初始值＞To＜结束值＞Step ＜增量＞

Next　＜计数器＞

① ＜计数器＞——循环判断条件。

② Step ＜增量＞——每次循环条件增加的数值。

③ 指令例句 ——求 1~10 的和。

1. MSUM=0'—— 设置 "MSUM=0"。

2. For M1=1 To 10 '——设置 M1 从 1 到 10 为循环条件。

单步增量 =1

3. MSUM=MSUM+M1 '—— 计算公式。

4. Next M1

（3）说明

① 循环嵌套为 16 级。

② 跳出循环不能使用 GoTo 语句，而是使用 Loop 语句。

## 26.1.12  Return——子程序 / 中断程序结束及返回

（1）功能

Return 指令是子程序结束及返回指令。

（2）指令格式

Return ——子程序结束及返回。

Return < 返回程序行指定方式 >

①< 返回程序行指定方式 >——0：返回到中断发生的"程序步"。

②< 返回程序行指定方式 >——1：返回到中断发生的"程序步"的下一步。

（3）指令例句 1（子程序调用）

1. ' ***MAIN PROGRAM***

2. GoSub *SUB_INIT    '——跳转到子程序 * SUB_INIT 行。

3. Mov P1'—— 前进到 P1 点。

…

100. ' ***SUB INIT*** '

101. *SUB_INIT'——子程序标记。

102. PSTART=P1'——设置。

103. M100=123'——赋值。

104. Return 1 '——返回到"子程序调用指令"的下一行（即主程序第 3 步）。

（4）指令例句 2（中断程序调用）

1. Def Act 1，M_In(17)=1 GoSub *Lact'——定义 Act 1 对应的中断程序。

2. Act 1=1 '—— 中断区间生效。

…

10. *Lact '——程序分支标志。

11. Act 1=0 '—— 中断区间结束。

12. M_Timer(1)=0 '——赋值。

13. Mov P2 '—— 前进到 P2 点。

14. Wait M_In(17)=0 '——等待。

15. Act 1=1 '—— 中断区间生效。

16. Return 0 '——返回到发生"中断"的单步。

（5）说明

以 GoSub 指令调用子程序，必须以 Return 作为子程序的结束。

## 26.1.13　Label（标签、指针）

（1）功能

标签用于为程序的分支处做标记。属于程序结构流程用标记。

用"＊加英文字母"构成。如：＊LBL

…

＊LBL 就是程序分支的标记。

（2）指令例句

1. ＊SUB1'——＊SUB1 即是标签。

2. If M1=1 Then GoTo ＊SUB1'——判断语句。

3. ＊LBL1:If M_In(19)=0 Then GoTo ＊LBL1'——判断语句。

＊LBL1 即是标签。

# 26.2　高级指令

## 26.2.1　J Ovrd ——设置关节轴旋转速度的倍率

（1）功能

J Ovrd 指令用于设置以关节轴方式运行时的速度倍率。

（2）指令格式

J Ovrd　速度倍率

（3）指令例句

1. JOvrd 50'——设置关节轴的运行速度倍率为 50%。

2. Mov P1'——前进到 P1 点。

3. JOvrd M_NJOvrd'——设置关节轴的运行速度倍率为初始值。

## 26.2.2　Torq (Torque)——转矩限制指令

（1）功能

Torq 指令用于设置各轴的转矩限制值。

（2）指令格式

Torq ＜轴号＞＜转矩限制率＞

＜转矩限制率＞：额定转矩的百分数

（3）指令例句

1. Def Act 1，M_Fbd>10 GoTo ＊SUB1，S'—— 如果实际位置与指令位置差 M_Fbd 大于 10mm，则跳转到子程序 ＊SUB1。

2. Act 1=1'——中断区间有效。

3. Torq 3，10'——设置 J3 轴的转矩限制倍率为 10%。

4. Mvs P1'——前进到 P1 点。

5. Mov P2'——前进到 P2 点。

…

100. *SUB1'——程序分支标志。

101. Mov P_Fbc'——移动回当前位置。

102. M_Out(10)=1'——输出端子 10=ON。

103. End'——结束。

### 26.2.3　Cnt 连续轨迹运行

（1）功能

指定执行"连续插补"。通过执行连续插补运动控制，可缩短运行时间，获得圆滑的运行轨迹。连续轨迹运行示意图如图 26-8 所示。

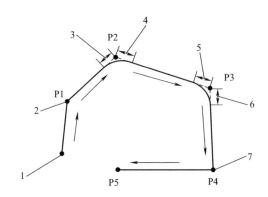

**图 26-8　连续轨迹运行示意图**

1—起点　2—因为没有设置"连续功能"，所以先运动到 P1 点再运动到 P2 点　3—结束侧接近距离　4—启动侧接近距离（做连续轨迹运行。过渡圆弧的构成值为小于 <2>,<3> 的数值）　5—结束侧接近距离　6—启动侧接近距离做连续轨迹运行。过渡圆弧的构成值为小于 5（200mm）、6（300mm）的数值　7—虽然已经设置向 P4 点运动的"启动侧接近距离 =300mm"，但向 P5 点移动已经解除了"连续轨迹运行"，所以运行轨迹是先移动到 P4 点，再移动到 P5 点

（2）连续运行与"点到点"运行方式的比较

连续运行与"点到点"运行方式的比较如图 26-9 所示。

① 在图 26-9 中，"加减速模式"运行程序为：

1. MOV P1

2. MOV P2

3. MOV P3

在从 P1 点到 P3 点的运行中，是加速和减速的运行模式，在到达一个目标点后，再运行到下一目标点。

② 在"连续运行模式"中的程序为

1. MOV P1

2. MOV P2

3. MOV P3

以圆弧轨迹通过 P1 点、P2 点的邻近位置，再运动到 P3 点。

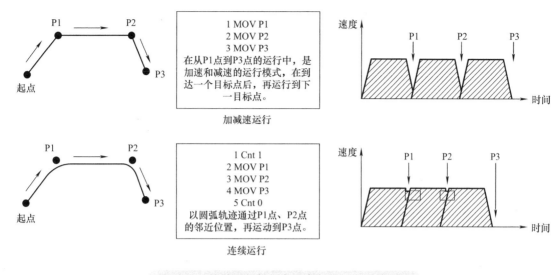

图 26-9　连续运行与"点到点"运行方式的比较

## 26.2.4　JRC——旋转轴坐标值转换指令

（1）功能

JRC 指令的功能是将指定旋转轴坐标值加 / 减 360° 后转换为当前坐标值。JRC 指令用于原点设置或不希望当前轴受到形位（pose）标志 FLG2 的影响。

（2）指令格式

JRC <[+] < 数据 >/– < 数据 > / 0> [< 轴号 >]

① [+] < 数据 >——以参数 JRCQTT 设定的值为单位增加或减少的"倍数"。如果未设置参数 JRCQTT，则以 360° 为单位。例如 +2 就是增加 720°，–3 就是减少 1080°。

② 如果 < 数据 > =0，则以参数 JRCORG 设置的值，再做原点设置（只能用于"用户定义轴"）。

③ < 轴号 >——指定轴号 [ 如果省略轴号，则为"J4 轴"（水平机器人）或"J6 轴"（垂直机器人）]。

（3）指令例句

1. Mov P1'——移动到 P1 点，J6 轴向正向旋转。

2. JRC +1'—— 将 J6 轴当前值加 360°。

3. Mov P1'——移动到 P1 点。

4. JRC +1'—— 将 J6 轴当前值加 360°。

5. Mov P1'——移动到 P1 点。

6. JRC –2'——将 J6 轴当前值减 720°。

（4）说明

① JRC 指令只改变对象轴的坐标值，对象轴不运动（可以用于设置原点或其他用途）。

② 由于对象轴的坐标值改变，因此需要预先改变对象轴的动作范围，对象轴的动作范围可设置在 –2340° ～ +2340°。

③ 优先轴为机器人前端的旋转轴。

④ 未设置原点时，系统会报警。

⑤ 执行 JRC 指令时，机器人会停止。

⑥ 使用 JRC 指令时，务必设置下列参数：

a. JRCEXE = 1，JRC 指令生效。

b. 用参数 MEJAR 设置对象轴的动作范围。

c. 用参数 JRCQTT 设置 JRC 1/–1(JRC n/–n) 的动作"单位"。

d. 用参数 JRCORG 设置 JRC 0 时的原点位置。

## 26.2.5  Fine 定位精度

（1）功能

定位精度用"脉冲数"表示，即指令脉冲与反馈脉冲的差值。"脉冲数"越小，则定位精度越高。

（2）指令格式

Fine  ＜脉冲数＞，＜轴号＞

（3）说明

＜脉冲数＞：表示定位精度。用常数或变量设置。

＜轴号＞：设置轴号。

（4）程序样例

1. Fine 300'——设置定位精度为 300 脉冲。全轴通用。

2. Mov P1'——前进到 P1 点。

3. Fine 100，2'—— 设置第 2 轴定位精度为 100 脉冲。

4. Mov P2'——前进到 P2 点。

5. Fine 0，5'—— 定位精度设置无效。

6. Mov P3'——前进到 P3 点。

7. Fine100'——定位精度设置为 100 脉冲。

8. Mov P4'——前进到 P4 点。

## 26.2.6  Fine J——设置关节轴的旋转定位精度

（1）功能

Fine J 指令设置关节轴的旋转定位精度。

（2）指令格式

Fine  ＜定位精度＞  J [＜轴号＞]

（3）指令例句

1. Fine 1，J'——设置全轴定位精度 1 [deg]。

2. Mov P1'——前进到 P1 点。

3. Fine 0.5，J，2'——设置第 2 轴定位精度 0.5 [deg]。

4. Mov P2'——前进到 P2 点。

5. Fine 0，J，5'——设置第 5 轴定位精度无效。

6. Mov P3'——前进到 P3 点。

7. Fine 0，J'——设置全轴定位精度无效。

8. Mov P4'——前进到 P4 点。

## 26.2.7　Fine P——以直线距离设置定位精度

（1）功能

Fine P 指令以直线距离设置定位精度。

（2）指令格式

Fine ＜直线距离＞，P

（3）指令例句

1. Fine 1，P'——设置定位精度为直线距离 1mm。

2. Mov P1'——前进到 P1 点。

3. Fine 0，P'——定位精度无效。

4. Mov P2'——前进到 P2 点。

## 26.2.8　Reset Err——报警复位

（1）功能

Reset Err 指令用于使报警复位。

（2）指令格式

Reset Err

（3）指令例句

If M_Err=1 Then Reset Err'——如果有 M_Err 报警发生，就将报警复位。

## 26.2.9　Wth——在插补动作时附加处理的指令

（1）功能

Wth 指令为附加处理指令。附加在插补指令之后，不能单独使用。

（2）指令例句

Mov P1 Wth M_Out(17)=1 Dly M1+2'——在向 P1 点移动过程中指令输出端子 17=ON，输出端子 17=ON 的时间为"M1+2"。

（3）说明

① 附加指令与插补指令同时动作。

② 附加指令动作的优先级如下：

Com > Act > WthIf(Wth)

## 26.2.10　WthIf——在插补动作中带有附加条件的附加指令

（1）功能

WthIf 指令也是附加处理指令，只是带有"判断条件"。

（2）指令格式

Mov P1 WthIf ＜判断条件＞＜处理＞

<处理>：处理的内容有赋值、HLT、skip

（3）指令例句

1. Mov P1 WthIf M_In(17)=1，Hlt'——在向 P1 点移动的过程中，如果输入信号 17=ON，则程序暂停。

2. Mvs P2 WthIf M_RSpd>200，M_Out(17)=1 Dly M1+2'——在向 P2 点移动的过程中，如果 M_RSpd>200，则指令输出端子 17=ON，输出端子 17=ON 的时间为"M1+2"。

3. Mvs P3 WthIf M_Ratio>15，M_Out(1)=1'——在向 P3 点移动的过程中，如果 M_Ratio>15，则指令输出端子 1=ON。

## 26.2.11　Open——打开文件指令

（1）功能

Open 指令为"启用"某一文件指令。

（2）指令格式

Open　" <文件名 >"　[For <模式 >] As　[#] <文件号码 >

① <文件名 >：记叙文件名。如果使用"通信端口"则为"通信端口名"。

② <模式 >

INPUT——输入模式（从指定的文件里读取数据）。

OUTPUT——输出模式。

APPEND——搜索模式。

"省略"——如果省略模式指定，则为"搜索模式"。

（3）指令例句 1（通信端口类型）

1. Open "COM1:" As #1'——指定 1# 通信口 COMDEV 1（传入的文件）作为 #1 文件。

2. Mov P_01'——前进到 P_01 点。

3. Print #1，P_Curr'——将当前值 "(100.00，200.00，300.00，400.00)(7，0)" 输出到 #1 文件。

4. Input #1，M1，M2，M3'——读取 #1 文件中的数据 "101.00，202.00，303.00" 到 M1，M2，M3。

5. P_01.X=M1'——赋值。

6. P_01.Y=M2'——赋值。

7. P_01.C=Rad(M3)'——赋值。

8. Close'——关闭所有文件。

End'——程序结束。

（4）指令例句 2（文件类型）

1. Open "temp.txt" For Append As #1'——将名为"temp.txt"的文件定义为 #1 文件。

2. Print #1，"abc" '——在 #1 文件上写 "abc"。

3. Close #1 '——关闭 #1 文件。

## 26.2.12　Print——输出数据指令

（1）功能

Print 指令为向指定的文件输出数据。

（2）指令格式

Print　#＜文件号＞　＜数据式 1＞，＜数据式 2＞，＜数据式 3＞

＜数据式＞——可以是数值表达式、位置表达式、字符串表达式。

（3）指令例句 1

1. Open "temp.txt" For APPEND As #1'——将 "temp.txt" 文件作为 #1 文件开启。

2. MDATA=150'——设置 MDATA= 150。

3. Print #1，"***Print TEST***" '——向 #1 文件输出字符串 "***Print TEST***"。

4. Print #1'——输出"换行符"。

5. Print #1，"MDATA="，MDATA'——输出字符串 "MDATA=" 之后，接着输出 MDATA 的具体数据 150。

6. Print #1'——输出"换行符"。

7. Print #1，"**************" '——输出字符串 "**************"。

8. End'——结束。

输出结果如下：

***Print TEST***

MDATA=150

**************

（4）说明

① Print 指令后为"空白"，即表示输出换行符。注意其应用。

② 字符串最大为 14 字符。

③ 多个数据以逗号分隔时，输出结果的多个数据之间有空格。

④ 多个数据以分号分隔时，输出结果的多个数据之间无空格。

⑤ 以双引号标记"字符串"。

⑥ 必须输出换行符。

（5）指令例句 2

1. M1=123.5'——赋值。

2. P1=(130.5，−117.2，55.1，16.2，0.0，0.0)(1，0)'——赋值。

3. Print #1，"OUTPUT TEST"，M1，P1'——以逗号分隔。

输出结果：数据之间有空格。

OUTPUT TEST 123.5 (130.5，−117.2，55.1，16.2，0.0，0.0)(1，0)

（6）指令例句 3

3. Print #1，"OUTPUT TEST"；M1；P1'——以分号分隔。

输出结果：数据之间无空格。

OUTPUT TEST 123.5(130.5，−117.2，55.1，16.2，0.0，0.0)(1，0)

（7）指令例句 4

在语句后面加逗号或分号，不会输出换行结果。

3. Print #1，"OUTPUT TEST"，'——以逗号结束。

4. Print #1，M1；'——以分号结束。

5. Print #1，P1'——输出 P1 位置数据。

输出结果：

OUTPUT TEST 123.5(130.5，−117.2，55.1，16.2，0.0，0.0)(1，0)

## 26.2.13  Input——文件输入指令

（1）功能

从指定的文件读取"数据"的指令，读取的数据为 ASCII 码。

（2）指令格式

Input ＃＜文件编号＞ ＜输入数据存放变量＞[＜输入数据存放变量＞]…

①＜文件编号＞：指定被读取数据的"文件号"。

②＜输入数据存放变量＞：指定读取数据存放的变量名称。

（3）指令例句

1. Open "temp.txt" For Input As #1'——指定文件 "temp.txt" 为 #1 文件。

2. Input #1，CABC$'——读取 #1 文件：读取时从"起首"到"换行"为止的数据被存放到变量"CABC$"（全部为 ASCII 码）。

…

10. Close #1'——关闭 #1 文件。

（4）说明

如果 #1 文件的数据为 PRN MELFA，125.75，(130.5，−117.2，55.1，16.2，0，0)(1，0) CR

指令：1  Input #1，C1$，M1，P1

则：C1$ = MELFA

M1 = 125.75

P1 = (130.5，−117.2，55.1，16.2，0，0)(1，0)

## 26.2.14  Close——关闭文件

（1）功能

将指定的文件（或通信口）关闭。

（2）指令格式

Close □ [#] ＜文件号＞ [ □ [# ＜文件号＞]

（3）指令例句

1. Open "temp.txt" For Append As #1'——将文件 temp.txt 作为 #1 文件打开。

2. Print #1，"abc" '——向 #1 文件中写入 "abc"。

3. Close #1'——关闭 #1 文件。

## 26.2.15  Clr——清零指令

（1）功能

Clr 指令用于对输出信号、局部变量、外部变量及数组清零。

（2）指令格式

Clr ＜TYPE＞

＜TYPE＞——清零类型。

<TYPE>=1 输出信号复位。

<TYPE>=2 局部变量及数组清零。

<TYPE>=3 外部变量及数组清零，但公共变量不清零。

（3）指令例句 1（类型 1）

Clr 1'——将输出信号复位。

（4）指令例句 2（类型 2）

Dim MA(10)'——定义数组。

Def Inte IVAL'——定义变量精度。

Clr 2'——MA(1)MA(10) 和变量 IVA 及程序内局部变量清零。

（5）指令例句 3（类型 3）

Clr 3'——外部变量及数组清零。

（6）指令例句 4（类型 0）

Clr 0'——同时执行类型 1～3 清零。

## 26.2.16 Tool——Tool 数据的指令

（1）功能

Tool 指令用于设置 Tool 数据，适用于双抓手的场合，Tool 数据包括抓手长度、机械 I/F 位置、形位（pose）。

（2）指令格式

Tool　<Tool 数据 >

<Tool 数据 >——以位置点表达的 Tool 数据。

（3）指令例句 1

直接以数据设置：

1. Tool (100，0，100，0，0，0)'——设置一个新的 Tool 坐标系。新坐标系原点 $X$= 100mm，$Z$ = 100mm（以机械接口、法兰面观察）。

2. Mvs P1'——前进到 P1 点。

3. Tool P_NTool'——返回初始值（机械接口、法兰面）。

（4）指令例句 2

以直角坐标系内的位置点设置：

1. Tool PTL01'——设置一个新的 Tool 坐标系。以 "PTL01" 为原点。

2. Mvs P1'——前进到 P1 点。

如果 PTL01 位置坐标为（100，0，100，0，0，0，0，0），则与指令例句 1 相同。

（5）说明

① 本指令适用于双抓手的场合。每个抓手的 "控制点" 不同。单抓手的情况下一般使用参数 MEXTL 设置即可。

② 使用 Tool 指令设置的数据存储在参数 MEXTL 中。

③ 可以使用变量 M_Tool，将 METL1 4 设置到 Tool 数据中。

## 26.2.17 Base——设置一个新的世界坐标系

（1）功能

Base 指令通过设置偏置坐标建立一个新的世界坐标系。偏置坐标是以世界坐标系为基准观察到的基本坐标系原点的坐标值。世界坐标系与基本坐标系的关系如图 26-10 所示。

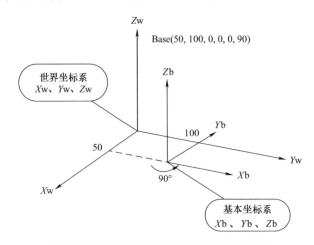

**图 26-10 世界坐标系与基本坐标系的关系**

（2）指令格式

① Base ＜新原点＞——用新原点表示一个新的世界坐标系。

② Base ＜坐标系编号＞——用坐标系编号选择一个新的世界坐标系。

0：系统初始坐标系 P_NBase。P_NBase=0，0，0，0，0，0

1~8：工件坐标系 1~8。

（3）指令例句 1

1. Base (50，100，0，0，0，90) '—— 以新原点设置一个新的世界坐标系。这个点是基本坐标系原点在新坐标系内的坐标值。

2. Mvs P1 '——前进到 P1 点。

3. Base P2 '——以 P2 点为基点设置一个新的世界坐标系。

4. Mvs P1 '——前进到 P1 点。

5. Base 0 '——返回初始世界坐标系。

（4）指令例句 2——以坐标系编号选择坐标系

1. Base 1'——选择 1 号坐标系 WK1CORD。

2. Mvs P1'——前进到 P1 点。

3. Base 2'——选择 2 号坐标系 WK2CORD。

4. Mvs P1'——前进到 P1 点。

5. Base 0'——选择初始世界坐标系。

（5）说明

① 新原点数据是从新世界坐标系观察到基本坐标系原点的位置数据，即基本坐标系在新世界坐标系中的位置（由于基本坐标系的位置是不变的，因此只要改变偏置值，就可以建立新的世界坐标系）。

② 使用当前位置点建立一个新世界坐标系时可以使用"Base Inv（P1）"指令（必须对 P1 点进行逆变换，相当于以 P1 点为新的世界坐标系原点）。

## 26.3　思考

① 如果程序具有分支结构，那么怎样标记每一分支程序？

② 使用什么指令进行程序跳转？

③ 什么是"子程序"？说明调用子程序指令 GoSub 的使用方法。

④ 说明循环指令 While-WEnd 的用法。编制一个求"1+2+3+…+1000"的程序。

⑤ 在下列程序中，在 2、4、6 行前加上标签（标签自定）。

1. MOV P1

2. MVS P2

3. MVS P10

4. MOV P1

5. MVS P2

6. MVS P10

⑥ 编制程序：

让以下动作循环 100 次。

MOV P1

MVS P2

MVS P10

⑦ 如何执行"机器人柔性控制"？

⑧ 如何执行"机器人转矩控制"？

⑨ 如何执行"Input"指令？

⑩ 如何执行"Skip"指令？

⑪ 如何执行"循环"指令？

⑫ "Label"指令有什么作用？

# 第 27 章

# 函数

在机器人的编程语言中，提供了大量的运算函数。这样就大大提高了编程的便利性，本章将详细介绍这些运算函数的用法。在学习本章时，应该先通读一遍，然后根据编程需要，重点研读需要使用的运算函数。

## 27.1 常用函数

### 27.1.1 Abs——计算绝对值

（1）功能

Abs 为计算绝对值函数。

（2）格式

<数值变量> = Abs<数式>

（3）例句

1. P2.C = Abs（P1.C）'——将 P1 点 $C$ 轴数据求绝对值后赋予 P2 点 $C$ 轴。

2. Mov P2

3. M2 = −100

M1 = Abs（M2）'——将 M2 求绝对值后赋值到 M1。

### 27.1.2 Atn/Atn2——计算余切函数

（1）功能

Atn/Atn2 为计算余切函数。

（2）格式

1）<数值变量> = Atn <数式>

2）<数值变量> = Atn2 <数式 1>，<数式 2>

①<数式>：$\Delta Y / \Delta X$

②<数式 1>：$\Delta Y$

③<数式 2>：$\Delta X$

（3）例句

1. M1 = Atn（100/100）'——M1 = $\pi/4$ 弧度。

2. M2 = Atn2（−100，100）'——M1 = $-\pi/4$ 弧度。

（4）说明

根据数据计算余切。单位为"弧度"。

Atn 范围为 $-\pi/2 \sim \pi/2$。

Atn2 范围为 $-\pi \sim \pi$。

## 27.1.3　CInt——将数据四舍五入后取整

（1）功能

CInt 用于将数据四舍五入后取整。

（2）格式

＜数值变量＞＝CInt（＜数据＞）

（3）例句

1. M1 = CInt（1.5）'——M1 = 2

2. M2 = CInt（1.4）'——M2 = 1

3. M3 = CInt（-1.4）'——M3 = -1

4. M4 = CInt（-1.5）'——M4 = -2

## 27.1.4　Cos——计算余弦函数

（1）功能

Cos 为计算余弦函数。

（2）格式

＜数值变量＞＝Cos（＜数据＞）

（3）例句

1. M1 = Cos（Rad（60））

（4）说明

① 角度单位为"弧度"。

② 计算结果范围："-1〜1"。

## 27.1.5　Exp——计算 e 为底的指数函数

（1）功能

计算 e 为底的指数函数。

（2）格式

＜数值变量＞＝Exp（＜数式＞）

（3）例句

1. M1 = Exp（2）'——M1 = e2

## 27.1.6　Fix——计算数据的整数部分

（1）功能

计算数据的整数部分。

（2）格式

＜数值变量＞＝Fix（＜数式＞）

（3）例句

1. M1 = Fix（5.5）'——M1 = 5。

## 27.1.7　Int——计算数据最大值的整数

（1）功能

Int 用于计算数据最大值的整数。

（2）格式

<数值变量> = Int（<数式>）

（3）例句

1. M1 = Int（3.3）'——M1 = 3

## 27.1.8　Ln——计算自然对数（以 e 为底的对数）

（1）功能

Ln 用于计算自然对数（以 e 为底的对数）。

（2）格式

<数值变量> = Ln <数式>

（3）例句

1. M1 = Ln（2）'——M1 = 0.693147

## 27.1.9　Log——计算常用对数（以 10 为底的对数）

（1）功能

Log 用于计算常用对数（以 10 为底的对数）。

（2）格式

<数值变量> = Log<数式>

（3）例句

1. M1 = Log（2）'——M1 = 0.301030

## 27.1.10　Max——计算最大值

（1）功能

Max 用于计算一组数据中的最大值。

（2）格式

<数值变量> = Max（<数式 1>，<数式 2>，<数式 3>）

（3）例句

1. M1 = Max（2，1，3，4，10，100）'——M1 = 100

这一组数据中最大的数是 100。

## 27.1.11　Min——计算最小值

（1）功能

Min 用于计算一组数据中的最小值。

（2）格式

＜数值变量＞＝Min（＜数式 1＞，＜数式 2＞，＜数式 3＞）

（3）例句

1. M1＝Min（2，1，3，4，10，100）'——M1＝1

这一组数据中最小的数是 1。

## 27.1.12 Rnd——产生一个随机数

（1）功能

Rnd 用于产生一个随机数。

（2）格式

＜数值变量＞＝Rnd（＜数式＞）

＜数式＞：指定随机数的初始值。

＜数值变量＞：数据范围 0.0～1.0。

（3）例句

1. Dim MRND（10）'

2. C1＝Right$（C_Time，2）'——C1＝"me"。

3. MRNDBS＝Cvi（C1）'

4. MRND（1）＝Rnd（MRNDBS）'——产生一个随机数。

5. For M1＝2 To 10'

6. MRND（M1）＝Rnd（0）'——产生一个随机数。

7. Next M1

## 27.1.13 Sin——计算正弦值

（1）功能

计算正弦值。

（2）格式

＜数值变量＞＝Sin＜数式＞

（3）例句

1. M1＝Sin（Rad（60））'——M1＝0.86603。

（4）说明

＜数式＞的单位为弧度。

## 27.1.14 Sqr——计算平方根

（1）功能

计算平方根。

（2）格式

＜数值变量＞＝Sqr＜数式＞

（3）例句

1. M1＝Sqr（2）'——M1＝1.41421。

## 27.1.15　Tan——计算正切

（1）功能

计算正切。

（2）格式

<数值变量> = Tan <数式>

（3）例句

1. M1 = Tan（Rad（60））'——M1 = 1.73205。

说明：<数式>的单位为弧度。

## 27.1.16　Deg——将角度单位从弧度变换为度

（1）功能

将角度单位从弧度（rad）变换为度（deg）。

（2）格式

<数值变量> = Deg（<数式>）

（3）例句

1. P1 = P_Curr

2. If Deg（P1.C）<170 Or Deg（P1.C）> −150 Then *NOErr1'——如果 P1.C 的度数小于 170° 或大于 −150°，则跳转到 *NOErr1。

3. Error 9100

4. *NOErr1

## 27.1.17　Dist——计算两点之间的距离

（1）功能

计算两点之间的距离（mm）。

（2）格式

<数值变量> = Dist（<位置 1>，<位置 2>）

（3）例句

1. M1 = Dist（P1，P2）'——M1 为 P1 点与 P2 点之间的距离。

（4）说明

J 关节点无法使用本功能。

## 27.1.18　Inv——对位置数据进行反向变换

（1）功能

对位置数据进行反向变换。假设原数据为 P10（100，20，30，50，100，150），经过反向变换后，就变成（−100，−20，−30，−50，−100，−150）。

Inv 指令可用于根据当前点建立新的世界坐标系，如图 27-1 所示。在视觉功能中，也可以用于计算偏差量。

（2）格式

<位置变量> = Inv <位置变量>

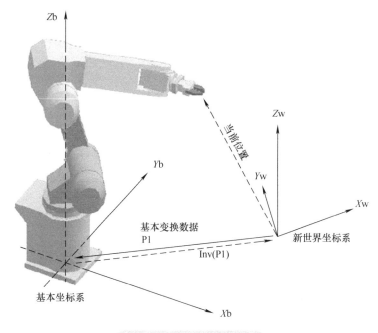

图 27-1　Inv 转换的意义

（3）例句

1. P1 = Inv（P1）

（4）说明

① 在原坐标系中确定一点"P1"。

② 如果希望以"P1"点作为新坐标系的原点，则使用指令 Inv 进行变换，即"P1 = Inv P1"，则以 P1 为原点建立了新的坐标系。注意图 27-1 中 Inv（P1）的效果。

### 27.1.19　JtoP——将关节型位置数据转换为直角坐标系数据

（1）功能

JtoP 用于将关节型位置数据转换为直角坐标系数据。

（2）格式

＜位置变量＞= JtoP ＜关节型变量＞

（3）例句

1. P1 = JtoP（J1）

（4）说明

注意 J1 为关节型变量，P1 为位置型变量。

### 27.1.20　PtoJ——将直角型位置数据转换为关节型数据

（1）功能

PtoJ 用于将直角型位置数据转换为关节型数据。

（2）格式

＜关节型位置变量＞= PtoJ＜直角型位置变量＞

（3）例句

1. J1 = PtoJ（P1）

（4）说明

J1 为关节型位置变量，P1 为直角型位置变量。

## 27.1.21　Rad——将角度单位转换为弧度单位

（1）功能

Rad 用于将角度单位（deg）转换为弧度单位（rad）。

（2）格式

<数值变量> = Rad<数式>

（3）例句

1. P1 = P_Curr

2. P1.C = Rad（90）

3. Mov P1

（4）说明

Rad 常用于对位置变量中"形位（pose）（A/B/C）"的计算和三角函数的计算。

## 27.2　思考

① 求（1，56，78，3467，7890，3，45，67）这一组数据中的最大值、最小值。

② 求 P1 点与 P2 点之间的直线距离。

③ 假设 J10 为当前点，求 J10 点的当前值，并将 J10 转换为直角坐标系数据。

④ 假设 P100 为当前点，求 P100 点的当前值，并将 P100 转换为关节型数据。

⑤ 求 −1000 的绝对值。

⑥ 将 P1 点 C 轴数据求绝对值后赋予 P2 点 C 轴。

# 第 28 章

# 码垛指令

问题的提出：如何对网格形状的工作点进行计算处理？

网格形状的工作点的示意图如图 28-1 所示。

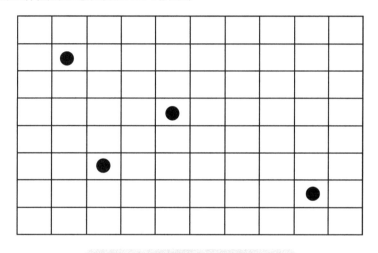

**图 28-1　网格形状的工作点的示意图**

对于这种呈网格形状的工作点的处理方法，按一般思考有下列方法：

① 采取逐点定位示教获取各点位置（工作量大，编程复杂，检查困难）。

② 可以计算方法获取各点位置（工作量大，编程复杂，检查困难）。

$$PN = P1+P2 \quad \cdots$$

以上方法都在实际应用中有困难，因此需要一个简单的指令来获取各网格中心点的位置数据。

## 28.1　Pallet——码垛指令

（1）功能

Pallet 指令是一个计算矩阵（托盘）中各方格中心位置的指令。

Pallet 指令也翻译为托盘指令、码垛指令。实际上，Pallet 指令是一个计算矩阵（托盘）中各方格中心位置的指令。

使用 Pallet 指令需要已知矩阵方格（托盘）的下列条件：

① 几行几列？

② 起点？终点？

39　讲解码垛
指令 1

③ 对角点位置？

④ 计数方向？

由于该指令通常用于码垛动作，所以也就被称为"码垛指令"。

（2）指令格式

Def Plt ——定义"托盘结构"指令。

Def Plt ＜托盘号＞ ＜起点＞ ＜终点 A＞ ＜终点 B＞ [＜对角点＞] ＜列数 A＞ ＜行数 B＞ ＜托盘类型＞

（3）指令样例 1

码垛指令示意图如图 28-2 所示。

1 Def Plt 1，P1，P2，P3，3，4，1'——3 点型托盘定义指令。

2 Def Plt 1，P1，P2，P3，P4，3，4，1'——4 点型托盘定义指令。

3 点型托盘定义指令——指令中只需要确定起点、终点 A、终点 B。

4 点型托盘定义指令——指令中需要确定起点、终点 A、终点 B、对角点。

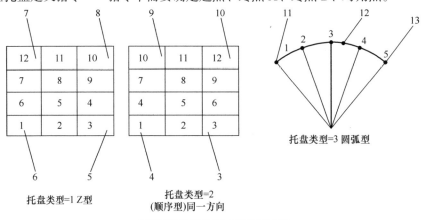

图 28-2 码垛指令示意图 1

1—托盘类型 = 2（顺排型）同一方向 2—托盘类型 = 1 Z 字型 3、5—终点 A
4、6、11—起点 7、9—终点 B 8、10—对角点 12—通过点 13—终点

（4）说明

① 托盘号——可以将一个矩阵视作一个"托盘"（因为在实际工程中，工件摆放在一个托盘上），系统可设置 8 个托盘。本数据用于设置"第几号托盘"。

② 起点、终点、对角点如图 28-2 所示。用"位置点"设置。

③ ＜列数 A＞ 起点与终点 A 之间的列数。

④ ＜行数 B＞ 起点与终点 B 之间的行数。

⑤ ＜托盘类型＞ 设置托盘中"各位置点"计数分布类型。

托盘类型 = 1——Z 字型。

托盘类型 = 2——顺排型。

托盘类型 = 3——圆弧型。

托盘类型 = 11——Z 字型。

托盘类型 = 12——顺排型。

托盘类型 = 13——圆弧型。

## 28.2　Plt 指令

Def Plt 指令仅仅计算出了一个托盘各点的位置，但具体指定托盘中的某一点，还需要使用 Plt 指令。

（1）指令格式

Plt　＜托盘号＞　＜格子点＞

（2）说明：

Plt——指定托盘中的某一点。

① 托盘号——由 Def Plt 指令定义的托盘。Def Plt 指令定义 18 号托盘，可由变量或常数指定。

②＜格子点＞——托盘中的格子点序号。可由变量或常数指定。

（3）指令样例

Plt 1，5'——1 号托盘第 5 点。

Plt 1，18'——1 号托盘第 18 点。

P25 = Plt 2，25'——P10 = 2 号托盘第 25 点。

P100 = Plt 3，100'——P100 = 3 号托盘第 100 点。

## 28.3　程序样例

码垛指令示意图如图 28-3 所示。

要求：从输送线上将工件取下，放置在托盘上。

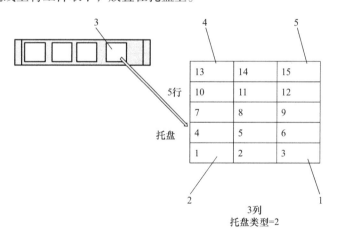

**图 28-3　码垛指令示意图 2**

1—P3 终点 A　2—P2 起点　3—P1：工件位置　4—P4 终点 B　5—P5 对角点

码垛程序的编程思路如下：

① 经过观察，从输送线抓取工件到托盘上的动作是一样的，只是放置于托盘上各点不同的位置。考虑用"循环指令"处理。

② 托盘上各点的位置使用"码垛指令"已经计算出来。各点的位置用（Plt1，1），（Plt1，2），（Plt1，M1）表示，只需要对 M1 赋值就可以确定每一点的位置。

③ 因此用 M1 作为循环条件，对 M1 进行处理。从第 1 点开始，因此预设 M1 = 1。每执行

完一次抓取动作，设置 M1+1，编程语言 M1 = M1+1。

④ 循环动作。对 M1 进行判断——"M1< 总网格数"。如果"是"，就继续循环；如果"否"，就表示已经执行完毕，退出循环进入下一程序块。

码垛指令编程流程图如图 28-4 所示。

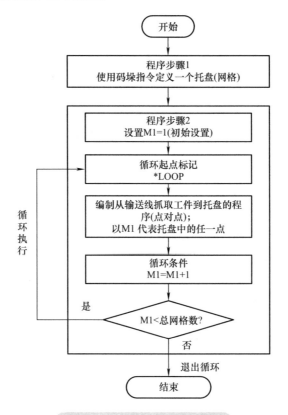

**图 28-4　码垛指令编程流程图**

根据流程图编制程序如下：

1. Def Plt 1，P2，P3，P4，P5，3，5，2'——设定托盘为 1 号托盘，起点 = P2，终点 A = P3，终点 B = P4，对角点 = P5，列数 = 3，行数 = 5，顺排型（可根据操作台确定）。

2. M1 = 1'——设置变量 M1 = 1。

3. *LOOP'——设置一循环动作用标签。

以下 4～10 步是从输送线上夹持工件。

4. Mov P1，−50 *1'——运行到 P1 点的近点，近点位于 P1 点上方 50mm。

5. Ovrd 50'——设置速度倍率 = 50%。

6. Mvs P1'——直线插补到 P1 点（准备夹持工件）。

7. HClose 1'——1 号抓手闭合（夹持工件）。

8. Dly 0.5'——等待 0.5s。

9. Ovrd 100'——设置速度倍率 = 100%。

10. Mvs，−50'——从当前位置 P1 点直线插补运行到近点（提起工件）。

以下 11～18 步，为夹持工件到托盘。

11. P10 =（Plt1，M1 ）'——设置 P10 点 = 1 号托盘中的 M1 点。重要！（注意 M1 已经在第 2 行和第 28 行进行了设置。）

12. Mov P10，−50'——运行到 P10 点的近点，近点位于 P10 点上方 50mm。

13. Ovrd 30'——设置速度倍率 = 30%。

14. Mvs P10'——直线运行到 P10 点（准备放下工件）。

15. HOpen 1'——打开 1 号抓手（放下工件）。

16. Dly 0.5'——等待 0.5s。

17. Ovrd 100'——设置速度倍率 = 100%。

18. Mvs,−50'——从当前位置 P10 点直线向上运行到近点（离开工件）。一次搬运动作完成。以下为判断程序。

28. M1 = M1+1'——设置变量 M1 = M1+1（此步很重要）。

29. If M1<16 Then *LOOP'——判断：如果 M1<16，则跳转到标记有 *LOOP 的程序行；如果 M1 > 16，就执行下一行（此步很重要）。

30. End'——结束程序。

## 28.4　思考

① 编制一个从 P1 点移动到 P2 点的循环程序，循环移动次数为 50 次。

参考程序如下：

M1 = 1

*LOOP

MOV P1;

MOV P2

M1 = M1+1

If M1<51 Then *LOOP

② 编制 50*60 的码垛指令，4 点顺排型。标出第 50 点。

③ 编制 100*200 的码垛指令，3 点 Z 字型。标出第 98 点。

④ 按图 28-5 编制从输送线抓取工件到托盘上的程序。

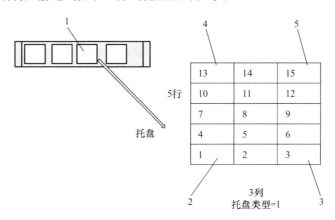

**图 28-5　从输送线抓取工件到托盘**

1—工件位置点（P100）　2—起点（P50）　3—终点 A（P52）　4—终点 B（P54）　5—对角点（P56）

# 第 29 章

## 实操 12——编制码垛程序

## 29.1　编制一个循环指令程序

参考程序如下：

1. M1 = 1

2. *LOOP

3. MOV P1；

4. MOV P2

5. M1 = M1+1

6. If M1< = 100 Then *LOOP

## 29.2　对变量的处理

变量是相对于常量而言的。常量是不能变化的量，如 3、5。M 是数值型变量，即 M 可以表示不同的数值。

下列程序就是对变量的处理。

程序 HF 400

1. M1 = 1

2. M1 = M1+1

3. P200 = PLT 2，M1——M1 表示 2 号托盘中的任一点。

4. M1 = 2*M1

5. M1 = M1+2

6. M1 = M1+3

7. M1 = 3*M1

变量可以进行多样化处理，以满足实际工作中的各种复杂要求。

40　讲解构建码垛程序结构的方法

## 29.3　编制一个码垛指令程序

程序 HF 2910

SERVO ON

MOV P2

MOV P3

MOV P4

MOV P5

以上程序为便于示教获得各点位置。

1.——设定托盘为 1 号托盘，起点 = P2，终点 A = P3，终点 B = P4，对角点 = P5，列数 = ？，行数 = ？，Z 字型（可根据操作台确定）。

2.——设置变量 M20 = 1。

3.——设置一循环动作使用的标签。

以下程序为从托盘夹持工件到输送线。

4'.——设置 P200 点 = 1 号托盘中的 M20 点。

5'.——运行到 P200 点的近点，近点位于 P20 点上方 50mm。

6.——打开 1 号抓手。

7.——设置速度倍率 = 30%。

8.——直线运行到 P200 点（准备抓工件）。

9. Dly 0.5'——等待 0.5s。

10. HCLOSE 1'——1 号抓手夹持工件。

11. Dly 0.5'——等待 0.5s。

12. Ovrd 100'——设置速度倍率 = 100%。

13. Mvs，−50'——从当前位置 P200 点直线向上运行到近点（提起工件）。

以下程序为放置工件到输送线上。

14. Mov P1，−50 *1'——运行到 P1 点的近点，近点位于 P1 点上方 50mm。

15. Ovrd 50'——设置速度倍率 = 50%。

16. Mvs P1'——直线插补到 P1 点（准备放置工件）。

17. Dly 0.5'——等待 0.5s。

18. HOPEN 1'——1 号抓手张开（夹持工件）。

8. Dly 0.5'——等待 0.5s。

9. Ovrd 100'——设置速度倍率 = 100%。

10. Mvs，−50'——从当前位置 P1 点直线插补运行到近点（提起抓手）。

一次搬运动作完成。

以下为判断程序。

28. M20 = M20+1'——设置变量 M20 = M20+1（此步很重要）。

29. If M20< ？ Then *LOOP'——判断：如果 M20< ？，则跳转到标记有 *LOOP 的程序行；如果 M20 大于？，就执行下一行（此步很重要）。

41　编制及分析
码垛程序

30. End'——结束程序。

## 29.4　思考

① 观察编制并执行"码垛指令"时出现的问题。为什么有时会出现运行程序紊乱？

② 以程序 2910 为例，起点和终点都不变，编制一码垛程序，托盘改为 400 列 *100 行，会出现什么问题？

③ 以程序 2910 为例，编制一码垛程序，要求每间隔一格抓取一工件。

④ 以程序 2910 为例，编制一码垛程序，要求按 1、2、4、8、16 的规律抓取工件。

# 第 30 章

# 应用案例——工业机器人在码垛生产线上的应用

## 30.1 项目综述

某项目需要使用机器人对包装箱进行码垛处理。机器人码垛流水线工作示意图如图 30-1 所示。由传送线将包装箱传送到固定位置，再由机器人抓取并码垛。码垛规格要求为 68，错层布置。层数为 10，左右各一垛。

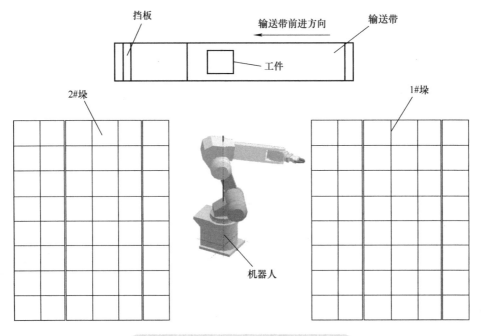

图 30-1　机器人码垛流水线工作示意图

## 30.2 解决方案

① 配置一台机器人作为工作中心，负责工件抓取搬运码垛。机器人配置 32 点输入 32 点输出的 I/O 卡。选取三菱 RV-7FLL 机器人，该机器人搬运重量为 7kg，最大动作半径为 1503mm。由于是码垛作业，因此选取机器人的动作半径要求尽可能大一些。三菱 RV-7FLL 臂长加长型的机器人，可以满足工作要求。

② 手持单元：R33TB（必须选配，用于示教位置点）。

③ 机器人选件：I/O 卡 2D-TZ368（用于接收外部操作屏信号和控制外围设备动作）。

④ 选用三菱 PLC FX3U-48MR 做主控系统。用于控制机器人的动作并处理外部检测信号。

⑤ 触摸屏选用 GS2110。触摸屏可以直接与机器人相连接，直接设置和修改各工艺参数，发出操作信号。

## 30.2.1　硬件配置

根据技术经济性分析，选定主要硬件配置见表 30-1。

表 30-1　主要硬件配置一览表

| 序号 | 名称 | 型号 | 数量 | 备注 |
| --- | --- | --- | --- | --- |
| 1 | 机器人 | RV-7FLL | 1 | 三菱 |
| 2 | 简易示教单元 | R33TB | 1 | 三菱 |
| 3 | I/O 卡 | 2D-TZ368 | 1 | 三菱 |
| 4 | PLC | FX3U-48MR | 1 | 三菱 |
| 5 | GOT | GS2110-WTBD | 1 | 三菱 |

## 30.2.2　输入输出点分配

根据现场控制和操作的需要，设计输入输出点，输入输出点通过机器人 I/O 卡 TZ-368 接入，TZ-368 的地址编号是机器人识别的 I/O 地址。为识别方便，分列输入输出信号。输入信号一览表见表 30-2，输出信号一览表见表 30-3。

（1）输入信号地址分配

表 30-2　输入信号一览表

| 序号 | 输入信号名称 | 输入信号地址（TZ-368） | 信号类型 |
| --- | --- | --- | --- |
| 1 | 自动程序启动 | 3 | 机器人信号 |
| 2 | 自动程序暂停 | 0 | 机器人信号 |
| 3 | 复位 | 2 | 机器人信号 |
| 4 | 伺服 ON | 4 | 机器人信号 |
| 5 | 伺服 OFF | 5 | 机器人信号 |
| 6 | 报警复位 | 6 | 机器人信号 |
| 7 | 操作权 | 7 | 机器人信号 |
| 8 | 回退避点 | 8 | 机器人信号 |
| 9 | 机械锁定 | 9 | 机器人信号 |
| 10 | 气压检测 | 10 | 外部检测信号 |
| 11 | 输送带正常运行检测 | 11 | 外部检测信号 |
| 12 | 输送带进料端有料无料检测 | 12 | 外部检测信号 |
| 13 | 输送带无料时间超常检测 | 13 | 外部检测信号 |
| 14 | 1# 垛位有料无料检测 | 14 | 外部检测信号 |
| 15 | 2# 垛位有料无料检测 | 15 | 外部检测信号 |
| 16 | 吸盘夹紧到位检测 | 29 | 外部检测信号 |
| 17 | 吸盘松开到位检测 | 30 | 外部检测信号 |
| 18 | 预留 | | |
| 19 | 预留 | | |

（2）输出信号地址分配

表 30-3　输出信号一览表

| 序号 | 输出信号名称 | 输出信号地址（TZ-368） | 信号类型 |
|---|---|---|---|
| 1 | 机器人自动运行中 | 0 | 机器人信号 |
| 2 | 机器人自动暂停中 | 4 | 机器人信号 |
| 3 | 急停中 | 5 | 机器人信号 |
| 4 | 报警复位 | 2 | 机器人信号 |
| 5 | 预留 | | |
| 6 | 预留 | | |
| 7 | 预留 | | |
| 8 | 吸盘 ON | 11 | 外部检测信号 |
| 9 | 吸盘 OFF | 12 | 外部检测信号 |
| 10 | 输送带无料时间超常报警 | 13 | 外部检测信号 |
| 11 | 预留 | | |
| 12 | 预留 | | |
| 13 | 预留 | | |

## 30.3　编程

### 30.3.1　总工作流程

码垛操作总流程图如图 30-2 所示。

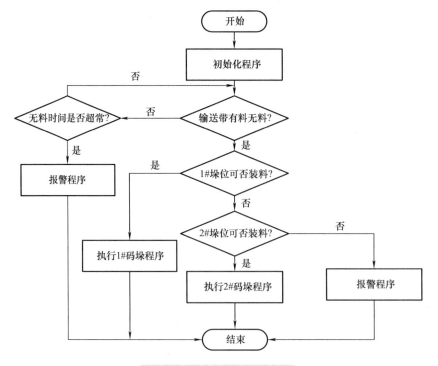

图 30-2　码垛操作总流程图

（1）初始化程序

（2）输送带有料无料判断

① 如果无料，继续判断是否超过无料等待时间，如果超过，则进入报警程序，再跳到"结束"。

② 如果未超过无料等待时间，则继续进行有料无料判断。

③ 输送带有料无料判断：如果有料，则进行 1# 垛可否执行码垛程序判断，如果是，则执行 1# 码垛程序；如果否，则执行 2# 码垛程序。

④ 进行 2# 垛可否执行码垛程序判断，如果是，则执行 2# 码垛程序；如果否，则跳到报警提示程序，再执行"结束"。

## 30.3.2　编程计划

（1）程序结构分析

必须从宏观着手编制主程序，只有在编制主程序时考虑周详，无所遗漏，安全可靠、保护严密，才能达到事半功倍的效果。

在总流程图上，主程序可以分为 4 个二级程序，见表 30-4。

表 30-4　二级程序汇总表

| 1 | 初始化程序 | CHUSH | MAIN |
|---|---|---|---|
| 2 | 1# 码垛程序 | PLT199 | MAIN |
| 3 | 2# 码垛程序 | PLT299 | MAIN |
| 4 | 报警程序 | BJ100 | MAIN |

其中，1# 码垛程序与 2# 码垛程序内又各自可按层数分为 10 个子程序。三级程序汇总表见表 30-5。

表 30-5　三级程序汇总表

| 16 | 2#1 层码垛 | PLT21 | PLT299 |
|---|---|---|---|
| 17 | 2#2 层码垛 | PLT22 | PLT299 |
| 18 | 2#3 层码垛 | PLT23 | PLT299 |
| 19 | 2#4 层码垛 | PLT24 | PLT299 |
| 20 | 2#5 层码垛 | PLT25 | PLT299 |
| 21 | 2#6 层码垛 | PLT26 | PLT299 |
| 22 | 2#7 层码垛 | PLT27 | PLT299 |
| 23 | 2#8 层码垛 | PLT28 | PLT299 |
| 24 | 2#9 层码垛 | PLT29 | PLT299 |
| 25 | 2#10 层码垛 | PLT210 | PLT299 |

（2）程序汇总表

经过程序结构分析，主程序子程序一览表见表 30-6。

表 30-6　主程序子程序一览表

| 序号 | 程序名称 | 程序号 | 上级程序 |
|---|---|---|---|
| 1 | 主程序 | MAIN | |
| 2 | 初始化程序 | CHUSH | MAIN |
| 3 | 1# 码垛程序 | PLT199 | MAIN |
| 4 | 2# 码垛程序 | PLT299 | MAIN |
| 5 | 报警程序 | BJ100 | MAIN |
| 6 | 1#1 层码垛 | PLT11 | PLT199 |
| 7 | 1#2 层码垛 | PLT12 | PLT199 |
| 8 | 1#3 层码垛 | PLT13 | PLT199 |
| 9 | 1#4 层码垛 | PLT14 | PLT199 |
| 10 | 1#5 层码垛 | PLT15 | PLT199 |
| 11 | 1#6 层码垛 | PLT16 | PLT199 |
| 12 | 1#7 层码垛 | PLT17 | PLT199 |
| 13 | 1#8 层码垛 | PLT18 | PLT199 |
| 14 | 1#9 层码垛 | PLT19 | PLT199 |
| 15 | 1#10 层码垛 | PLT110 | PLT199 |
| 16 | 2#1 层码垛 | PLT21 | PLT299 |
| 17 | 2#2 层码垛 | PLT22 | PLT299 |
| 18 | 2#3 层码垛 | PLT23 | PLT299 |
| 19 | 2#4 层码垛 | PLT24 | PLT299 |
| 20 | 2#5 层码垛 | PLT25 | PLT299 |
| 21 | 2#6 层码垛 | PLT26 | PLT299 |
| 22 | 2#7 层码垛 | PLT27 | PLT299 |
| 23 | 2#8 层码垛 | PLT28 | PLT299 |
| 24 | 2#9 层码垛 | PLT29 | PLT299 |
| 25 | 2#10 层码垛 | PLT210 | PLT299 |

经过试验，可以将每一层的搬运程序编制为一个子程序，在每一子程序中都重新定义 PLT（矩阵）规格。而且每一层的矩阵位置点也确实与上下一层各不相同。主程序就是顺序调用子程序，这样的编程也简洁明了，同时也不受 PLT 指令数量的限制。

（3）主程序 MAIN

根据图 30-2 编制的主程序如下：

主程序 MAIN

1. CallP"CHUSH"'——调用初始化程序。

2. *LAB1 程序分支标志

3. If m_IN（12）= 0　Then'——进行输送带有料无料判断。

4. GOTO LAB2'——如果输送带无料则跳转到 *LAB2。

5. ELSE'——否则往下执行

6. ENDIF'——判断语句结束。

7. If m_IN（14）= 1 Then'——进行 1# 码垛位有料无料（是否码垛完成）判断。

8. GOTO LAB3'——如果 1# 码垛位有料（码垛完成）则跳转到 *LAB3。

9. ELSE'——否则往下执行。

10. ENDIF'——判断语句结束。

11. CallP"PLT99"'——调用 1# 码垛程序。

12. *LAB4'——程序结束标志。

13. END'——程序结束。

14. *LAB2 输送带无料程序分支。

15. If m_IN（13）= 1 Then'——进行待料时间判断。

16. m_OUT（13）= 1'——如果待料时间超长则发出报警。

17. GOTO *LAB4'——结束程序。

18. ELSE'——否则重新检测输送带有料无料。

19. GOTO *LAB1

20. ENDIF

21. *LAB3'——1# 垛位有料程序分支，转入对 2# 码垛位的处理。

22. If m_IN（15）= 1 Then'——如果 2# 垛位有料，则报警。

23. m_OUT（13）= 1

24. GOTO *LAB4'——结束程序。

25. ELSE

26. CallP"PLT199"'——调用 2# 码垛程序。

27. ENDIF

28. END

（4）1# 码垛程序 PLT199

1# 码垛程序 PLT199 又分为 10 个子程序。每一层的码垛分为一个子程序。这是因为包装箱需要错层布置，以防止垮塌；另外每一层的高度在增加，需要设置 Z 轴坐标。

1# 码垛程序 PLT199

1. CallP"PLT11"'——调用第 1 层码垛程序。

2. Dly 1

3. CallP"PLT12"'——调用第 2 层码垛程序。

4. Dly 1

5. CallP"PLT13"'——调用第 3 层码垛程序。

6. Dly 1

7. CallP"PLT14"'——调用第 4 层码垛程序。

8. Dly 1

9. CallP"PLT15"'——调用第 5 层码垛程序。

10. Dly 1

11. CallP"PLT16"'——调用第 6 层码垛程序。

12. Dly 1

13. CallP"PLT17"'——调用第 7 层码垛程序。

14. Dly 1

15. CallP"PLT18"'——调用第 8 层码垛程序。

16. Dly 1

17. CallP"PLT19'"——调用第 9 层码垛程序。

18. Dly 1

19. CallP"PLT110'"——调用第 10 层码垛程序。

20. End

（5）码垛程序 PLT11（1# 垛第 1 层）

码垛程序 PLT11 是 1# 垛第 1 层的码垛程序，在这个程序中，使用了专用的码垛指令，用于确定每一格的定位位置，是这个程序的关键点。

图 30-3 所示为 1#1 层码垛子程序的流程图。

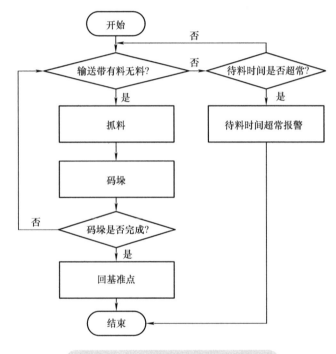

**图 30-3　1#1 层码垛子程序的流程图**

在码垛程序 PLT11 中，Plt 指令 ' 定义托盘位置图如图 30-4 所示。

1. Servo On

2. Ovrd 20

3'. 以下对托盘 1 各位置点进行定义

4. P10 = P_01+（+0.00，+0.00，+0.00，+0.00，+0.00，+0.00）'——起点。

5. P11 = P10+（+0.00，+100.00，+0.00，+0.00，+0.00，+0.00）'——终点 A。

6. P12 = P10+（+140.00，+0.00，+0.00，+0.00，+0.00，+0.00）'——终点 B。

7. P13 = P10+（+140.00，+100.00，+0.00，+0.00，+0.00，+0.00）'——对角点（见图 30-4）。

8. Def Plt 1，P10，P11，P12，P13，6，8，1

10. *LOOP' 循环程序起点标志

11. If m_IN（11）= 0　Then *LAB1'——输送带有料无料判断。如果无料，则跳转到 *LAB1 程序分支处，否则往下执行。

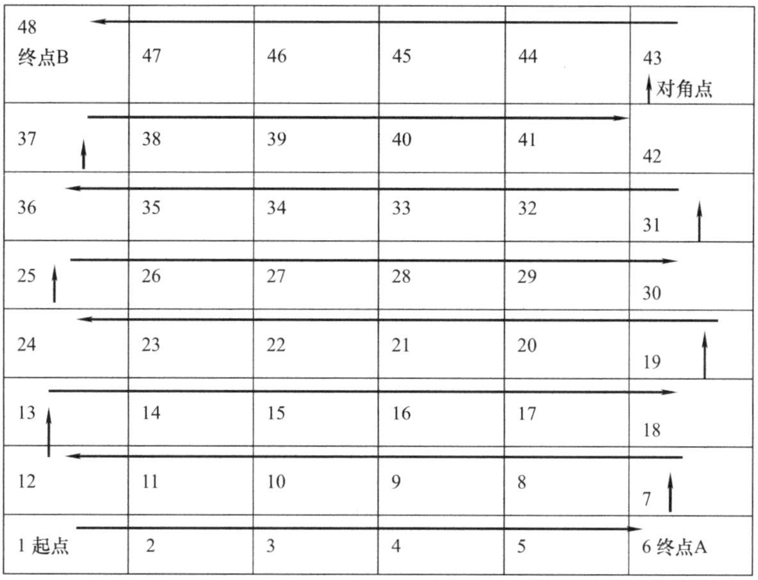

| 48<br>终点B | 47 | 46 | 45 | 44 | 43<br>↑对角点 |
|---|---|---|---|---|---|
| 37<br>↑ | 38 | 39 | 40 | 41 | 42 |
| 36 | 35 | 34 | 33 | 32 | 31<br>↑ |
| 25<br>↑ | 26 | 27 | 28 | 29 | 30 |
| 24 | 23 | 22 | 21 | 20 | 19<br>↑ |
| 13<br>↑ | 14 | 15 | 16 | 17 | 18 |
| 12 | 11 | 10 | 9 | 8 | 7<br>↑ |
| 1 起点 | 2 | 3 | 4 | 5 | 6 终点A |

**图 30-4　Plt 指令 ' 定义托盘位置图**

12. Mov P1，−50'——移动到输送带位置点准备抓料。

13. Mvs P1

14. m_OUT（12）= 1'——指令吸盘 = ON。

15. WAIT m_IN（12）= 1'——等待吸盘 = ON。

16. Dly 0.5

17. Mvs，−50'

18. P100 = Plt 1，m1'——以变量形式表示托盘 1 中的各位置点。

19. Mvs P100，−50'——运行到码垛位置点准备卸料。

20. Mvs P100

21. m_OUT（12）= 0'——指令吸盘 = OFF，卸料。

22. WAIT m_IN（12）= 0'——等待卸料完成。

23. Dly 0.3

24. Mvs，−50

25. m1 = m1+1'——变量加 1。

26. If m1< = 48  Then *LOOP-'——判断：如果变量小于或等于 48，则继续循环。

27'. 否则移动到输送带待料。

28. Mov P1，−50

29. End

30. *LAB1

31. If m_IN（12）= 1 Then m_OUT（10）= 1'——如果待料时间超常，则报警。

32'. 否则重新进入循环 *LOOP

33. GOTO *LOOP

34. End

（6）码垛程序 PLT12（1#垛第 2 层）

1. Servo On

2. Ovrd 20

3'. 以下对托盘 2 各位置点进行定义。注意，由于是错层布置，各起点、终点、对角点位置要重新计算，而且抓手要旋转一个角度。

4. P10 = P_01+（+0.00，+0.00，+10*.00，+0.00，+0.00，+90）'——起点。

5. P11 = P10+（+0.00，+10*.00，+0.00，+0.00，+0.00，+90）'——终点 A。

6. P12 = P10+（+14*.00，+0.00，+0.00，+0.00，+0.00，+90）'——终点 B。

7. P13 = P10+（+14*.00，+108.00，+0.00，+0.00，+0.00，+90）'——对角点。

（省略）

码垛程序 PLT12（1#垛第 2 层）与码垛程序 PLT11（1#垛第 1 层）在结构形式上完全相同。唯一的区别是托盘 2 的起点坐标在 Z 向上比第 1 层多一层高数据。注意程序中序号第 4 行，其中 Z 向数值比码垛程序 PLT11 多一层高数值。由于是错层布置，各起点、终点、对角点位置要重新计算，而且抓手要旋转一个角度。

其余各层程序 PLT12 ~ PLT110 均做如此处理。

## 30.4 结语

机器人在码垛中的应用主要使用 Def Plt 指令，但实质上 Def Plt 指令只是一个定义矩阵格子中心位置的指令。由于实际码垛一般需要错层布置，因此不能一个 Plt 指令用到底。每一层的位置都需要重新定义，然后使用循环指令反复地执行抓取。

42 机器人工作台操作说明

而且必须要作为一个完整的系统工程来考虑。

## 30.5 思考

① 第 1 层和第 2 层为什么要错层布置？

② 第 1 层和第 3 层程序结构类似，有什么简化处理的方法？

③ 如何绘制主程序流程图？

# 第 31 章

# 应用案例——工业机器人与数控机床的联合应用

## 31.1 项目综述

机器人与数控机床配合使用是智能化制造工厂的重要核心板块。在这个项目中，要求如下：

① 机器人能够执行抓料、开门、卸料、一次装夹、工件调头装夹、关门、卸料等一系列动作。

② 机器人工作信号与数控机床上的工作信号进行通信。

③ 抓手是双抓手，能够在一个工作点（卡盘）实现装夹和卸料动作。

④ 机器人的运动轨迹是规定的路径，避免发生碰撞事故。

⑤ 加工工件要求双头加工，因此在加工过程中要求进行调头装夹。

机器人与数控机床的联合工作如图 31-1 所示。加工工件示意图如图 31-2 所示。

43 机器人与数控折弯机协同工作

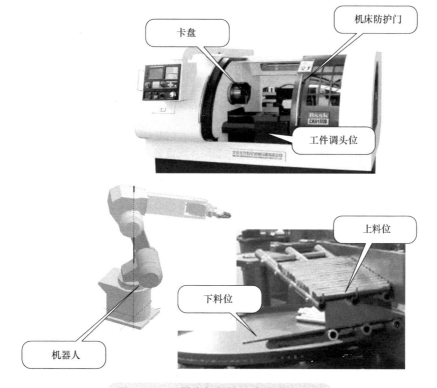

图 31-1 机器人与数控机床的联合工作

图 31-2　加工工件示意图

## 31.2　解决方案

### 31.2.1　方案概述

① 数控机床为数控加工中心。能够发出工件加工完毕信号和主轴转速信号。

② 选用三菱 RV-7FLL 机器人。要求机器人具备加长手臂。

③ 机器人配置 TZ-368 I/O 模块，用于执行与数控机床侧的信息交换。

④ 配置 PLC FX3U-48MR，用于处理来自机器人和数控机床侧的 I/O 信号。特别是处理各信号的安全保护条件。

⑤ 配置触摸屏一台。用于发出各种操作信号和工作状态的监视。

### 31.2.2　硬件配置

经过技术经济分析，主要硬件配置见表 31-1。

表 31-1　主要硬件配置表

| 序号 | 名称 | 型号 | 数量 | 备注 |
|---|---|---|---|---|
| 1 | 机器人 | RV-7FLL | 1 | 三菱 |
| 2 | 简易示教单元 | R33TB | 1 | 三菱 |
| 3 | 输入输出卡 | 2D-TZ368 | 1 | 三菱 |
| 4 | PLC | FX3U-48MR | 1 | 三菱 |
| 5 | GOT | GS2110-WTBD | 1 | 三菱 |

### 31.2.3　输入输出点分配

根据现场控制和操作的需要，设计输入输出点，输入输出点通过机器人 I/O 卡 TZ-368 接入，TZ-368 的地址编号是机器人识别的 I/O 地址。为识别方便，分列输入输出信号。输入信号地址分配见表 31-2，输出信号地址分配见表 31-3。

表 31-2　输入信号地址分配

| 序号 | 输入信号名称 | 输入信号地址（TZ-368） | 信号类型 |
|---|---|---|---|
| 1 | 自动程序启动 | 3 | 机器人侧信号 |
| 2 | 自动程序暂停 | 0 | 机器人侧信号 |
| 3 | 程序复位 | 2 | 机器人侧信号 |
| 4 | 伺服 ON | 4 | 机器人侧信号 |
| 5 | 伺服 OFF | 5 | 机器人侧信号 |
| 6 | 报警复位 | 6 | 机器人侧信号 |
| 7 | 操作权 | 7 | 机器人侧信号 |
| 8 | 回退避点 | 8 | 机器人侧信号 |
| 9 | 机械锁定 | 9 | 机器人侧信号 |
| 10 | 气压检测 | 10 | 外部检测信号 |
| 11 | 进料端有料无料检测 | 11 | 外部检测信号 |
| 12 | 机床关门到位检测 | 12 | 外部检测信号 |
| 13 | 机床开门到位检测 | 13 | 外部检测信号 |
| 14 | 机床卡盘夹紧到位检测 | 14 | 外部检测信号 |
| 15 | 机床卡盘松开到位检测 | 15 | 外部检测信号 |
| 16 | 1# 抓手夹紧到位检测 | 16 | 外部检测信号 |
| 17 | 1# 抓手松开到位检测 | 17 | 外部检测信号 |
| 18 | 2# 抓手夹紧到位检测 | 18 | 外部检测信号 |
| 19 | 2# 抓手松开到位检测 | 19 | 外部检测信号 |
| 20 | 数控机床工件加工完成信号 | 20 | 外部检测信号 |
| 21 | 数控机床主轴转速 = 0 信号 | 21 | 外部检测信号 |
| 22 | 预留 |  |  |
| 23 | 预留 |  |  |

表 31-3　输出信号地址分配

| 序号 | 输出信号名称 | 输出信号地址（TZ-368） | 信号类型 |
|---|---|---|---|
| 1 | 机器人自动运行中 | 0 | 机器人侧信号 |
| 2 | 机器人自动暂停中 | 4 | 机器人侧信号 |
| 3 | 急停中 | 5 | 机器人侧信号 |
| 4 | 报警复位 | 2 | 机器人侧信号 |
| 5 | 1#抓手夹紧（ = ON） | 11 | 外部信号 |
| 6 | 1#抓手松开（ = OFF） | 12 | 外部信号 |
| 7 | 2#抓手夹紧（ = ON） | 13 | 外部信号 |
| 8 | 2#抓手松开（ = OFF） | 14 | 外部信号 |
| 9 | 机床卡盘夹紧（ = ON） | 15 | 外部信号 |
| 10 | 机床卡盘松开（ = OFF） | 16 | 外部信号 |
| 11 | 机床加工程序启动 | 17 | 外部信号 |
| 12 | 预留 |  |  |
| 13 | 预留 |  |  |

## 31.3 编程

### 31.3.1 主程序

（1）主程序流程图

根据工艺要求及效率原则，编制了工艺流程图。在本流程图中，有：

① 初始化程序。

② 首次装夹程序。

③ 调头装夹程序。

④ 卸料装夹联合程序。

需要根据不同的工作条件进行选择。

图 31-3 所示为主流程图。

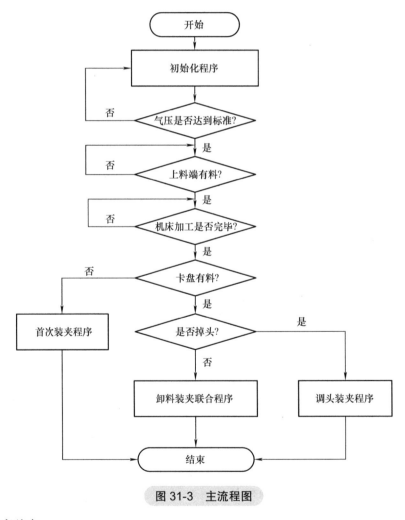

图 31-3 主流程图

（2）程序总表

为了编程序简便，需要将主程序分解成若干个子程序，经过程序结构分析，需要编制的程序见表 31-4。

表 31-4　程序汇总表

| 序号 | 程序名称 | 程序号 | 功能 | 上一级程序 |
|---|---|---|---|---|
| 1 | 主程序 | MAIN | | |
| 第 1 级子程序 | | | | |
| 2 | 初始化程序 | CHUSH | | MAIN |
| 3 | 首次装夹程序 | FIRST | | MAIN |
| 4 | 调头装夹程序 | EXC | | MAIN |
| 5 | 卸料装夹联合程序 | XANDJ | | MAIN |
| 第 2 级子程序 | | | | |
| 6 | 取料子程序 | QL | | |
| 7 | 开门子程序 | KAIM | | |
| 8 | 卸料子程序 | XIAL | | |
| 9 | 装夹子程序 | JIAZ | | |
| 10 | 关门子程序 | GM | | |
| 11 | 卸料装夹程序 | XJ | | |
| 12 | 调头装夹程序 | DIAOT | | |

（3）主程序

根据主工作流程图编制程序如下：

主程序 MAIN

1. CALLP"CHUSH"'——调用初始化程序。

2. *LAB3'——程序分支标志。

3. *YALI'——程序分支标志。

4. IF M15 = 0 THEN GOTO *YALI'——判断气压是否达到标准。如果气压不足，则跳转到 *YALI；如果气压达到标准，则往下执行。

5. *QULIAO-'——程序分支标志。

6. IF M25 = 0 THEN GOTO *QULIAO'——判断上料端有料无料。如果上料端无料，则跳转到 *QULIAO 行；如果上料端有料，则往下执行。

*WANC'——程序分支标志。

5. IF M35 = 0 THEN GOTO *WANC'——判断机床加工是否完成信号。

6. IF M100 = 0 THEN GOTO *LAB1'——判断是否执行 1 次上料。

7. IF M200 = 0 THEN GOTO *LAB2'——判断是否执行调头装夹。

8. CALLP"XANDJ"'——调用卸料装夹联合程序。

9. M300 = 1'——卸料装夹联合程序执行完毕。

10. M200 = 0'——可执行调头装夹。

14. END

15 *LAB1'——执行首次上料。

16. CALLP"FIRST"'——调用首次上料程序。

17. M100 = 1'——首次上料执行完毕。

18. GOTO*LAB3

19. *LAB2'——执行调头装夹程序。

20. CALLP"EXC'"——调用调头装夹程序。

21. M200 = 1'——调头装夹执行完毕。

22. GOTO*LAB3

### 31.3.2 第一级子程序

（1）首次装夹子程序

首次装夹是指卡盘上没有工件，机器人进行的第一次工件装夹。

1）首次装夹子程序流程。

首次装夹子程序流程图如图 31-4 所示。

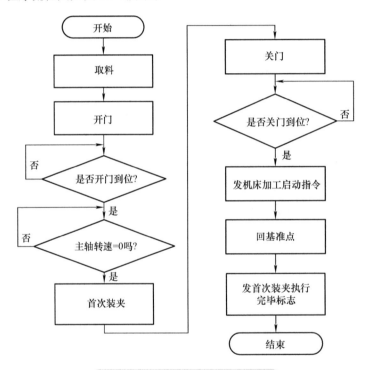

**图 31-4 首次装夹子程序流程图**

2）首次装夹工作路径。

首次装夹工作路径图如图 31-5 所示。

1# 基准点 P1 →取料点 P2 →开门起点 P4 →（开门行程 P5）→卡盘位置 P6（装夹工件）→退出→关门起点 P5 →（关门动作行程）→回 1# 基准点 P1。

3）首次装夹程序。

1. CALLP"QL'"——调用取料子程序。

2. CALLP"KAIM'"——调用开门子程序。

3. *LAB1

4. IF M_IN（11）= 1 THEN GOTO*LAB1'——主轴速度 = 0 判断。

5'. 如果主轴速度不为 0，则跳转到 *LAB1，否则执行下一步。

6. CALLP"JIAZ'"——调用装夹子程序。

7. CALLP"GM"——调用关门子程序。

8. M_OUT（17）= 1'——发机床加工启动指令。

9. MOV P1'——回基准点。

10. M100 = 1'——发首次装夹完成标志。

END

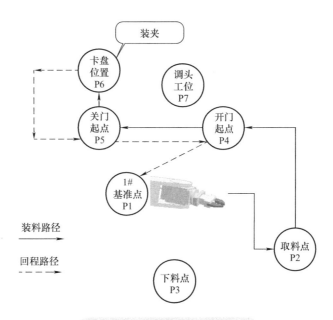

**图 31-5　首次装夹工作路径图**

（2）调头装夹程序

在本项目中，需要对工件两头进行加工，所以在加工完一头后需要先卸下，抓手运动到调头工位进行调头，再进行装夹。

1）调头装夹程序流程。

调头装夹程序流程图如图 31-6 所示。

2）调头装夹工作路径图。

调头装夹工作路径图如图 31-7 所示。

1# 基准点 P1 →开门起点 P4 →（开门行程 P5）→卡盘位置 P6（卸下工件）→调头工位 P7（调头处理）→卡盘位置 P6（装夹工件）→退出→关门起点 P5 →（关门动作行程）→回 1# 基准点 P1。

3）调头装夹程序。

1. CALLP"KAIM"——调用开门子程序。

2. *LAB1

3. IF M_IN（11）= 1 THEN GOTO*LAB1'——主轴速度 = 0 判断。

4'. 如果主轴速度不为 0，则跳转到 *LAB1。

5. CALLP"DIAOT"'——调用调头装夹子程序。

6. CALLP"GM"'——调用关门子程序。

7. M_OUT（17）= 1'——发机床加工启动指令。

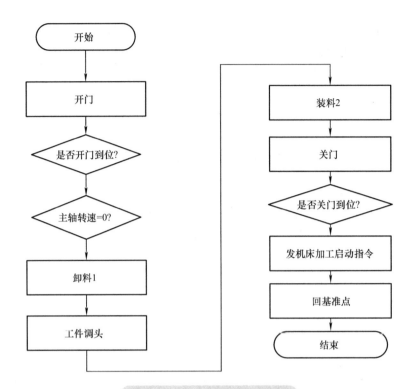

**图 31-6　调头装夹程序流程图**

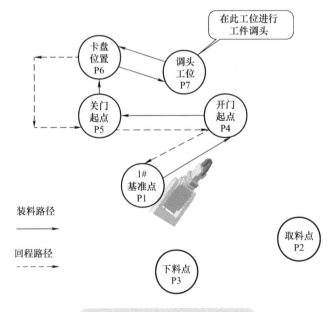

**图 31-7　调头装夹工作路径图**

8. MOV P1'——回基准点。

9. M200 = 1'——发调头装夹程序完成标志。

END

（3）卸料装夹联合程序

卸料装夹联合程序是指当工件加工完成后，为提高效率，需要先卸料再进行装夹新料。

1）卸料装夹联合程序流程。

卸料装夹联合程序流程图如图 31-8 所示。

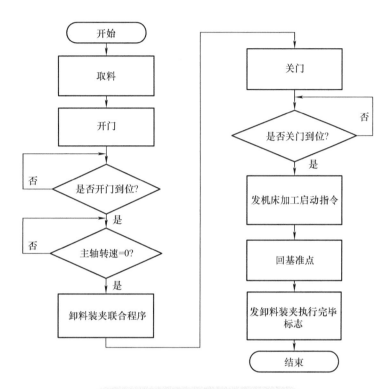

**图 31-8　卸料装夹联合程序流程图**

2）卸料装夹工作路径。

卸料装夹工作路径图如图 31-9 所示。

1# 基准点 P1 →取料点 P2 →开门起点 P4 →（开门行程 P5）→卡盘位置 P6（卸下工件）→装夹工件→退出→关门起点 P5 →（关门动作行程）→回下料点 P3 →回 1# 基准点 P1。

3）卸料装夹程序

1. CALLP"KAIM"'——调用开门子程序。

2. *LAB1

3. IF M_IN（11）= 1 THEN GOTO*LAB1'——主轴速度 = 0 判断。

4'. 如果主轴速度不为 0，则跳转到 *LAB1。

5. CALLP"XJ"'——调用卸料装夹子程序。

6. CALLP"GM"'——调用关门子程序。

7. M_OUT（17）= 1'——发机床加工启动指令。

8. CALLP"XIAL"'——调用下料子程序。

9. END

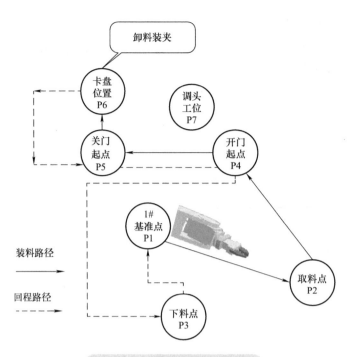

**图 31-9　卸料装夹工作路径图**

## 31.3.3　第二级子程序

（1）开门子程序 KAIM

1. MOV P4'——移动到开门点 P4。

2. DLY 0.2'——暂停。

3. MOV P5'——开门行程。

4. DLY 0.2'——暂停。

5. *LAB1'——程序分支标记。

6. IF M_IN（13）= 0 GOTO *LAB1'——等待开门到位信号。

7. MOV P10'——移动到门中间。

8. END

（2）关门子程序 GM

1. MOV P10'——移动到门中间。

2. MOV P5'——移动到关门点 P5。

3. DLY 0.2'——暂停。

4. MOV P4'——开门行程。

5. DLY 0.2'——暂停。

6. *LAB2'

7. IF M_IN（12）= 0 GOTO *LAB2'——等待关门到位信号。

8. MOV P10'——移动到门中间位。

9. END

（3）调头处理子程序

OVRD 70

1. MOV P6，30'——2# 抓手移动卡盘上方 30mm。

2. DLY 0.2'——暂停。

3. M_OUT（14）= 1'——发 2# 抓手松开指令。

4. WAIT M_IN（19）= 1'——等待 2# 抓手松开到位。

5. MOV P6'——2# 抓手移动卡盘中心点。

6. M_OUT（13）= 1'——2# 抓手夹紧。

7. WAIT M_IN（18）= 1'——等待 2# 抓手夹紧到位。

8. M_OUT（16）= 1'——发卡盘松开指令。

9. WAIT M_IN（15）= 1'——等待卡盘松开到位。

10. MOV P16'——拉出工件。

11. MOV P17，30'——移动到调头工位上方 30mm。

12. MOV P17'——移动到调头工位。

13. M_OUT（14）= 1'——发 2# 抓手松开指令。

14. WAIT M_IN（19）= 1'——等待 2# 抓手松开到位。

15. MOV P17，30'——上升 30mm。

16. MOV P18，30'——移动到工件正中间位。

17. MOV P18'——下降 30mm。

18. M_OUT（13）= 1'——2# 抓手夹紧。

19. WAIT M_IN（18）= 1'——等待 2# 抓手夹紧到位。

20. MOV P18，60'——上升 60mm。

21. MOV J_CURR +（0，0，0，0，0，180）'——旋转 180°。

22. MOV P19'——移动到调头位。

23. M_OUT（14）= 1'——发 2# 抓手松开指令。

24. WAIT M_IN（19）= 1'——等待 2# 抓手松开到位。

25. MOV P19，30'——上升 30mm。

26. MOV P17，30'——移动到调头工位上方 30mm。

27. MOV P17'——移动到调头工位。

28. M_OUT（13）= 1'——2# 抓手夹紧。

29. WAIT M_IN（18）= 1'——等待 2# 抓手夹紧到位。

30. MOV P17，30'——上升 30mm。

31. MOV P16'——移动到卡盘中心点。

32. MOV P6'——工件插入卡盘内。

33. M_OUT（15）= 1'——发卡盘夹紧指令。

34. WAIT M_IN（14）= 1'——等待卡盘夹紧完成。

35. M_OUT（14）= 1'——发 2# 抓手松开指令。

36. WAIT M_IN（19）= 1'——等待 2# 抓手松开到位。

37. MOV P10'——退出机床门外。

END

（4）卸料装夹程序 XANDJ

1. OVRD 70

2. MOV P6，30'——2# 抓手移动卡盘上方 30mm。

3. DLY 0.2'——暂停。

4. M_OUT（14）= 1'——发 2# 抓手松开指令。

5. WAIT M_IN（19）= 1'——等待 2# 抓手松开到位。

6. MOV P6'——2# 抓手移动卡盘中心点。

7. M_OUT（13）= 1'——2# 抓手夹紧。

8. WAIT M_IN（18）= 1'——等待 2# 抓手夹紧到位。

9. M_OUT（16）= 1'——发卡盘松开指令。

10. WAIT M_IN（15）= 1'——等待卡盘松开到位。

11. MOV P16'——拉出工件。

12. MOV P20'——1# 抓手到装夹位。

13. MOV P21' 插入工件。

14. M_OUT（15）= 1'——发卡盘夹紧指令。

15. WAIT M_IN（14）= 1'——等待卡盘夹紧完成。

16. M_OUT（12）= 1'——发 1# 抓手松开指令。

17. WAIT M_IN（17）= 1'——等待 2# 抓手松开到位。

18. MOV P10'——退出机床门外。

END

## 31.4 思考

① 分析主程序，主程序内至少应该包含哪些内容？

② 哪些动作可以编为子程序？

③ 为什么取料动作、装夹动作、调头动作、卸料动作要编为子程序？

④ 如何对工况进行条件判断？

⑤ 如何构建程序框架？程序流程图重要吗？

# 第 32 章

# 编程软件及其使用方法

RT ToolBox3（以下简称 RT）软件是一款专门用于三菱机器人编程、参数设置、程序调试、工作状态监视的软件。其功能强大，编程方便。在前面的学习中，已经介绍过使用 RT 软件设置参数，编制简短程序的方法，本章将对 RT 软件的使用做系统的介绍。

## 32.1 RT 软件的基本功能

### 32.1.1 RT 软件的功能概述

（1）RT 软件具备的五大功能
① 编程及传送程序、调试程序功能。
② 参数设置功能。
③ 备份还原功能。
④ 工作状态监视功能。
⑤ 维护功能。
（2）RT 软件具备的三种工作模式
① 离线模式。
② 在线模式。
③ 模拟模式。

### 32.1.2 RT 软件的功能一览

RT 软件的基本功能见表 32-1。

表 32-1　RT 软件的基本功能

| 功　能 | 说　明 |
| --- | --- |
| 离线——以计算机中的工程作为对象（不连接机器人控制器） | |
| 机器人机型名称 | 显示要使用的机器人机型名称 |
| 程序 | 编制程序 |
| 样条 | 编制样条曲线 |
| 参数 | 设置参数。在与机器人连接后传入机器人控制器 |
| 在线——以机器人控制器中的工程作为对象（连接机器人控制器） | |
| 程序 | 编制程序 |
| 样条 | 编制样条曲线 |
| 参数 | 设置参数 |

（续）

| 功　能 | 说　明 |
|---|---|
| 在线——监视（监视机器人的工作状态） | |
| 动作监视 | 可以监视任务区状态、运行的程序、动作状态、当前发生报警 |
| 信号监视 | 监视机器人的输入输出信号 ON/OFF 状态 |
| 运行监视 | 监视机器人运行时间、各个机器人程序的生产信息 |
| 在线——维护 | |
| 原点数据 | 设定机器人的原点数据 |
| 初始化 | 进行时间设定、程序全部删除、电池剩余时间的初始化、机器人的序列号的设定 |
| 支持位置恢复 | 进行原点位置偏差的恢复 |
| TOOL 长度自动计算 | 自动计算 TOOL 长度，设定 TOOL 参数 |
| 伺服监视 | 进行伺服电动机工作状态的监视 |
| 密码设定 | 密码的登录 / 变更 / 删除 |
| 文件管理 | 能够对机器人控制器内的文件进行复制、删除、变更名称 |
| 2D Vision Calibration | 2D 视觉标定 |
| 在线——选项卡 | |
| 在线——TOOL | |
| 力觉控制 | |
| 用户定义画面编辑 | |
| 示波器 | |
| 模拟 | |
| 模拟 | 完全模拟在线状态 |
| 节拍时间测定 | |
| 备份 - 还原 | |
| 备份 | 从机器人控制器传送工程文件到计算机 |
| 还原 | 从计算机传送工程文件到机器人控制器 |
| MELFA 3D-Vision | 能够进行 MELFA3D-Vision 的设定和调整 |

## 32.2　程序的编制调试管理

### 32.2.1　编制程序

　　由于使用本软件有离线和在线模式，大多数编程是在离线模式下完成的，在需要调试和验证程序时则使用在线模式。在离线模式下编制完成的程序要首先保存在计算机里，在调试阶段，连接到机器人控制器后再选择在线模式，将编制完成的程序写入机器人控制器。以下叙述的程序编制等全部为离线模式。

　　（1）工作区的建立

　　【工作区】就是一个总项目。

　　【工程】就是总项目中每一台机器人的工作程序（程序、参数）。一个"工作区"内可以设置 32 个工程，也就是管理 32 台机器人。新建一个工作区的方法如下：

　　① 打开 RT 软件。

　　② 单击 [ 工作区 ] → [ 新建 ]，弹出如图 32-1 所示的"工作区的新建"框。设置"工作区

名"和"标题",单击 [OK]。这样,一个新工作区设置完成。同时弹出如图 32-2 所示的"工程编辑"框。

**图 32-1　"工作区的新建"框**

1—工作区所在位置　2—工作区一览表　3—新建工作区名　4—标题

(2)【工程】的新建

【工程】就是总项目中每一台机器人的工作任务(程序、参数)。

需要设置的内容如图 32-2 所示:

① 工程名称。

② 机器人控制器型号。

③ 与计算机的通信方式(如 USB、以太网)。

④ 机器人型号。

⑤ 机器人语言。

⑥ 行走台工作参数设置。

通信设定如图 32-3 所示。

在一个工作区内可以设置 32 个工程,如图 32-4 所示。

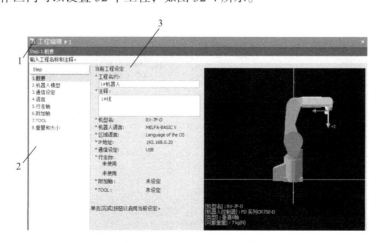

**图 32-2　"工程编辑"框**

1—工程设置界面　2—顺序设置内容 1~8　3—已经设置的内容

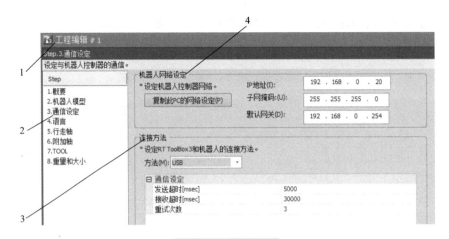

图 32-3　通信设定

1—1# 工程设置界面　2—选择设置通信方法　3—设置 RT3 与机器人连接方式　4—机器人网络设定

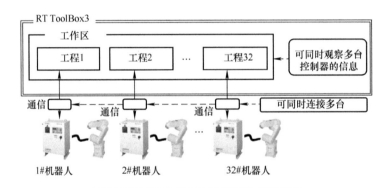

图 32-4　"工作区"与"工程"的关系

如图 32-5 所示，在一个工作区内设置了 4 个工程。

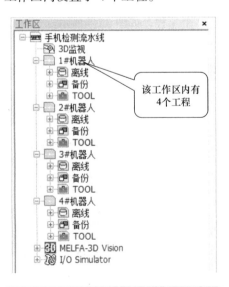

图 32-5　一个工作区内设置了 4 个工程

（3）程序的编辑

程序编辑时，菜单栏中会追加「文件（F）」、「编辑（E）」、「调试（D）」、「工具（T）」项目。各项目所含的内容如下：

① 文件菜单。

文件菜单所含项目见表 32-2。

表 32-2　文件菜单所含项目

| 菜单项目（文件） | 项目 | 说明 |
|---|---|---|
| 覆盖保存(S)　　　Ctrl+S | 覆盖保存 | 以现程序覆盖原程序 |
| 保存在电脑上(A)... | 保存在电脑上 | 将编辑中的程序保存在电脑 |
| 保存到机器人上(T)... | 保存到机器人上 | 将编辑中的程序保存到机器人控制器 |
| 页面设定(U)... | 页面设定 | 设置打印参数 |

② 编辑菜单。

编辑菜单所含项目见表 32-3。

表 32-3　编辑菜单所含项目

| 菜单项目（编辑） | 项目 | 说　明 |
|---|---|---|
| | 还原 | 撤销本操作 |
| | Redo | 恢复原操作 |
| 编辑(E)　调试(D)　工具(T)　窗口(W)　帮助( | 还原 - 位置数据 | 撤销本位置数据 |
| 还原(U)　　　　　Ctrl+Z | Redo- 位置数据 | 恢复位置数据 |
| Redo(R)　　　　　Ctrl+Y | 剪切 | 剪切选中的内容 |
| 还原 - 位置数据(B) | 复制 | 复制选中的内容 |
| Redo - 位置数据(-) | 粘贴 | 把复制、剪切的内容粘贴到指定位置 |
| 剪切(T)　　　　　Ctrl+X | 复制 - 位置数据 | 对位置数据进行复制 |
| 复制(C)　　　　　Ctrl+C | 粘贴 - 位置数据 | 对复制的位置数据进行粘贴 |
| 粘贴(P)　　　　　Ctrl+V | 检索 | 查找指定的字符串 |
| 复制 - 位置数据(Y) | 从文件检索 | 在指定的文件中进行查找 |
| 粘贴 - 位置数据(A) | 替换 | 执行替换操作 |
| 检索(F)...　　　　Ctrl+F | 跳转到指定行 | 跳转到指定的程序行号 |
| 从文件检索(N)... | 全写入 | 将编辑的程序全部写入机器人控制器 |
| 替换(E)...　　　　Ctrl+H | 部分写入 | 将编辑程序的选定部分写入机器人控制器 |
| 跳转到指定行(J)... | 选择行的注释 | 将选择的程序行变为注释行 |
| 全写入(H) | 选择行的注释解除 | 将注释行转为程序指令行 |
| 部分写入(S) | 注释内容的统一删除 | 删除全部注释 |
| 选择行的注释(M) | 命令行编辑 - 在线 | 调试状态下编辑指令 |
| 选择行的注释解除(I) | 命令行插入 - 在线 | 调试状态下插入指令 |
| 注释内容的统一删除(V) | 命令行删除 - 在线 | 调试状态下删除指令 |
| 命令行编辑 - 在线(D) | | |
| 命令行插入 - 在线(O) | | |
| 命令行删除 - 在线(L) | | |

③ 调试菜单。

调试菜单所含项目见表 32-4。

④ 工具菜单。

工具菜单所含项目见表 32-5。

表 32-4　调试菜单所含项目

| 菜单项目（调试） | 项目 | 说明 |
| --- | --- | --- |
| 调试(D)　工具(T)　窗口(W)　帮助(H)<br>　设定断点(S)...<br>　解除断点(D)<br>　解除全部断点(A)<br>✓ 总是显示执行行(E) | 设定断点 | 设定单步执行时的停止行 |
| | 解除断点 | 解除对断点的设置 |
| | 解除全部断点 | 解除对全部断点的设置 |
| | 总是显示执行行 | 在执行行显示光标 |

表 32-5　工具菜单所含项目

| 菜单项目（工具） | 项目 | 说明 |
| --- | --- | --- |
| 工具(T)　窗口(W)　帮助(H)<br>　重新编号(R)...<br>　排列(S)<br>　语法检查(Y)<br>　指令模板(C)...<br>　直交位置数据统一编辑(X)...<br>　关节位置数据统一编辑(J)...<br>　节拍时间测量(T)...<br>　选项(O)... | 语法检查 | 对编辑的程序进行语法检查 |
| | 指令模板 | 提供标准指令格式供编程使用 |
| | 直交位置数据统一编辑 | 对直交位置数据进行统一编辑 |
| | 关节位置数据统一编辑 | 对关节位置数据进行统一编辑 |
| | 节拍时间测量 | 在模拟状态下对选择的程序进行运行时间测量 |
| | 选项 | 设置编辑的其他功能 |

（4）新建和打开程序

① 新建程序。

在"工程树"单击 [ 程序 ] → [ 新建 ]，弹出程序名设置框。设置程序名后，弹出编程框如图 32-6 所示。

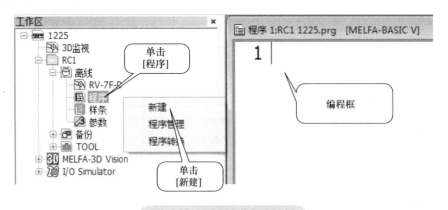

图 32-6　新建及弹出编程框

② 打开程序。

在"工程树"单击 [ 程序 ]，弹出原有排列程序框。选择程序名后，单击 [ 打开 ] 弹出编程框。

（5）编程注意事项

① 无需输入程序行号，软件自动生成程序行号。

② 输入指令不区分大小写字母，软件自动转换。

③ 直交位置变量、关节位置变量在各自编辑框内编辑。位置变量的名称，不区分大小写字母。位置变量编辑时，有 [ 追加 ]、[ 变更 ]、[ 删除 ] 等按键。

④ 编辑中的辅助功能如剪切、复制、粘贴、检索（查找）、替换与一般软件的使用方法相同。

⑤ 位置变量的统一编辑：本功能用于大量的位置变量需要统一修改的场合，可用于机械位置发生相对移动的场合。单击 [ 工具 ] → [ 位置变量统一变更 ] 就弹出如图 32-7 所示的画面。

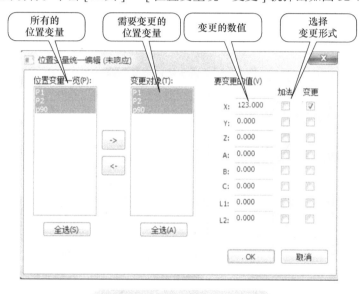

图 32-7　位置变量的统一编辑

⑥ 全写入。

本功能是将当前程序写入机器人控制器中。单击菜单的 [ 编辑 ] → [ 全写入 ]。在确认信息显示后，单击 [ 是 ]。这是本软件特有的功能。

⑦ 语法检查。

语法检查用于检查所编辑的程序在语法上是否正确。在向控制器写入程序前执行。单击菜单栏的 [ 工具 ] → [ 语法检查 ]。语法上有错误的情况下，会显示发生错误的程序行和错误内容。"语法检查报警"框如图 32-8 所示。语法检查功能是经常使用的。

⑧ 指令模板。

指令模板就是标准的指令格式。如果编程者记不清楚程序指令，可以使用本功能。本功能可以显示全部的指令格式，只要选中该指令双击后就可以插入程序指令编辑位置处。

使用方法：单击菜单栏的 [ 工具 ] → [ 指令模板 ]，弹出如图 32-9 所示的"指令模板"框。

⑨ 选择行的注释 / 选择行的注释解除。

本功能是将某一程序行变为注释文字或解除这一操作。在实际编程中，特别是对于使用中文进行程序注释时，可能会先一行一行地写中文注释，最后再写程序指令。因此，可以先写中文注释，然后使用本功能将其全部变为注释信息。这是简便的方法之一。

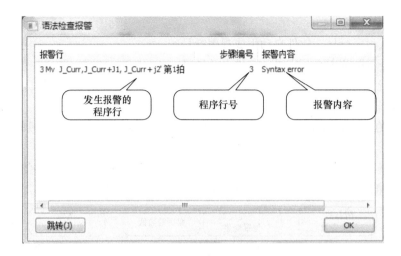

图 32-8 "语法检查报警"框

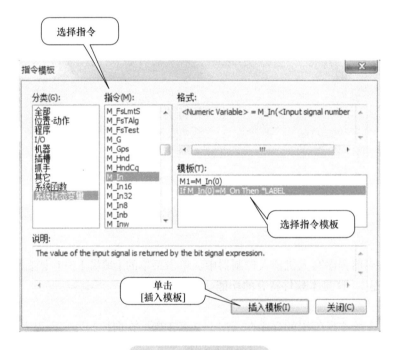

图 32-9 "指令模板"框

在指令编辑区域中，选中要转为注释的程序行，单击菜单栏的 [ 编辑 ] → [ 选择行的注释 ]。选中的行的开头会加上注释文字标志「'」，变为注释信息。另外，选中需要解除注释的行后，再单击菜单栏的 [ 编辑 ] → [ 选择行的注释解除 ]，就可以解除选择行的注释。

（6）位置变量的分类

位置变量的编辑是最重要的工作之一。位置变量分为：

① 直交型变量。

② 关节型变量。

在进行位置变量编辑时首先要分清是直交型变量还是关节型变量。

（7）位置变量的编辑

位置变量的编辑如图 32-10 所示。首先区分是位置变量还是关节变量，如果要增加一个新的位置点，单击 [ 追加 ] 键，弹出"位置数据的编辑"框，如图 32-10 所示。在"位置数据的编辑"框，需要设置以下项目。

1）设置变量名称。

① 直交型变量设置为 P***，注意以 P 开头，如 P1、P2、P10。

② 关节型变量设置为 J***，注意以 J 开头，如 J1、J2、J10。

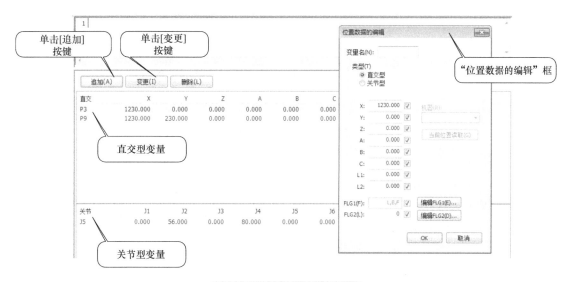

**图 32-10 位置变量的编辑**

2）选择变量类型。

选择是直交型变量还是关节型变量。

3）设置位置变量的数据。

设置位置变量的数据有两种方法：

① 读取当前位置数据：当使用手持单元移动机器人到工作目标点后，直接单击 [ 当前位置读取 ] 键，在左侧的数据框立即自动显示工作目标点的数据，单击 [OK]，即设置了当前的位置点。这是常用的方法之一。

② 直接设置数据：根据计算，直接将数据设置到对应的数据框中。单击 [OK]，即设置了位置点数据，如图 32-11 所示。如果能够用计算方法计算运行轨迹，则用这种方法。

4）数据修改

如果需要修改位置数据，操作方法如下：

① 选定需要修改的数据。

② 单击 [ 变更按键 ]，弹出如图 32-11 所示的"位置数据的编辑"框。

③ 修改位置数据。

④ 单击 [OK]，数据修改完成。

5）数据删除。

如果需要删除位置数据，操作方法如下，如图 32-10 所示。

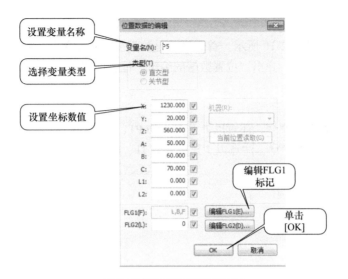

图 32-11　直接设置数据

①选定需要删除的数据。

②单击 [ 删除按键 ]，单击 [YES]。

③数据删除完成。

（8）编辑辅助功能

单击 [ 工具 ]→[ 选项 ]，弹出编辑窗口的"选项"窗口，如图 32-12 所示。该"选项"窗口有以下功能：

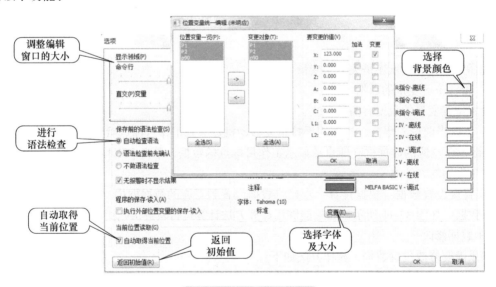

图 32-12　"选项"窗口

①调节编辑窗口各分区的大小。即调节程序编辑框、直交位置数据编辑框、关节位置数据编辑框的大小。

②对编辑指令语法检查的设置。对编辑指令的正确与否进行自动检查，可在写入机器人控制器之前，自动进行语法检查并提示。

③ 对"自动取得当前位置"的设置。

④ 返回初始值的设置。如果设置混乱后，可以回到初始值重新设置。

⑤ 对指令颜色的设置。为视觉方便，对不同的指令类型、系统函数、系统状态变量标以不同的颜色。

⑥ 对字体类型及大小的设置。

⑦ 对背景颜色的设置。为视觉方便可以对屏幕设置不同的背景颜色。

（9）程序的保存

① 覆盖保存

用当前程序覆盖原来的（同名）程序并保存。

单击菜单栏的 [ 文件 ] → [ 覆盖保存 ] 后，进行覆盖保存。

② 保存到电脑

将当前程序保存到电脑上。应该将程序经常保存到电脑上，以免丢失。单击菜单栏的 [ 文件 ] → [ 保存在电脑上 ]。

③ 保存到机器人

在电脑与机器人连线后，将当前编辑的程序保存到机器人控制器。调试完毕一个要执行的程序后当然是要保存到机器人控制器。

单击菜单栏的 [ 文件 ] → [ 保存在机器人上 ]。

## 32.2.2　程序的管理

（1）程序管理

程序管理是指以程序为对象，对程序进行复制、移动、删除、名字的变更、比较等操作。操作方法如下：

选择程序管理框。

单击 [ 程序 ] → [ 程序管理 ]，弹出如图 32-13 所示的"程序管理"框。

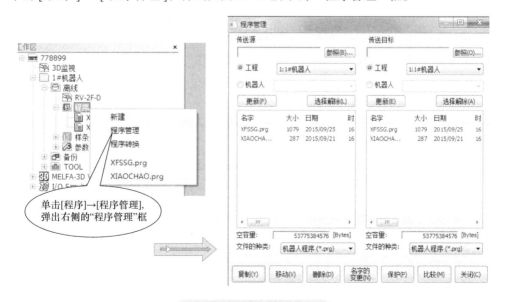

图 32-13　"程序管理"框

"程序管理"框分为左右两部分，如图 32-14 所示。左边为"传送源区域"，右边为"传送目标区域"。每一区域内又可以分为：

① "工程区域"——该区域的程序在电脑上。

② 机器人控制器区域。

③ 存储在电脑其他文件夹的程序。

选择某个区域，某个区域内的程序就以一览表的形式显示出来。对程序的复制、移动、删除、名字的变更、比较等操作就可以在以上 3 个区域内互相进行。

如果左右区域相同则可以进行复制、删除、名字的变更、比较操作，但无法进行移动操作。

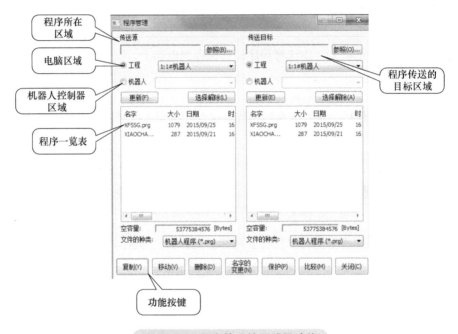

图 32-14　程序管理的区域及功能

程序的复制、移动、名字的变更、比较等操作与一般软件相同，根据提示框就可以操作。

（2）保护的设定

保护功能是指对于被保护的文件，不允许进行移动、删除、名字的变更等操作。保护功能仅仅对机器人控制器内的程序有效。

操作方法：选择要进行保护操作的程序。能够同时选择多个程序，左右两边的列表都能选择。单击 [ 保护 ] 按钮，在 [ 保护设定 ] 对话框中设定后，执行保护操作。

### 32.2.3　样条曲线的编制和保存

（1）编制样条曲线

单击"工程树"中的 [ 在线 ] → [ 样条 ]，弹出一小窗口，选择"新建"弹出窗口，如图 32-15 所示。

由于样条曲线是由密集的"点"构成的，因此在图 32-15 所示的窗口中，各"点"按表格排列，通过单击 [ 追加 ] 键可以追加新的"点"。在图 32-15 的右侧是对"位置点"的编辑框，可以使用示教单元移动机器人通过读取"当前位置"获得新的"位置点"，也可以通过计算直接编辑位置点。

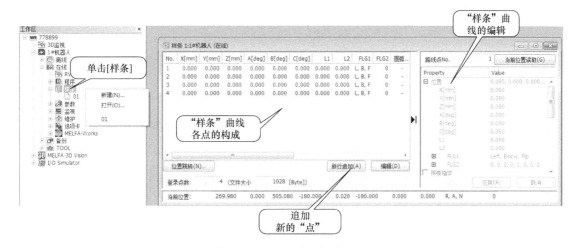

图 32-15　样条曲线的编辑窗口

（2）保存

当样条曲线编制完成后，需要保存该文件，操作方法是单击 [ 文件 ] → [ 保存 ]。该样条曲线文件就被保存。图 32-16 所示为样条曲线保存窗口。图 32-17 显示了已经制作保存的样条曲线名称数量。

在加工程序中使用"MVSPL"指令直接可以调用 ** 号样条曲线。这对于特殊运行轨迹的处理是很有帮助的。

图 32-16　样条曲线保存窗口

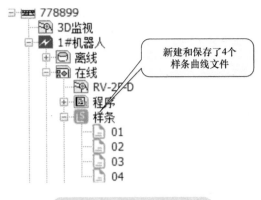

图 32-17　样条曲线的显示

## 32.2.4　程序的调试

（1）进入调试状态

从"工程树"的 [ 在线 ] → [ 程序 ] 中选择程序，单击鼠标右键，从弹出窗口中单击 [ 调试状态下打开 ]，弹出如图 32-18 所示的窗口。

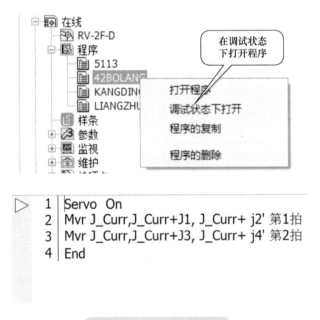

图 32-18　调试状态窗口

（2）调试状态下的程序编辑

在调试状态下，通过菜单栏的 [ 编辑 ] → [ 命令行编辑→在线 ]、[ 命令行插入→在线 ]、[ 命令行删除→在线 ] 选项进行编辑、插入和删除相关指令，如图 32-19 所示。

位置变量可以和通常状态一样进行编辑。

（3）单步执行

如图 32-20 所示，单击"操作面板"上的 [ 前进 ]，[ 后退 ] 按键，可以一行一行地执行程序。继续执行是使程序从当前行开始执行。

**图 32-19　调试状态下的程序编辑**

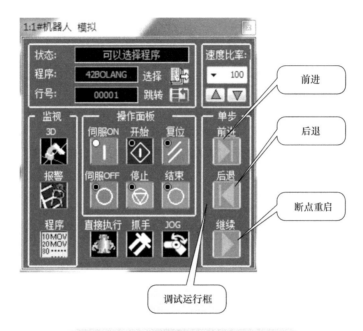

**图 32-20　软操作面板的各调试按键功能**

（4）操作面板上各按键和显示器上的功能

① 状态。

显示控制器的任务区的状态。显示"待机中""可选择程序状态"。

② OVRD。

显示和设定速度比率。

③ 跳转。

可跳转到指定的程序行号。

④ 停止。

停止程序。

⑤ 单步执行。

一行一行地执行指定的程序。单击 [ 前进 ] 按钮，执行当前行。单击 [ 后退 ] 按钮，执行上一行程序。

⑥ 继续执行。

程序从当前行开始继续执行。

⑦ 伺服 ON/OFF。

伺服 ON/OFF。

⑧ 复位。

复位当前程序及报警状态。可选择新的程序。

⑨ 直接执行。

和机器人程序无关，可以执行任意的指令。

⑩ 3D 监视。

显示机器人的 3D 监视。

（5）断点设定

在调试状态下可以对程序设定断点。所谓断点功能是指设置一个停止位置。程序运行到此位置就停止。

在调试状态下单步执行以及连续执行时，会在设定的断点程序行停止执行程序。停止后，再启动又可以继续单步执行。

断点最多可设定 128 个，程序关闭后全部解除。断点有以下两种：

① 持续断点：即使停止以后，断点仍被保存。

② 临时断点：停止后，断点会在停止的同时被自动解除。

断点的设定如图 32-21 所示。

图 32-21　断点的设定

（6）直接位置跳转

位置跳转功能是指选择某个位置点后直接运动到该位置点。

位置跳转的操作方法如下（见图 32-22）：

①（在有多个机器人的情况下）选择需要使其动作的机器人。

② 选择移动方式（MOV：关节插补移动；MVS：直线插补移动）。

③ 选择要移动的位置点。

④ 单击 [位置 跳转 Pos Jump] 按钮。

在实际使机器人动作的情况下，会显示提醒注意的警告。

（7）退出调试状态

要结束调试状态，单击程序框中的关闭图标即可，如图 32-23 所示。

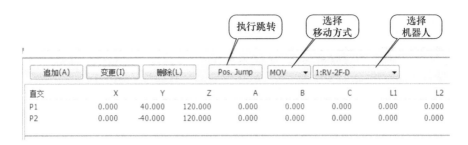

图 32-22　位置跳转的操作方法

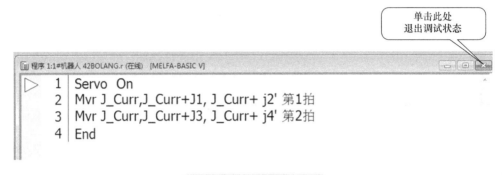

图 32-23　退出调试状态

## 32.3　参数设置

参数设置是本软件的重要功能，可以在软件上或示教单元上对机器人设置参数。各参数的功能已经在第 22 ~ 25 章做了详细说明，在对参数有了正确理解后用本软件可以快速方便地设置参数。

### 32.3.1　使用参数一览表

单击"工程树"中的 [ 离线 ] → [ 参数 ] → [ 参数一览 ]，弹出如图 32-24 所示的参数一览表。参数一览表按参数的英文字母顺序排列，双击需要设置参数后，弹出该参数的设置框，如图 32-25 所示，可根据需要进行设置。

图 32-24　参数一览表

图 32-25　参数设置框

使用参数一览表的好处是可以快速地查找和设置参数，特别是知道参数的英文名称时可以快速设置。

## 32.3.2　按功能分类设置参数

（1）参数分类

为了按同一类功能设置参数，本软件还提供了按参数功能分块设置的方法。这种方法很实用，在实际调试设备时通常使用这一方法。本软件将参数分为以下大类：

① 动作参数。

② 程序参数。

③ 信号参数。

④ 通信参数。

⑤ 现场网络参数。

每一大类又分为若干小类。

（2）动作参数

① 动作参数分类。

单击 [ 动作参数 ]，展开如图 32-26 所示的窗口。这是动作参数内的各小分类，可根据需要选择。

② 设置具体参数。

单击 [ 离线 ]→[ 参数 ]→[ 动作参数 ]→[ 动作范围 ]，弹出如图 32-27 所示的"动作范围设置"框，在这一"动作范围设置"框内，可以设置各轴的关节动作范围、在直角坐标系内的动作范围等内容，既明确又快捷方便。

（3）程序参数

① 程序参数分类。

单击 [ 程序参数 ]，展开如图 32-28 所示的窗口。这是程序参数内的各小分类，可根据需要选择。

图 32-26　动作参数分类

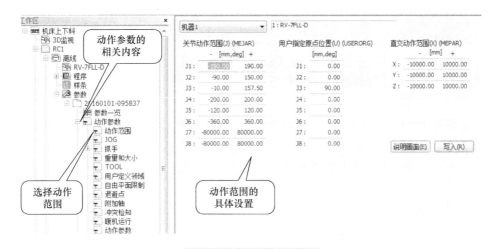

图 32-27　设置具体参数

图 32-28　程序参数分类

② 设置具体参数。

单击 [ 离线 ] → [ 参数 ] → [ 程序参数 ] → [ 插槽表 ]，弹出如图 32-29 所示的"插槽表"框，在"插槽表"框内，可以设置需要预运行的程序。

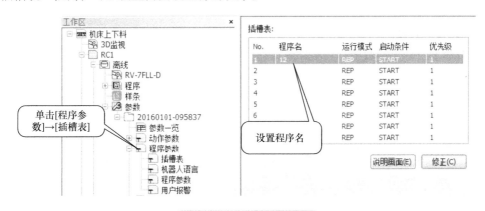

图 32-29　设置具体参数

（4）信号参数

① 信号参数分类。

单击 [ 信号参数 ]，展开如图 32-30 所示的窗口。这是信号参数内的各小分类，可根据需要选择。

② 设置具体参数。

单击 [ 离线 ] → [ 参数 ] → [ 信号参数 ] → [ 专用输入输出信号分配 ] → [ 通用 1]，弹出如图 32-31 所示的"专用输入输出信号设置"框，在"专用输入输出信号设置"框内，可以设置相关的输入输出信号。

（5）通信参数

① 通信参数分类。

单击 [ 通信参数 ]，展开如图 32-32 所示的窗口。这是通信参数内的各小分类，可根据需要选择。

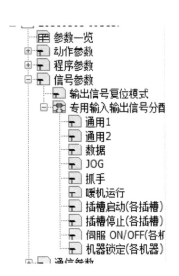

图 32-30　信号参数分类

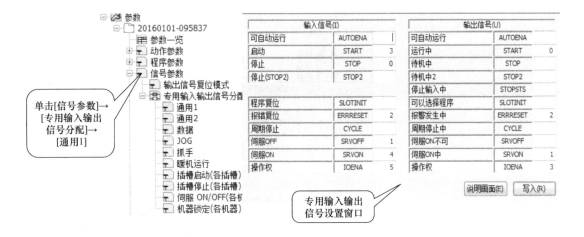

图 32-31　设置具体参数

② 设置具体参数。

单击 [ 离线 ] → [ 参数 ] → [ 通信参数 ] → [Ethernet 设定 ]，弹出如图 32-33 所示的"以太网通信参数设置"框，在"以太网通信参数设置"框内，可以设置相关的通信参数。

（6）现场网络参数

单击 [ 现场网络参数 ]，展开如图 32-34 所示的窗口。这是现场网络参数内的各小分类，可根据需要选择设置。

图 32-32　通信参数分类

图 32-33　设置具体参数

图 32-34　现场网络参数分类

# 32.4　机器人工作状态监视

## 32.4.1　动作监视

（1）任务区状态监视

监视对象：任务区的工作状态。即显示任务区（SLOT）是否可以写入新的程序。如果该任务区内的程序正在运行，就不可写入新的程序。

单击 [ 监视 ] → [ 动作监视 ] → [ 插槽状态 ]，弹出"插槽状态监视"框。"插槽（SLOT）"就是"任务区"，如图 32-35 所示。

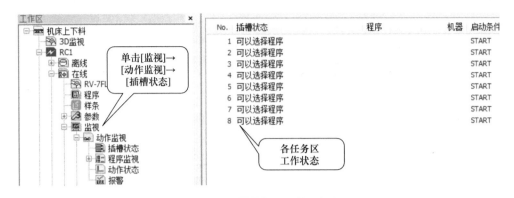

图 32-35 "插槽状态监视"框

（2）程序监视

监视对象：任务区内正在运行程序的工作状态。即正在运行的"程序行"。

单击 [ 监视 ] → [ 动作监视 ] → [ 程序监视 ] → [ 任务插槽 1]，弹出"程序监视"框，如图 32-36 所示。

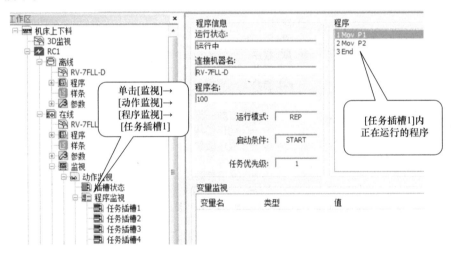

图 32-36 "程序监视"框

（3）动作状态监视

监视对象：

① 直角坐标系中的当前位置。

② 关节坐标系中的当前位置。

③ 抓手 ON/OFF 状态。

④ 当前运行速度。

⑤ 伺服 ON/OFF 状态。

单击 [ 监视 ] → [ 动作监视 ] → [ 动作状态 ]，弹出"动作状态"框，如图 32-37 所示。

（4）报警内容监视

单击 [ 监视 ] → [ 动作监视 ] → [ 报警 ]，弹出"报警"框，如图 32-38 所示。在"报警"框内显示报警号、报警信息、报警时间等内容。

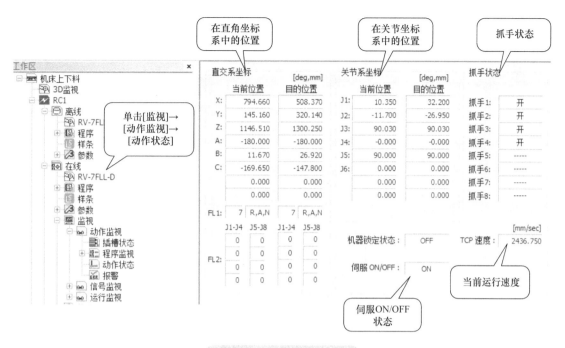

图 32-37 "动作状态"框

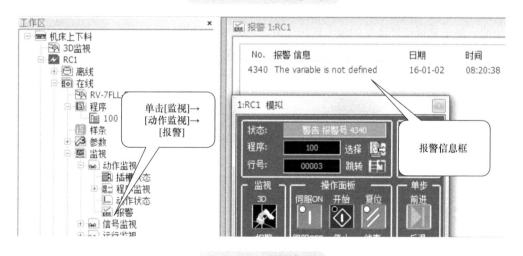

图 32-38 "报警"框

## 32.4.2  信号监视

（1）通用信号的监视和强制输入输出

功能：用于监视输入输出信号的 ON/OFF 状态。

单击[监视]→[信号监视]→[通用信号]，弹出"通用信号"框，如图 32-39 所示。在"通用信号框"内除了监视当前输入输出信号的 ON/OFF 状态以外，还可以：

① 模拟输入信号。

② 设置监视信号的范围。

③ 强制输出信号 ON/OFF。

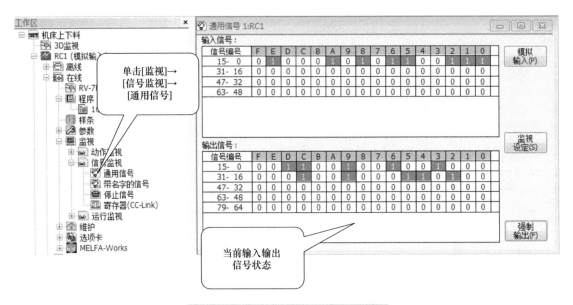

图 32-39　"通用信号"框的监视状态

（2）对已经命名的输入输出信号监视

功能：用于监视已经命名的输入输出信号的 ON/OFF 状态。

单击 [ 监视 ] → [ 信号监视 ] → [ 带名字的信号 ]，弹出"带名字的信号"框，如图 32-40 所示。在"带名字的信号"框内可以监视已经命名的输入输出信号的 ON/OFF 状态。

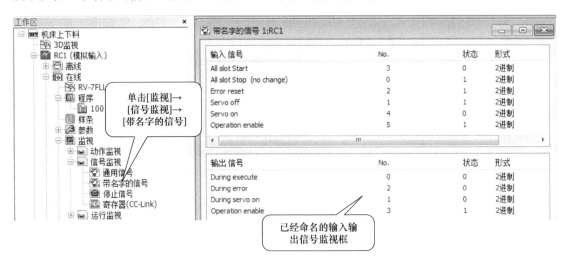

图 32-40　"带名字的信号"框内监视已经命名的输入输出信号的 ON/OFF 状态

（3）对停止信号以及急停信号监视

功能：用于监视停止信号以及急停信号的 ON/OFF 状态。

单击 [ 监视 ] → [ 信号监视 ] → [ 停止信号 ]，弹出"停止信号"框，如图 32-41 所示。在"停止信号"框内可以监视停止信号以及急停信号的 ON/OFF 状态。

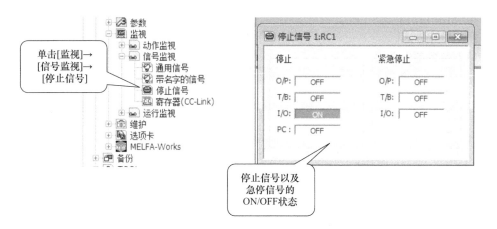

图 32-41　"停止信号"框内监视停止信号以及急停信号的 ON/OFF 状态

### 32.4.3　运行监视

功能：用于监视机器人系统的运行时间。

单击 [ 监视 ]→[ 运行监视 ]→[ 运行时间 ]，弹出"运行时间"框，如图 32-42 所示。在"运行时间"框内可以监视电源 ON 时间、运行时间、伺服 ON 时间等内容。

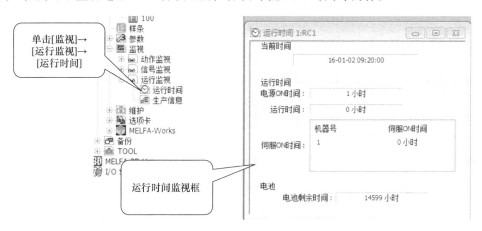

图 32-42　"运行时间"框

## 32.5　维护

### 32.5.1　原点设置

（1）设置方式

功能：进行原点设置和恢复。设置原点有以下 6 种方式，如图 32-43 所示：

① 原点数据输入方式。

② 机器限位器方式。

③ 夹具方式。

④ ABS 原点方式。

⑤ 用户原点方式。

⑥ 原点参数备份方式。

单击 [ 维护 ] → [ 原点数据 ]，弹出如图 32-43 所示的"原点数据"框。

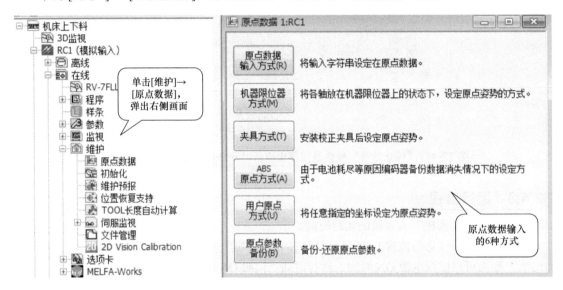

图 32-43 "原点数据"框

（2）原点数据输入方式

功能：将出厂时厂家标定的原点写入控制器。出厂时，厂家已经标定了各轴的原点，并且作为随机文件提供给使用者。一方面，使用者在使用前应该输入原点文件，原点文件中每一轴的原点是一字符串，使用者应该妥善保存原点文件；另一方面，如果原点数据丢失后，可以直接输入原点文件的字符串，以恢复原点。

本操作需要在联机状态下操作。单击 [ 原点数据输入方式 ]，弹出如图 32-44 所示的"原点数据的设定"框，各按键作用如下：

① 写入：将设置完毕的数据写入控制器。

② 保存到文件：将当前原点数据保存到计算机中。

③ 从文件读出：从计算机中读出原点数据文件。

④ 更新：从控制器内读出的原点数据，显示最新的原点数据。

（3）机器限位器方式

功能：以各轴机器限位器位置为原点位置。

操作方法如下（见图 32-45）：

① 单击原点数据画面的 [ 机器限位器方式 ] 按钮，显示画面。

② 将机器人移动到机器限位器位置。

③ 选中需要做原点设定的轴的复选框。

④ 单击 [ 原点设定 ] 按钮（原点设置完成）。

图 32-45 中的 [ 前一次方法 ] 中，会显示前一次原点设定的方式。

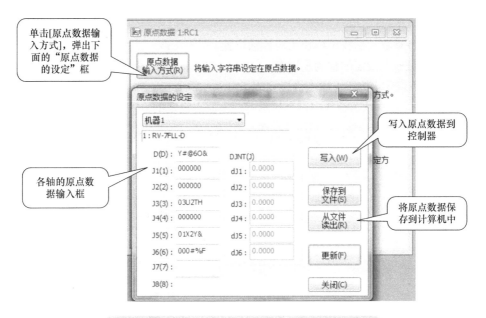

**图 32-44　原点数据输入方式——直接输入字符串**

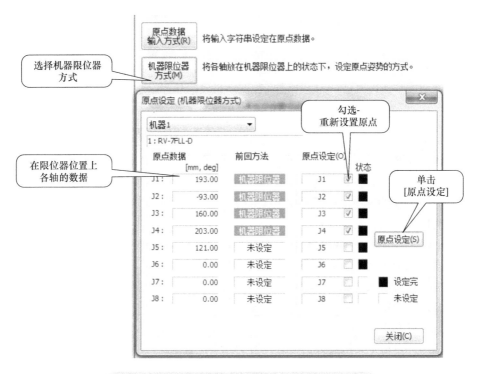

**图 32-45　[ 机器限位器方式 ] 设置原点数据画面**

（4）夹具方式

功能：以校正棒校正各轴的位置，并将该位置设置为原点。

操作方法如下（见图 32-46）：

① 单击原点数据画面的 [ 夹具方式 ] 按钮，显示画面如图 32-46 所示（夹具方式就是校正

棒方式）。

②将机器人各轴移动到校正棒校正的各轴位置。

③选中需要做原点设定的轴的复选框。

④单击 [ 原点设定 ] 按钮（原点设置完成）。

图 32-46 中的 [ 前一次方法 ] 中，会显示前一次原点设定的方式。

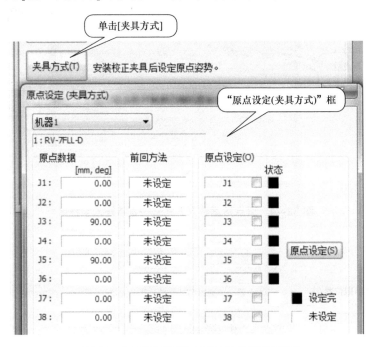

**图 32-46 [夹具方式] 设置原点数据画面**

（5）ABS 原点方式

功能：在机器人各轴位置都有一个三角符号"Δ"，将各轴的三角符号"Δ"与相邻轴的三角符号"Δ"对齐，此时各轴的位置就是原点位置。

操作方法如下（见图 32-47）：

①单击原点数据画面的 [ABS 原点方式 ] 按钮，显示画面如图 32-47 所示。

②将机器人各轴移动到三角符号"Δ"对齐的位置。

③选中需要做原点设定的轴的复选框。

④单击 [ 原点设定 ] 按钮（原点设置完成）。

（6）用户原点方式

功能：由用户自行定义机器人的任意位置为原点位置。

操作方法如下：

①单击原点数据画面的 [ 用户原点方式 ] 按钮，显示画面如图 32-48 所示。

②将机器人各轴移动到用户任意定义的原点位置。

③选中需要做原点设定的轴的复选框。

④单击 [ 原点设定 ] 按钮（原点设置完成）。

图 32-48 中的 [ 前一次方法 ] 中，会显示前一次原点设定的方式。

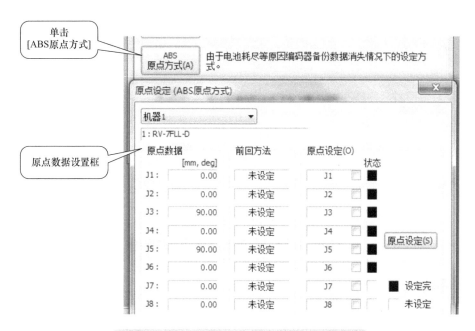

图 32-47 [ABS 原点方式] 设置原点数据画面

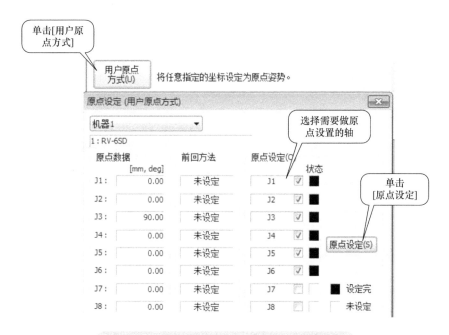

图 32-48 [用户原点方式] 设置原点数据画面

（7）原点参数备份方式

功能：将原点参数备份到计算机。也可以将计算机中的原点数据写入控制器，如图 32-49 所示。

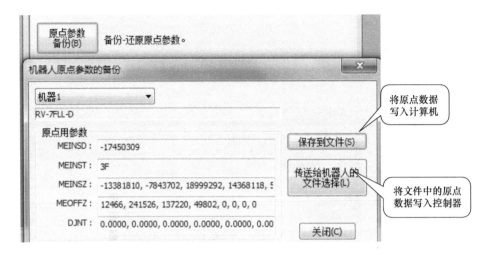

图 32-49 [原点参数备份]设置原点数据画面

## 32.5.2 初始化

（1）功能

将机器人控制器中的数据进行初始化。可对下列信息进行初始化：

① 时间设定。

② 所有程序的初始化。

③ 电池剩余时间的初始化。

④ 控制器的序列号的确认设定。

（2）操作方法

"初始化"框如图 32-50 所示。

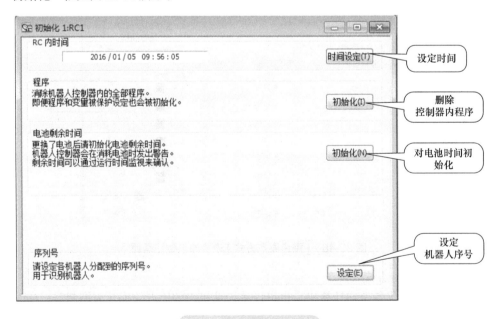

图 32-50 "初始化"框

### 32.5.3　维保信息预报

功能：将机器人控制器中的维保信息数据进行提示预告。可对下列维保信息进行提示预告：

① 电池使用剩余时间。

② 润滑油使用剩余时间。

③ 输送带使用剩余时间。

④ 控制器的序列号的确认设定。

"维保信息"框如图 32-51 所示。

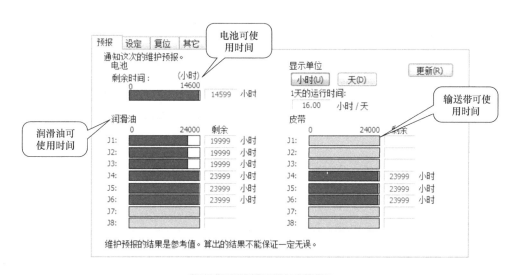

图 32-51　"维保信息"框

### 32.5.4　位置恢复支持功能

如果由于碰撞导致抓手变形或由于更换电机导致原点位置发生偏差，使用位置恢复功能，只对机器人程序中的一部分位置数据进行再示教作业，就可生成补偿位置偏差的参数，对控制器内的全部位置数据进行补偿。

### 32.5.5　Tool 长度自动计算

功能：自动测定抓手长度的功能。在实际安装了抓手后，对一个标准点进行 3～8 次的测定，从而获得实际抓手长度，设置为 Tool 参数（MEXTL）。

### 32.5.6　伺服监视

功能：对伺服系统的工作状态（如电机电流等）进行监视。

操作：单击 [ 维护 ] → [ 伺服监视 ]。

如图 32-52 所示，可以对机器人各轴伺服电动机的位置、速度、电流、负载率进行监视。图 32-52 中的画面是对电流进行监视。这样可以判断机器人抓取的重量和速度，加减速时间是否达到规范要求。如果电流过大，就要减少抓取工件重量或延长加减速时间。

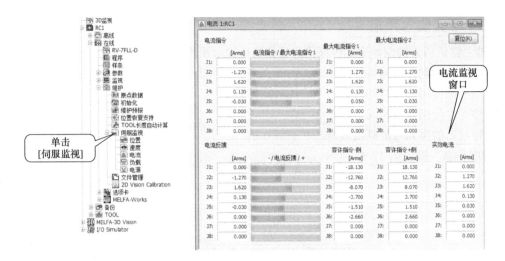

图 32-52　伺服系统工作状态监视画面

## 32.5.7　密码设定

功能：通过设置密码对机器人控制器内的程序、参数及文件进行保护。

## 32.5.8　文件管理

能够复制、删除、重命名机器人控制器内的文件。

## 32.5.9　2D 视觉校准

（1）功能

2D 视觉校准的功能是标定视觉传感器坐标系与机器人坐标系之间的关系。可以处理 8 个视觉校准数据。

（2）系统构成

2D 视觉校准时的设备连接如图 32-53 所示。

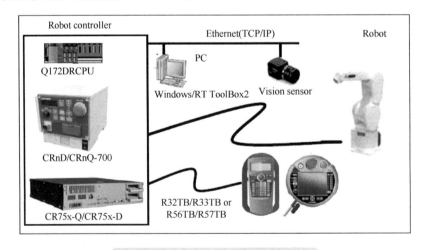

图 32-53　2D 视觉校准时的设备连接

（3）2D 视觉标定的操作程序

① 启动 2D 视觉标定，连接机器人。

双击 [ 在线 ] → [ 维护 ] → [2D 视觉标定 ]。

② 选择标定编号。

可选择任一标定编号，最大数 = 8，如图 32-54 所示。

图 32-54　选择标定编号

（4）示教点

获得示教点视觉数据如图 32-55 所示。

① 单击示教点所在行，移动光标，将 TOOL 中心点定位到标定点。

② 单击 [Get the robot position] 以获得机器人当前位置。"Robot.X and Robot.Y"的数据将自动显示，在"Enabled"框中自动进行检查。

③ 在单击 [Get the robot position] 之前，不能编辑示教点数据。

④ 通过视觉传感器测量标定指示器的位置。

分别在 Camera.X（照相机 X）和 Camera.Y（照相机 Y）位置键入 X、Y 像素坐标。

Teaching Points:

| Enabled | No. | Robot.X | Robot.Y | Camera.X | Camera.Y |
|---|---|---|---|---|---|
| ☑ | 1 | 703.680 | 210.820 | 100.000 | 0.000 |
| ☐ | 2 | 0.000 | 0.000 | 0.000 | 0.000 |
| ☐ | 3 | 0.000 | 0.000 | 0.000 | 0.000 |
| ☐ | 4 | 0.000 | 0.000 | 0.000 | 0.000 |
| ☐ | 5 | 0.000 | 0.000 | 0.000 | 0.000 |
| ☐ | 6 | 0.000 | 0.000 | 0.000 | 0.000 |

Get the robot position ｜◀ ◀ 1 / 20 ▶ ▶｜ ✕

图 32-55　获得示教点视觉数据

如果视觉传感器坐标系与机器人坐标系的整合是错误的或示教点过于靠近，则可能出现错误的标定数据。

视觉标定最少需要 4 个示教点，如果是精确标定则需要 9 个点或更多点。示教点的分布如图 32-56 所示。

（5）计算视觉标定数据

当 [Teaching Points] 数据表已经有 4 个点以上，[Calculate after selecting 4 points or more] 按键就变得有效，单击该按键，计算结果数据出现在"Result homography matrix"框内，如图 32-57 所示。

（6）写入机器人

图 32-56　示教点的分布

单击 [Write to robot] 按键，将计算获得的视觉传感器标定数据 [VSCALBn] 写入控制器。控制器内的当前值显示在"Current homography matrix"以便对照。

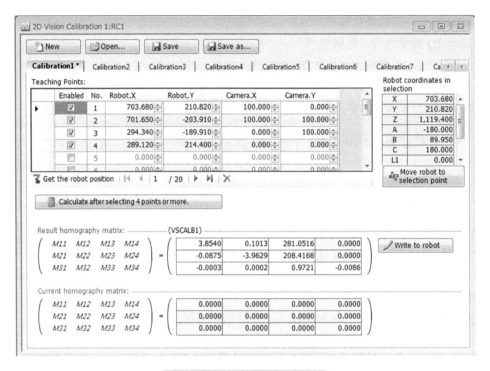

图 32-57　视觉标定计算结果

（7）保存数据

单击 [Save] 或 [Save as...] 按键保存示教点和计算结果数据。

## 32.6　备份

（1）功能

将机器人控制器内的全部信息备份到计算机。

（2）操作

单击 [ 在线 ] → [ 维护 ] → [ 备份 ] → [ 全部 ]，进入全部数据备份画面。如图 32-58 所示，选择 [ 全部 ] → [OK]，就将全部信息备份到计算机。

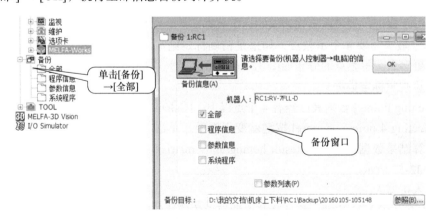

图 32-58　备份操作

## 32.7　模拟运行

### 32.7.1　选择模拟工作模式

模拟运行能够完全模拟和机器人连接的所有操作，能够在屏幕上动态地显示机器人运行程序，能够执行 JOG 运行、自动运行、直接指令运行以及调试运行，功能强大。

（1）模拟运行的显示

单击 [ 在线 ] → [ 模拟 ] 会弹出以下两个画面（见图 32-59 和图 32-60）：

① 模拟操作面板。

② 3D 运行显示屏。

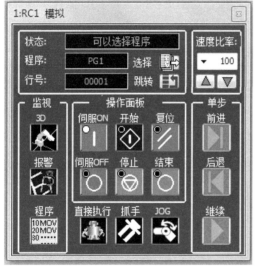

图 32-59　模拟操作面板

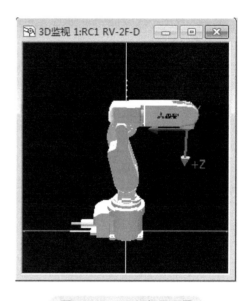

图 32-60　3D 运行显示屏

由于模拟运行状态完全模拟了实际的在线运行状态，所以大部分操作就与在线状态相同。

（2）模拟操作面板的操作功能

① 选择 "JOG 运行模式"。

② 选择 "自动运行模式"。

③ 选择 "调试运行模式"。

④ 选择 "直接指令运行模式"。

（3）模拟操作面板的监视功能

① 显示程序状态并选择程序。

② 显示并选择速度倍率。

③ 显示运行程序。

（4）在工具栏上的图标

在工具栏上的图标含义如图 32-61 所示。

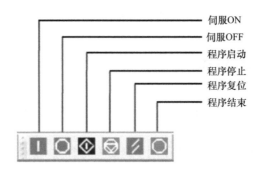

图 32-61　在工具栏上的图标含义

（5）机器人视点的移动

机器人视图（3D 监视）的视点，可以通过鼠标操作来变更。机器人（3D 监视）视点的操作方法见表 32-6。

表 32-6　机器人（3D 监视）视点的操作方法

| 要变更的视点 | 图形上的鼠标操作 |
| --- | --- |
| 视点的旋转 | 按住左键的同时，左右移动→Z 轴为中心的旋转<br>上下移动→X 轴为中心的旋转<br>按住左键 + 右键的同时，左右移动→Y 轴为中心的旋转 |
| 视点的移动 | 按住右键的同时，上下左右移动 |
| 图形的扩大与缩小 | 按住 [Shift] 键 + 左键的同时，上下移动 |

## 32.7.2　自动运行

（1）程序的选择

① 如果机器人控制器内有程序。

在模拟操作面板上，可以单击 [ 程序选择 ] 图标，如图 32-62 所示，然后弹出"程序选择"框，如图 32-63 所示，选择程序，单击 [OK]，就可以选中程序。

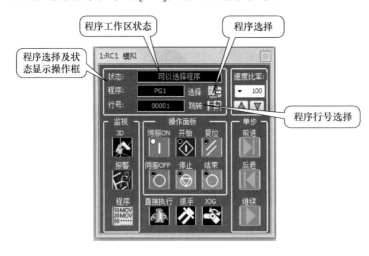

图 31-62　在操作面板上单击 [ 程序选择 ]

图 32-63　在"程序选择"框内选择程序

② 如果机器人控制器内没有程序。

如果在"程序选择"框内没有程序，则需要将离线状态的程序写入在线，操作与常规状态相同，这样在"程序选择"框内就会出现已经写入的程序，就有选择对象了。

（2）程序的"启动 / 停止"操作

如图 32-64 所示，在模拟操作面板中，有一操作面板区，在操作面板区内有伺服 ON、伺服 OFF、启动、复位、停止、结束 6 个按键。操作面板区用于执行自动操作，单击各按键可执行相应的动作。

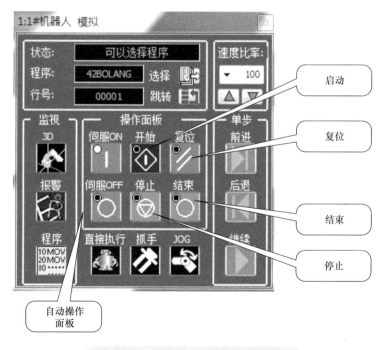

图 32-64　程序的"启动 / 停止"操作

### 32.7.3 程序的调试运行

在模拟状态下可以执行调试运行。调试运行的主要形式是单步运行。在模拟操作面板上有"单步运行"框，如图 32-65 所示。"单步运行"框内有前进、后退、继续 3 个按键，功能就是单步的前进、后退，与正常调试界面的功能相同。

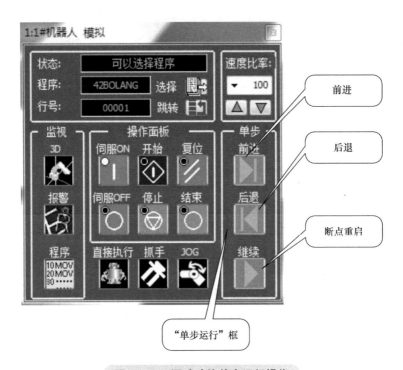

图 32-65　调试功能单步运行操作

### 32.7.4 运行状态监视

在模拟操作面板上有"运行状态监视"框，如图 32-66 所示。"运行状态监视"框内有 3D 监视选择、报警界面选择、当前运行程序界面选择 3 个按键，选择不同的按键会弹出不同的界面。图 32-67 所示为报警信息界面。

### 32.7.5 直接指令

直接指令的功能是输入或选择某一指令后，直接执行该指令。既不是整个程序的运行，也不是手动操作，是自动运行的一种形式，在调试时会经常使用。使用直接指令需注意以下两点：

① 已经选择程序号。

② 移动位置点必须是程序中已经定义的位置点。

在模拟操作面板上单击"直接执行"图标（见图 32-68），直接执行界面如图 32-69 所示。

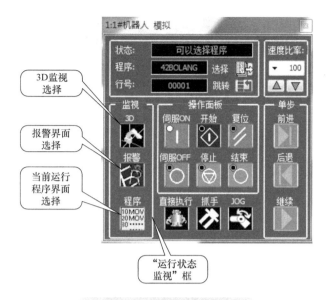

图 32-66　"运行状态监视"框

图 32-67　报警信息界面

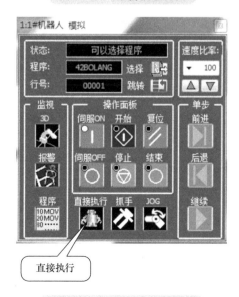

图 32-68　单击"直接执行"

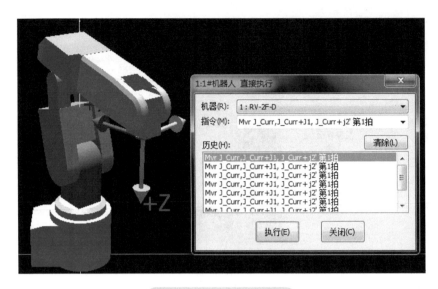

图 32-69　直接执行界面

## 32.7.6　JOG 操作功能

模拟操作面板上有 JOG 操作功能。单击如图 32-70 所示的 [JOG] 图标就会弹出 JOG 操作界面。其操作与示教单元类似。

通过模拟 JOG 操作，可以更清楚地了解各坐标系之间的关系。

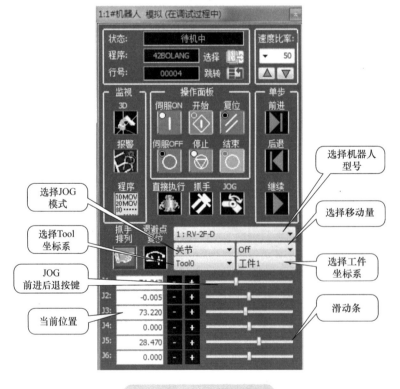

图 32-70　JOG 操作界面

## 32.8　3D 监视

3D 监视是机器人很人性化的一个界面。可以在画面上监视机器人的动作、运动轨迹、各外围设备的相对位置。

在离线状态下，也可以进行 3D 显示。当然最好是在模拟状态下进行 3D 显示。

### 32.8.1　机器人显示选项

单击菜单上的 [3D 显示 ]→[ 机器人显示选项 ]，弹出"机器人显示选项"窗口，如图 32-71 所示，本窗口的功能是选择显示什么内容。

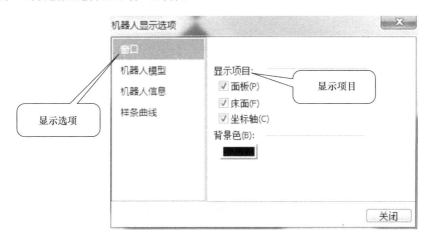

图 32-71　"机器人显示选项"窗口

（1）选择 [ 窗口 ] 功能

弹出以下选项：

① 是否显示操作面板。

② 是否显示工作台面。

③ 是否显示坐标轴线。

④ 设置屏幕的背景色。

（2）选择 [ 机器人模型 ]

弹出以下选项，可根据需要选择：

① 是否显示机器人本体。

② 是否显示机器人法兰轴（TOOL 坐标系坐标轴）。

③ 是否显示抓手。

④ 是否显示运行轨迹。

（3）样条曲线

显示样条曲线的形状。

### 32.8.2　布局

布局也就是布置图。布局的功能模拟出外围设备及工件的大小、位置，同时模拟出机器人与外围设备的相对位置。

在本节中，有零件及零件组的概念。既要对每一零件的属性进行编辑，也要根据需要把相关零件归于同一组，以方便更进一步地制作布置图。

系统自带矩形、球形、圆柱等 3D 部件，也可插入其他文件中的 3D 模型图。

"布局一览"窗口

单击 [3D 显示 ] → [ 布局 ]，弹出"布局一览"窗口，如图 32-72 所示。

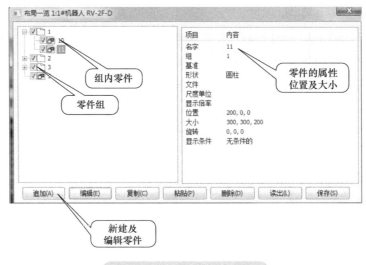

**图 32-72 "布局一览"窗口**

"布局一览"窗口中必须设置以下内容：

① 零件组——一组零件。由多个零件组成，可以统一对零件组进行移动、旋转等编辑。

② 零件——某具体的工件。零件可以编辑，如选择为矩形或球形。设置零件大小及在坐标系中的位置。

在"布局一览"窗口，选中要编辑的零件，单击 [ 编辑 ]，弹出如图 32-73 所示的"布局编辑"框，可进行零件名字、组别、位置、大小的编辑。图 32-73 中编辑了一个球形零件，指定了球的位置及大小。

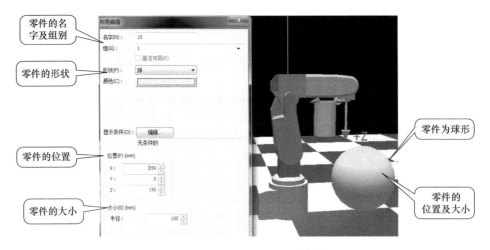

**图 32-73 零件的编辑与显示**

在编辑时，可以在 3D 视图中观察到零件的位置和大小。

### 32.8.3　抓手的设计

（1）抓手设计的功能

抓手是机器人上的附件。本软件提供的抓手设计功能是一个示意功能。抓手的设计与零件的设计相同。先设计抓手的形状大小，在抓手设计画面中的原点位置就是机器人法兰中心的位置。

软件会自动将设计完成的抓手连接在机器人法兰中心。

操作方法：

① 单击 [3D 显示 ] → [ 抓手 ] 进入抓手设计画面。

② 单击 [ 追加 ] → [ 新建 ] 进入一个新抓手文件定义画面。

③ 单击 [ 编辑 ] 进入抓手的设计画面。

一个抓手可能由多个零部件构成，所以一个抓手也就可以视为一个零件组。这样抓手的设计就与零件组的设计相同了。

（2）设计抓手的第 1 个部件

如图 32-74 所示：

① 设置部件名字及组别。

② 设计部件的形状及颜色。

③ 设置部件在坐标系中的位置（坐标系原点就是法兰中心点）。

④ 设计部件的大小。

设计完成的部件位置及大小如图 32-74 右边所示。

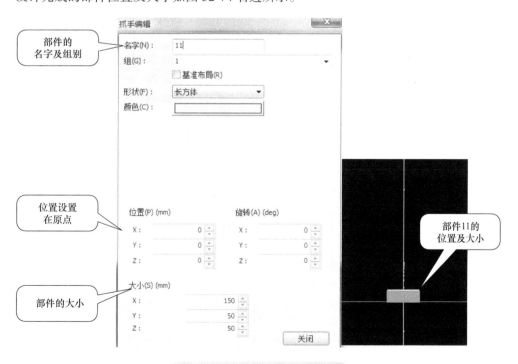

图 32-74　抓手部件 11 的设计

（3）设计抓手的第 2 个部件

如图 32-75 所示：

① 设置部件名字及组别。

② 设计部件的形状及颜色。

③ 部件在坐标系中的位置（坐标系原点就是法兰中心点）。

④ 设计部件的大小。

设计完成的部件位置及大小如图 32-75 右边所示，第 2 个部件叠加在第 1 个部件上。

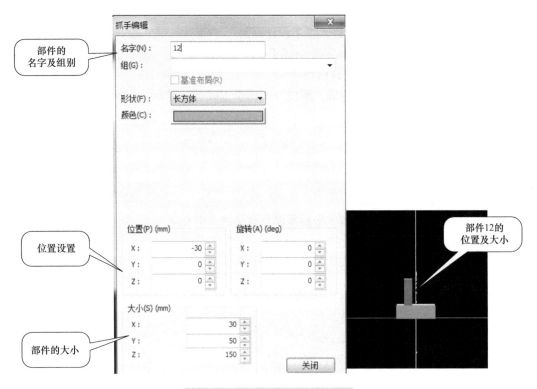

**图 32-75　抓手部件 12 的设计**

（4）设计抓手的第 3 个部件

如图 32-76 所示：

① 设置部件名字及组别。

② 设计部件的形状及颜色。

③ 设置部件在坐标系中的位置（坐标系原点就是法兰中心点）。

④ 设计部件的大小。

设计完成的部件位置及大小如图 32-76 右边所示，第 3 个部件叠加在第 1 个部件上，这样就构成了抓手的形状。

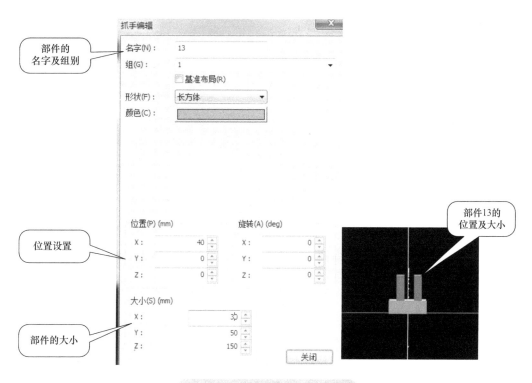

**图 32-76　抓手部件 13 的设计**

将以上文件保存完毕，再回到监视画面，抓手就连接在机器人法兰中心上，如图 32-77
所示。

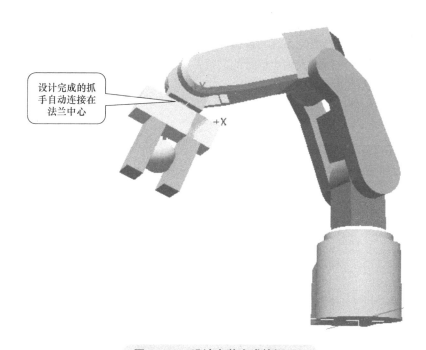

**图 32-77　设计安装完成的抓手 1**

也可以将抓手设计成为如图 32-78 所示。

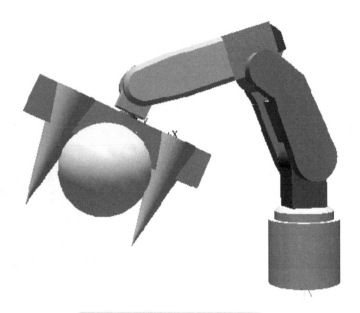

**图 32-78　设计安装完成的抓手 2**

## 32.9　思考

① 如何使用 RT 软件进行参数设置?

② 如何使用 RT 软件获取示教的位置点?

③ 如何使用 RT 软件进行视觉系统的数据标定?

④ 如何使用 RT 软件进行输入输出信号的监视?

⑤ 如何使用 RT 软件进行 3D 模拟运行?

⑥ 如何使用 RT 软件进行程序的调试?

附录

# 工业机器人视频目录索引

（续）

| 视频序号 | 视频名称 | 在本书页码 | 本书章节 |
|---|---|---|---|
| 32 | 机器人的艺术工作 | 155 | 18.1 |
| 33 | 讲解状态变量——机器人的当前位置 | 157 | 19.2.1 |
| 34 | 讲解状态变量——机器人各轴的负载率 | 159 | 19.2.7 |
| 35 | 如何用参数定义输入输出信号? | 202 | 25.3.2 |
| 36 | 机器人启动停止操作方法 | 223 | 25.4.1 |
| 37 | 讲解判断选择指令 If...Then | 227 | 26.1.1 |
| 38 | 讲解无条件跳转 GoTo 指令 | 229 | 26.1.2 |
| 39 | 讲解码垛指令 1 | 257 | 28.1 |
| 40 | 讲解构建码垛程序结构的方法 | 262 | 29.2 |
| 41 | 编制及分析码垛程序 | 263 | 29.3 |
| 42 | 机器人工作台操作说明 | 272 | 30.4 |
| 43 | 机器人与数控折弯机协同工作 | 273 | 31.1 |

# 参 考 文 献

[1] 黄风 . 机器人在仪表检测生产线中的应用 [J]. 金属加工 : 冷加工 , 2016(18): 60-64.

[2] 戎罡 . 三菱电机中大型可编程控制器应用指南 [M]. 北京 : 机械工业出版社 , 2011.

[3] 刘伟 . 六轴工业机器人在自动装配生产线中的应用 [J]. 电工技术 , 2015(8): 49-51.

[4] 吴昊 , 张艳芳 , 郑江花 , 等 . 基于 PLC 的控制系统在机器人码垛搬运中的应用 [J]. 山东科学 , 2011(6): 80-83.

[5] 任旭 , 黄云 , 杨仲升 , 等 . 机器人砂带磨削船用螺旋桨关键技术研究 [J]. 制造技术与机床 , 2015(11): 127-131.

[6] 高强 , 田凤杰 , 宋建新 . 基于力控制的机器人柔性研抛加工系统搭建 [J]. 制造技术与机床 , 2015(10): 41-44.

[7] 陈君宝 . 滚边机器人的实际应用 [J]. 金属加工 , 2015(22): 60-63.

[8] 三菱电机公司 . CR750/CR751 控制器操作说明书 [Z]. 2013.

[9] 三菱电机公司 . GOT Sample Screen Instruction Manual for SD Series Robot[Z]. 2011.

[10] 三菱电机公司 . GOT Direct Connection Extended Function Instruction Manual[Z]. 2011.

[11] 三菱电机公司 . RT ToolBox2/RT ToolBox2 mini 操作说明书 [Z]. 2013.

[12] 三菱电机公司 . RV-4F/7F/13F/20F 系列使用说明书 [Z]. 2013.

[13] 三菱电机公司 . RV-4F-D/7F-D/13F-D/20F-D 系列标准规格书 [Z]. 2013.

[14] 三菱电机公司 . 三菱电机工业机器人安全手册 [Z]. 2013.

[15] 三菱电机公司 . CR750/CR751 控制器故障排除操作说明书 [Z]. 2013.

[16] 三菱电机公司 . Mitsubishi Industrial Robot SD Series Tracking Function Manual[Z]. 2009.

[17] 三菱电机公司 . Mitsubishi Industrial Robot Tracking Function Manual CR750/CR751 series controller CRn-700 series controller[Z]. 2012.

[18] 陈先锋 . 伺服控制技术自学手册 [M]. 北京 : 人民邮电出版社 , 2010.

[19] 杨叔子 , 杨克冲 , 吴波 , 等 . 机械工程控制基础 [M]. 武汉 : 华中科技大学出版社 , 2011.

[20] 黄风 . 运动控制器与数控系统的工程应用 [M]. 北京 : 机械工业出版社 , 2014.